液体晃动动力学基础

李遇春 著

科学出版社

北京

内 容 简 介

本书主要论述土木与水利工程中的液体晃动动力学问题,系统介绍了液体晃动的基本原理、求解问题的基本方法、液体晃动的动力学特征以及实际的工程应用。全书共 9 章,内容包括:绪论,理想流体晃动的势流理论,液体晃动模态分析,液体的强迫晃动,液体晃动阻尼,液体的参数晃动,液体晃动的数值模拟方法,液体晃动的等效力学模型,液体晃动与结构的相互作用。本书不仅为液体晃动动力学的初学者提供了入门知识,也为液体晃动动力学的研究者提供了求解问题的基本方法与思路。

本书的主要读者对象为从事液体晃动分析的研究者与工程师,以及高等学校土木工程(包括地震工程)、水利工程、力学等相关专业的高年级大学生、研究生和教师。

图书在版编目(CIP)数据

液体晃动动力学基础/李遇春著. —北京:科学出版社,2017
ISBN 978-7-03-051686-2

Ⅰ. ①液⋯ Ⅱ. ①李⋯ Ⅲ. ①液体动力学 Ⅳ. ①O351.2

中国版本图书馆 CIP 数据核字(2017)第 022092 号

责任编辑:王 钰 / 责任校对:王万红
责任印制:吕春珉 / 封面设计:东方人华设计部

科学出版社 出版
北京东黄城根北街 16 号
邮政编码:100717
http://www.sciencep.com

北京东华虎彩印刷有限公司 印刷
科学出版社发行 各地新华书店经销
*
2017 年 2 月第 一 版 开本:B5(720×1000)
2018 年 2 月第二次印刷 印张:13 1/4 插页:1
字数:255 000

定价:**75.00 元**
(如有印装质量问题,我社负责调换〈京华虎彩〉)
销售部电话 010-62136230 编辑部电话 010-62135763-2041

版权所有,侵权必究

举报电话:010-64030229;010-64034315;13501151303

前　　言

本书作者对于液体晃动动力学的研究源于大型渡槽的抗震问题研究，由于大型渡槽内含有大量流体，在地震作用下，槽内流体会发生晃动，对渡槽结构进行地震响应分析时，必须考虑槽内流体晃动的影响，流体晃动对于渡槽的抗震计算是一个不可回避的问题。作者从1995年开始研究渡槽抗震问题时并不熟悉液体晃动动力学，在20余年的时间里，一直学习并从事流体晃动动力学的相关研究，本书包括了作者多年的学习与研究心得，集中反映了近几年的最新研究成果。

当你端起一杯红酒摇晃时，红色的液体在杯中出现了变幻莫测的运动，看似一杯普通的红酒，当你去研究它的晃动时，却发现这是一个异常困难的问题，杯内液体所展现的各种复杂而奇妙的运动包含了深奥的数学与力学原理。液体晃动动力学是流体动力学的一个重要分支，拥有完整的理论体系，其应用的范围非常广泛，液体晃动问题涉及数学、物理学、力学以及诸多的工程学领域，其中工程领域包括航空航天、船舶、土木、水利、化工以及核工程等。各个不同的学科关于液体晃动的研究论文已多达数千篇，例如：Ibrahim R A 在 2005 年出版的液体晃动动力学专著中，引用的论文多达 3000 余篇，该书 948 页，包含的内容极为丰富。

国内被广泛引用的相关专著有：

1）居荣初, 曾心传. 1983. 弹性结构与液体的耦联振动理论. 北京：地震出版社. （土木与水利工程领域，包含部分液体晃动动力学内容）

2）王照林, 刘延柱. 2002. 充液系统动力学. 北京：科学出版社. （航天航空领域）

国际上被广泛引用的相关专著有：

1）Abramson H N. 1966. The dynamic behavior of liquids in moving containers. NASA SP-106, Washington, DC: National Aeronautics and Space Administration. （航天航空领域）

2）Dodge F T. 2000. The new "dynamic behavior of liquids in moving containers". Southwest Research Institute, San Antonio, TX. （航天航空领域）

3）Ibrahim R A. 2005 Liquid sloshing dynamics: theory and applications, Cambridge. Cambridge University Press. （流体动力学、航天航空领域）

4）Faltinsen O M, Timokha A N. 2009. Sloshing. Cambridge: Cambridge University Press. （流体动力学、船舶工程领域）

5）Moiseev H N, Petrov A A. 1966. The calculation of free oscillations of a liquid in a motionless container. Advances in Applied Mechanics 9: 91-154. （数学、力学领域）

6）Moiseev H N, Rumjantsev V V. 1968. Dynamic stability of bodies containing fluid. Edited by Abramson HN. Springer-Verlag, New York.（数学、力学领域）

在以上的文献中，液体的晃动动力学研究大多集中在力学、航天与船舶工程领域，然而针对土木与水利工程的液体晃动动力学专著比较少见，本书则主要涉及水利与土木工程方面的液体晃动问题研究。作者在研读晃动动力学专著与文献时，发现大多数的文献对于晃动的基本理论与方程的推导过程很少做详细讨论与说明，使读者（特别是初学者）感到难以理解，这对于运用基本理论求解实际问题十分不利。作者认为方程的推导细节对于原创性研究至关重要，有必要给读者，特别是准备从事相关研究工作的在校研究生，提供一本简单易懂的入门书籍，对于从事工程晃动问题的研究者，也能提供一些解决问题的基本方法与思路。作者不希望本书成为文献综述或纯粹的知识罗列，期望能比较透彻地介绍液体晃动的基本原理、求解问题的基本方法、液体晃动的动力学特征以及实际的工程应用。本书对于液体晃动基本运动方程的建立及求解过程进行了比较详细的推导与说明，对于土木、水利工程中常见的地震、风振或其他周期荷载所激发的流体晃动问题，提出尽可能简便的处理方法，这些方法包括理论分析、数值计算以及实验手段（现有的晃动动力学书籍，更多关注理论方法，较少涉及数值方法以及实验手段）。

液体的晃动是一种特殊的液体流动，尽管液体晃动受到流体动力学方程的支配，但其动力学特征与结构的振动有许多相似之处，晃动的液体可以比喻为"流动的结构"，结构振动（动力学）中的很多思想和方法可以应用到液体的晃动动力学中。本书的读者需要掌握高等数学（包括数理方程）及结构动力学相关知识，但对于不熟悉（或没有学过）流体动力学知识的读者也可读懂本书。现有土木与水利工程类专业通常会开设流体动力学与结构动力学的课程，一般不会开设液体晃动动力学的课程，然而这些专业的研究生论文课题可能会涉及液体的晃动问题，因此作者希望本书能填补他们在液体晃动动力学方面的知识空缺。

作者要感谢多位研究生对本书研究成果所做出的贡献，他们分别是：邸庆霜（博士）、王庄（博士）、王立时（博士）、勾鸿量（博士）、龚永庆（硕士）、张皓（硕士）、孙克丰（硕士）、来明（硕士）、余燕清（硕士）、胡奇（硕士）、刘哲（硕士）。作者还要特别感谢国家自然科学基金项目（50678121，51279133）以及清华大学水沙国家重点实验室开放基金项目（SKLHSE-2011-C-02）对本书研究工作所提供的资助。

本书作者学识有限，书中难免存在不妥之处，恳请读者指正。

李遇春
2016 年 6 月于同济大学

目 录

前言

第1章 绪论 ·· 1

第2章 理想流体晃动的势流理论 ·· 8

2.1 惯性（固定）坐标下的理想流体运动基本方程 ······································ 8
    2.1.1 运动平衡方程 ·· 8
    2.1.2 连续性方程 ·· 11
    2.1.3 晃动的速度势描述 ·· 12
    2.1.4 Bernoulli 方程 ··· 13
    2.1.5 液体晃动的几类边界条件 ·· 14

2.2 非惯性坐标系（加速坐标系）下的理想流体运动方程 ························ 16
    2.2.1 采用相对速度势描述动坐标下的流体运动 ···································· 17
    2.2.2 采用绝对速度势描述动坐标下的流体运动 ···································· 19
    2.2.3 两种描述方法的等价性 ·· 22

第3章 液体晃动模态分析 ·· 24

3.1 二维矩形容器内液体晃动自然频率与振型 ·· 24

3.2 二维任意形状容器内液体晃动自然频率的近似解 ································ 27
    3.2.1 自然频率的 Rayleigh 商表达式 ··· 27
    3.2.2 自然频率的近似解答 ·· 29
    3.2.3 近似自然频率算例 ·· 30

3.3 二维晃动模态的统一 Ritz 计算方法 ··· 32
    3.3.1 Ritz 求解方法 ·· 32
    3.3.2 Ritz 基函数的构造 ·· 33
    3.3.3 数值算例 ·· 35

3.4 二维晃动模态的试验识别 ·· 38
    3.4.1 实验装置与模型 ·· 38
    3.4.2 自由液面波高、频率与阻尼的测量 ·· 40
    3.4.3 晃动模态的试验结果 ·· 41

3.5 三维直立圆柱容器内液体晃动模态 ·· 43

第4章 液体的强迫晃动 … 48

- 4.1 二维矩形容器内液体的地震强迫线性晃动 … 48
- 4.2 三维直立圆柱容器内液体的地震强迫线性晃动 … 54
- 4.3 强迫有限幅非线性晃动的多维模态分析方法 … 58
  - 4.3.1 二维有限幅非线性强迫晃动的运动方程 … 58
  - 4.3.2 基于压力积分的 Bateman-Luke 变分原理 … 60
  - 4.3.3 基于变分原理的有限幅晃动非线性微分方程组（模态系统） … 63
- 4.4 二维矩形容器内液体的非线性（有限幅）强迫晃动 … 66
  - 4.4.1 矩形容器内有限幅晃动的渐近解法（渐近模态系统） … 66
  - 4.4.2 非线性强迫晃动算例 … 72

第5章 液体晃动阻尼 … 75

- 5.1 边界层阻尼 … 75
  - 5.1.1 黏性液体运动的 Navier-Stokes 方程 … 75
  - 5.1.2 Stokes 边界层方程 … 76
  - 5.1.3 振动平板上的周期边界层 … 77
- 5.2 如何在线性势流模型中体现液体阻尼效应 … 79
- 5.3 液体晃动阻尼比估计 … 80
  - 5.3.1 Stokes 边界层阻尼 … 80
  - 5.3.2 容器的内部黏性阻尼（体阻尼） … 84
  - 5.3.3 矩形容器内二维晃动阻尼比系数算例 … 84
  - 5.3.4 几种容器内液体晃动阻尼比经验公式 … 85
- 5.4 增加晃动阻尼的措施（防晃装置） … 86

第6章 液体的参数晃动 … 87

- 6.1 二维线性参数晃动方程 … 87
- 6.2 参数晃动稳定性分析 … 90
- 6.3 参数晃动不稳定边界的试验结果 … 94
- 6.4 参数晃动失稳的能量分析 … 96
  - 6.4.1 液体参数晃动的能量增长指数（EGE）与能量增长系数（EGC） … 96
  - 6.4.2 基于 Floquet 理论的 EGE 与 EGC 分析 … 98
  - 6.4.3 基于 EGE 的稳定性判别准则 … 100
  - 6.4.4 近似 EGC 与 EGE 的解析公式 … 101
  - 6.4.5 基于 EGE 与 EGC 的参数失稳讨论 … 107
  - 6.4.6 EGE 与 EGC 的应用实例 … 108
- 6.5 非线性稳态参数晃动（极限环运动） … 111

第7章 液体晃动的数值模拟方法 ················· 115
7.1 晃动的边界元模拟方法 ····················· 115
7.2 晃动的有限元模拟方法 ····················· 121
7.2.1 无黏性液体运动的位移控制方程 ········· 122
7.2.2 流体与结构运动的相似性 ··············· 124
7.2.3 流体位移有限元模式 ··················· 124
7.2.4 液体-结构耦合系统运动方程 ············ 126
7.2.5 数值算例 ···························· 126
7.3 有限体积法 ······························ 127
7.3.1 有限体积法的基本原理 ················ 128
7.3.2 自由液面的 VOF 方法 ················· 129
7.3.3 数值算例 ···························· 131
7.4 SPH 无网格方法 ·························· 133
7.4.1 液体晃动方程的 Lagrange 描述 ········ 134
7.4.2 SPH 计算格式 ······················· 134
7.4.3 时间积分格式 ························ 135
7.4.4 状态方程 ···························· 136
7.4.5 边界条件 ···························· 136
7.4.6 数值算例 ···························· 137

第8章 液体晃动的等效力学模型 ················· 141
8.1 二维矩形容器内液体晃动等效力学模型 ········ 141
8.1.1 液体与等效模型的运动方程 ············ 142
8.1.2 液体等效力学模型公式 ················ 143
8.1.3 推荐的等效力学模型计算公式 ·········· 146
8.2 半解析/半数值方法求解等效力学模型（以矩形容器为例） ···· 147
8.2.1 一阶模态频率的拟合公式 ·············· 148
8.2.2 M_1 与 h_1 的拟合公式 ················· 150
8.2.3 M_0 与 h_0 的拟合公式 ················· 154
8.3 二维非矩形容器内液体晃动等效力学模型 ······ 157
8.3.1 二维圆形截面容器内液体晃动等效力学模型 ···· 157
8.3.2 二维 U 形截面容器内液体晃动等效力学模型 ··· 159
8.3.3 二维梯形容器内液体晃动等效力学模型 ···· 161
8.3.4 数值算例 ···························· 166
8.4 三维直立圆柱容器内液体晃动等效力学模型 ···· 170

第9章 液体晃动与结构的相互作用 ································ 176

9.1 梁坝-无限水体的动力相互作用 ································ 176
9.1.1 梁坝-无限水体体系的动力学基本方程 ················ 177
9.1.2 梁坝的湿模态及其正交性 ································ 178
9.1.3 梁坝的地震反应分析 ···································· 187
9.1.4 刚性坝上的动水压力 ···································· 191

9.2 贮液箱-支撑结构的动力相互作用 ···························· 192
9.2.1 贮液箱-支撑结构体系的模态特征 ······················ 192
9.2.2 液-固耦合作用对动力特性的影响 ······················ 193
9.2.3 液体的晃动对结构振动的影响分析 ···················· 195

主要参考文献 ·· 199

第 1 章 绪 论

贮液箱内带有自由液面的液体在受外部激励（扰动）下产生的运动称之为晃动，外部激励通常来源于容器的加速运动。从数学上讲，带有自由液面的晃动问题可归结为求解液体运动的 Navier-Stokes 方程（或 Euler 方程），方程一般情况下是非线性的，液体自由表面的边界条件一般情况下表现为非线性方程，液面位置随时间改变。液体晃动是一种复杂的液固耦合现象，与容器的几何特性、液深、激励、壁面特性等参数有关，求解液体的一般晃动方程是一件相当困难的事情。对于充满于封闭容器的液体，由于无自由表面晃动，问题要简单得多，液体的动力学效应按刚性质量考虑即可。

液体的晃动问题广泛存在于航空航天、船舶、土木、水利、化工以及核电工程等领域。从工程应用的角度看，液体晃动的基本问题涉及液体在外激励作用下自由表面晃动的自然频率、振型、自由表面波高、液动压力分布以及作用在容器上的液动力、力矩等，这些液体的动力学效应会对容器及其相关结构的安全性、稳定性以及动力学行为产生重要影响。

在航天工程领域，航天器（包括火箭）需要携带大量的液体燃料（图 1.1），液体燃料的质量可能接近航天器总质量的一半或更多。航天器发射、升空以及正常运行过程中，在航天器运动激励下，液体燃料可能发生剧烈晃动，由此产生的附加晃动力及力矩对航天器产生重要影响，可能导致航天器运行姿态失控或贮液结构损坏等严重事故，历史上曾经有多次因未预料的液体燃料晃动而导致航天器失事，因此液体燃料的晃动动力学研究是航天工程的一个重要课题。关于航天工程中的液体晃动问题研究可参见相关专著（Abramson 1966; Dodge 2000; 王照林、刘延柱 2002; Ibrahim 2005 等）。

图 1.1 航天器（火箭）中巨大的液体燃料箱（摘自百度图片）

大型船舶中有一类运输液体的船舶，如图1.2所示的LNG（liquefied natural gas）船是在低温下运输液化气的专用船舶，液化气在船舱中以液体的形式存在，运输船在波浪作用下会发生晃荡从而引发舱内巨量液体的晃动，液体的晃动可能影响船舶的结构及航行安全，晃动引起的载荷效应已成为载液船舶安全性评估的重要内容之一，船舱内的液体在船体运动激励下的晃动动力学是船舶工程的研究热点之一。关于船舶工程中的液体晃动问题专题研究可参见相关专著（Faltinsen & Timokha 2009）。

图1.2　LNG运输船(摘自百度百科)

水利工程中，大坝的抗震设计需要考虑库水的晃动对大坝的附加动水压力影响。对于刚度很大的重力坝（例如三峡大坝，图1.3），可不考虑坝体对水体运动的影响，只需单方面考虑晃动的库水对坝体的作用；Westergaard（1933）首次分析了地震时作用在刚性坝上的动水压力。对于刚度较小的拱坝（例如胡佛水坝，图1.4），当需要考虑坝体变形影响时，需要进行坝-库水的耦联振动计算；居荣初、曾心传（1983）在其专著中详细讨论了地震作用下结构与液体的耦联振动理论。

图1.3　三峡大坝（摘自搜狗图片）　　图1.4　胡佛（Hoover）水坝（摘自搜狗图片）

在调水（或运河）工程中广泛使用的渡槽是一种架空输水建筑物（或输水桥梁），目前在世界范围已修建了许多渡槽，比较典型的渡槽有：①北京军都山斜拉渡槽（图1.5）；②东深调水工程中的旗岭渡槽（图1.6）；③南水北调工程中的漕河渡槽（图 1.7）；④法国 Saint Bachi 悬索渡槽（图 1.8）；⑤德国 Magdeburg 通航渡槽（图 1.9）。

图 1.5　北京军都山斜拉渡槽（摘自百度百科）

图 1.6　东深旗岭渡槽（摘自南方网）

图 1.7　南水北调漕河渡槽（摘自百度图片）

图 1.8　法国 Saint Bachi 悬索渡槽
(Adrien Mortini 拍摄)

图 1.9　德国 Magdeburg 通航渡槽（摘自百度百科）

渡槽与普通桥梁的最大区别在于渡槽要携带大量的水体，渡槽上部结构包括支承结构（排架、墩、桁架、塔架与索等）与槽体，槽内水体的质量通常与结构质量相当。在地震作用下，地面运动会通过支承结构引起槽体的运动，槽体的牵连运动又会带动槽内水体的晃动，而槽内水体的晃动反过来会影响槽体与支承结构的运动（振动），因而渡槽的抗震计算是一个相当复杂的问题。在渡槽体系抗震分析中应考虑流体的晃动及其与结构的相互作用，这是渡槽抗震计算不同于桥梁的特点，也是渡槽抗震计算的关键问题。大跨径渡槽（如悬索渡槽）在风作用下，还会引起风致振动，这种振动也可能诱发槽内水体的晃动，因此在渡槽的风振分析中也应考虑液体晃动的影响。渡槽内液体的晃动问题讨论将是本书的一个重要内容之一。

在水利枢纽工程中，湿运升船机的承船厢是一个巨大的盛水容器，图1.10为长江三峡升船机，图1.11为英国福尔柯克轮（Falkirk Wheel）旋转升船机，当升船机遭遇地震作用时，承船厢内的巨大水体会发生晃动，水体的晃动将对结构的地震响应产生重要影响，在升船机的抗震问题研究中，液体的晃动是一个需要考虑的问题。当承船厢内有船舶时，这将是一个带浮体的特殊晃动问题。这些问题都需要用液体的晃动动力学理论进行分析。

图1.10　长江三峡升船机（摘自百度百科）　　图1.11　英国福尔柯克轮（Falkirk Wheel）旋转升船机（摘自百度百科）

市政工程中常用的水塔结构（图1.12）及架空水箱结构（图1.13）的抗震与抗风计算都涉及水箱内液体的晃动分析。由于水体晃动计算的复杂性，在目前的设计计算中，一般将水体按固定的质量加以考虑，即未考虑水体流动的影响，所得到的结构动力反应将可能产生较大误差；当需做进一步的精确计算时，需要采用液体晃动动力学理论进行计算分析。

在建筑工程中，一种叫作调频液体阻尼器（tuned liquid damper，TLD）的装置被广泛应用于建筑结构中。TLD是一种被动耗能减振装置，它是利用固定水箱中的液体在晃动过程中产生的动侧力来减小建筑结构的振动，将结构振动的能量传递给TLD，使TLD内的液体发生晃动，从而消耗结构的振动能量。TLD具有构造简单、安装容易、自动激活性能好、不需要启动装置等优点，可兼作供水水箱使用。在设计与研究 TLD 的减振性能时，需要借助液体晃动动力学的基本理论与求解方法。

图 1.12　水塔结构（摘自百度图片）

图 1.13　架空水箱结构（摘自百度图片）

核电工程中涉及许多液体晃动与结构的相互作用问题。例如：在强震作用下，核电换料水池（图 1.14）内的水体会产生强烈晃动并与水池内的设备发生相互作用，设备工程师需要知道液体晃动对设备的附加影响，这需要液体晃动的相关分析；安装在安全壳顶端的冷却水箱（图 1.15）储存有大量的冷却水，强震引发的水体晃动将会冲击水箱壁，甚至可能冲击顶盖，可能对冷却水箱造成破坏，从而影响到核反应堆的安全运行，如何评估水体晃动冲击的风险也需要液体晃动动力学的相关分析。

核电工程中的快中子增殖反应堆（快堆）容器内装满了液态钠，液体表面由气体覆盖，地震可能引起液态钠的大幅晃动，特别是对于长周期地震而言，这种效应更为显著，大幅晃动的液体可能冲击顶盖，可能将上方的气体卷入堆芯，影响反应堆的安全运行。现有的核电厂抗震规范要求，必须考虑地震作用下液体晃动对结构的冲击载荷效应。

特大型液化天然气（LNG）储罐（图 1.16）为极其重要的生命线工程，其抗震安全要求等同于核电设施，其抗震能力对保证安全供气十分重要。由于特大型 LNG 储罐结构比一般的储罐结构复杂，目前对于此类特大型 LNG 的抗震研究还不够深入，特大型 LNG 储罐结构减震与隔振问题还没有得到很好的解决，这一问题仍是目前土木工程界的研究热点之一。对于有抗震设防的储罐，通常需要进行储罐结构的减震与隔振设计，其中的计算分析中不可避免地涉及液体晃动动力学的理论与计算方法。

图 1.14　换料水池（摘自百度图片）

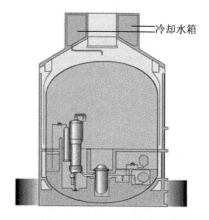
图 1.15　核安全壳内反应堆冷却水箱示意图

图 1.16　特大型液化天然气（LNG）储罐（摘自百度图片）

化工液体运输车广泛运用于装卸酸、碱、盐等具有腐蚀性、危险性的液体介质，液体运输车在行进过程中会引起液体的晃动，车辆与液体的相互作用可能对行车安全构成威胁。据有关资料报道（Ibrahim 2005），液体运载车辆交通运输事故中的 4%是由于液体晃动造成的。研究液体运载车辆的防晃措施需要液体晃动动力学的相关知识。

依据外部激励（扰动）的不同，容器内液体表面可能呈现各种不同的奇妙运动，包括简单的二维运动、空间运动、旋转运动、不规则拍运动、对称运动、反对称运动、准周期运动、孤立波运动以及混沌运动等。由于晃动问题所呈现非线性运动的复杂性，这一问题一直吸引着许多数学、物理、力学研究者的关注，这些问题的研究可参见文献（Lomen & Fontenot 1967; Moiseev & Rumjantsev 1968; Miles & Henderson 1990; 倪皖苏、魏荣爵 1997; Müller et al. 1997; Kalinichenko et al. 2000; Rajchenbach et al. 2011; Ikeda et al. 2012）。

第 2 章　理想流体晃动的势流理论

本章讨论理想流体的势流理论。假定所研究的液体没有黏性，这种液体称为理想流体。实际真实的流体或多或少总是有黏性的，对于某些流体，如水体，由于其黏性很小，在研究水体的晃动问题时，其黏性的影响可忽略不计，所得计算结果能基本反映流体运动情况，由于不考虑流体质点间的摩擦引起的黏性应力，即剪切应力忽略不计，流体内部一点的应力状态用压力描述即可；对于容器内晃动的流体，还可以近似认为流体运动是无旋的，流体力学中描述流体涡旋运动的量为旋度，当旋度为零时，表明流体运动是无旋的；晃动流体可视为不可压缩流体，其质量密度保持不变；对于土木与水利工程常见的晃动问题，一般可不考虑液体自由表面张力的影响。

2.1　惯性（固定）坐标下的理想流体运动基本方程

2.1.1　运动平衡方程

惯性参考坐标系可以是固定的坐标系，也可为匀速运动的坐标系，本节讨论流体在固定坐标下的基本方程。在流动的流体内任取一个微小的平行六面体（图 2.1），它们的各边分别与固定坐标 $oxyz$ 的三个坐标轴平行，微体的三个边长分别为 dx、dy 与 dz。作用在这个微体上有两类力，它们分别如下。

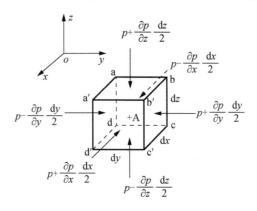

图 2.1　微体所受的六个表面力

(1) 质量力

它是作用在液体内部各个质点上的力,如液体所受到的重力或惯性力就属于质量力,质量力的大小与液体的质量成正比。设 X、Y 与 Z 分别表示单位质量力沿 x、y、z 三个方向上的分量,则总的质量力为 $\boldsymbol{F} = X\boldsymbol{i} + Y\boldsymbol{j} + Z\boldsymbol{k}$,其中 $\boldsymbol{i}$、$\boldsymbol{j}$、$\boldsymbol{k}$ 为沿坐标方向的单位基向量,设 ρ 为液体的质量密度,那么微体所受质量力的三个分量分别为 $\rho X \mathrm{d}x\mathrm{d}y\mathrm{d}z$、$\rho Y \mathrm{d}x\mathrm{d}y\mathrm{d}z$ 与 $\rho Z \mathrm{d}x\mathrm{d}y\mathrm{d}z$。对于液体的晃动问题而言,若仅考虑液体在竖向受到重力作用,这时有 $Z = -g$ 为重力加速度。

(2) 表面力

微体的六个表面上还受到液体其他部分的挤压力,这些力分别作用在六个表面上,故称为表面力。设微体中心点的压力为 $p = p(x,y,z,t)$(注意到压力的单位为 $\mathrm{N/m}^2$ 或 $\mathrm{kN/m}^2$),则微体各表面上的压力如图 2.1 所示。以微体在 x 方向所受到的表面力为例,图中 $\dfrac{\partial p}{\partial x}$ 表示压力 p 沿 x 方向的变化率,表面 abcd 距离中心点向后平移了 $\mathrm{d}x/2$,于是 abcd 表面上的压力可以表示为 $p - \dfrac{\partial p}{\partial x}\dfrac{\mathrm{d}x}{2}$,同理 a'b'c'd' 表面上的压力可表示为 $p + \dfrac{\partial p}{\partial x}\dfrac{\mathrm{d}x}{2}$,所以微体在 x 方向所受到的表面力的合力为

$$\left(p - \frac{1}{2}\frac{\partial p}{\partial x}\mathrm{d}x\right)\mathrm{d}y\mathrm{d}z - \left(p + \frac{1}{2}\frac{\partial p}{\partial x}\mathrm{d}x\right)\mathrm{d}y\mathrm{d}z = -\frac{\partial p}{\partial x}\mathrm{d}x\mathrm{d}y\mathrm{d}z$$

同理,y 与 z 方向所受到的表面力的合力分别为 $-\dfrac{\partial p}{\partial y}\mathrm{d}x\mathrm{d}y\mathrm{d}z$ 及 $-\dfrac{\partial p}{\partial z}\mathrm{d}x\mathrm{d}y\mathrm{d}z$。

在固定坐标 $oxyz$ 下,设微体中心点 A 的加速度为 $\boldsymbol{a} = a_x\boldsymbol{i} + a_y\boldsymbol{j} + a_z\boldsymbol{k}$,根据牛顿第二定律,微体在 x、y、z 三个方向上的运动方程为

$$\begin{cases} \rho X \mathrm{d}x\mathrm{d}y\mathrm{d}z - \dfrac{\partial p}{\partial x}\mathrm{d}x\mathrm{d}y\mathrm{d}z = \rho a_x \mathrm{d}x\mathrm{d}y\mathrm{d}z \\[6pt] \rho Y \mathrm{d}x\mathrm{d}y\mathrm{d}z - \dfrac{\partial p}{\partial y}\mathrm{d}x\mathrm{d}y\mathrm{d}z = \rho a_y \mathrm{d}x\mathrm{d}y\mathrm{d}z \\[6pt] \rho Z \mathrm{d}x\mathrm{d}y\mathrm{d}z - \dfrac{\partial p}{\partial z}\mathrm{d}x\mathrm{d}y\mathrm{d}z = \rho a_z \mathrm{d}x\mathrm{d}y\mathrm{d}z \end{cases}$$

简化上式有

$$\begin{cases} \dfrac{\partial p}{\partial x} + \rho a_x = \rho X \\[6pt] \dfrac{\partial p}{\partial y} + \rho a_y = \rho Y \\[6pt] \dfrac{\partial p}{\partial z} + \rho a_z = \rho Z \end{cases} \quad (2.1.1)$$

采用向量的形式，式（2.1.1）可以表示为

$$\frac{1}{\rho}\nabla p + \boldsymbol{a} = \boldsymbol{F} \tag{2.1.2}$$

式中：$\nabla = \boldsymbol{i}\dfrac{\partial}{\partial x} + \boldsymbol{j}\dfrac{\partial}{\partial y} + \boldsymbol{k}\dfrac{\partial}{\partial z}$ 为 Hamilton 算子。设微体中心点 A 的速度分量分别为 $v_x = v_x(x,y,z,t)$、$v_y = v_y(x,y,z,t)$ 及 $v_z = v_z(x,y,z,t)$，注意到速度分量同时是时间和位置的函数，因此根据多元函数的微分规则，A 点的加速度分量可以表达为

$$\begin{cases} a_x = \dfrac{\mathrm{d}v_x}{\mathrm{d}t} = \dfrac{\partial v_x}{\partial t} + \dfrac{\partial v_x}{\partial x}\dfrac{\mathrm{d}x}{\mathrm{d}t} + \dfrac{\partial v_x}{\partial y}\dfrac{\mathrm{d}y}{\mathrm{d}t} + \dfrac{\partial v_x}{\partial z}\dfrac{\mathrm{d}z}{\mathrm{d}t} \\ \quad = \dfrac{\partial v_x}{\partial t} + v_x\dfrac{\partial v_x}{\partial x} + v_y\dfrac{\partial v_x}{\partial y} + v_z\dfrac{\partial v_x}{\partial z} \\ a_y = \dfrac{\mathrm{d}v_y}{\mathrm{d}t} = \dfrac{\partial v_y}{\partial t} + v_x\dfrac{\partial v_y}{\partial x} + v_y\dfrac{\partial v_y}{\partial y} + v_z\dfrac{\partial v_y}{\partial z} \\ a_z = \dfrac{\mathrm{d}v_z}{\mathrm{d}t} = \dfrac{\partial v_z}{\partial t} + v_x\dfrac{\partial v_z}{\partial x} + v_y\dfrac{\partial v_z}{\partial y} + v_z\dfrac{\partial v_z}{\partial z} \end{cases} \tag{2.1.3}$$

采用向量的形式，式（2.1.3）可以表示为

$$\boldsymbol{a} = \frac{\mathrm{d}\boldsymbol{v}}{\mathrm{d}t} = \frac{\partial \boldsymbol{v}}{\partial t} + (\boldsymbol{v}\cdot\nabla)\boldsymbol{v} \tag{2.1.4}$$

式中：$\boldsymbol{v} = v_x\boldsymbol{i} + v_y\boldsymbol{j} + v_z\boldsymbol{k}$，式（2.1.4）中的第一项表示速度随时间的改变而产生的加速度，第二项表示速度随位置的改变而产生的加速度。将式（2.1.4）代入式（2.1.2），于是式（2.1.2）可以重写为

$$\frac{1}{\rho}\nabla p + \frac{\partial \boldsymbol{v}}{\partial t} + (\boldsymbol{v}\cdot\nabla)\boldsymbol{v} = \boldsymbol{F} \tag{2.1.5}$$

或写成分量形式

$$\begin{cases} \dfrac{\partial p}{\partial x} + \rho\left(\dfrac{\partial v_x}{\partial t} + v_x\dfrac{\partial v_x}{\partial x} + v_y\dfrac{\partial v_x}{\partial y} + v_z\dfrac{\partial v_x}{\partial z}\right) = \rho X \\ \dfrac{\partial p}{\partial y} + \rho\left(\dfrac{\partial v_y}{\partial t} + v_x\dfrac{\partial v_y}{\partial x} + v_y\dfrac{\partial v_y}{\partial y} + v_z\dfrac{\partial v_y}{\partial z}\right) = \rho Y \\ \dfrac{\partial p}{\partial z} + \rho\left(\dfrac{\partial v_z}{\partial t} + v_x\dfrac{\partial v_z}{\partial x} + v_y\dfrac{\partial v_z}{\partial y} + v_z\dfrac{\partial v_z}{\partial z}\right) = \rho Z \end{cases} \tag{2.1.6}$$

式（2.1.5）[或式（2.1.6）]为流体运动的 Euler 方程。在柱坐标系（r,θ,z）下，Euler 方程具有下列形式：

$$\begin{cases} \dfrac{\partial p}{\partial r} + \rho\left(\dfrac{\partial v_r}{\partial t} + v_r\dfrac{\partial v_r}{\partial r} + \dfrac{v_\theta}{r}\dfrac{\partial v_r}{\partial \theta} + v_z\dfrac{\partial v_r}{\partial z} - \dfrac{v_\theta^2}{r}\right) = \rho X_r \\ \dfrac{1}{r}\dfrac{\partial p}{\partial \theta} + \rho\left(\dfrac{\partial v_\theta}{\partial t} + v_r\dfrac{\partial v_\theta}{\partial r} + \dfrac{v_\theta}{r}\dfrac{\partial v_\theta}{\partial \theta} + v_z\dfrac{\partial v_\theta}{\partial z} + \dfrac{v_r v_\theta}{r}\right) = \rho X_\theta \\ \dfrac{\partial p}{\partial z} + \rho\left(\dfrac{\partial v_z}{\partial t} + v_r\dfrac{\partial v_z}{\partial r} + \dfrac{v_\theta}{r}\dfrac{\partial v_z}{\partial \theta} + v_z\dfrac{\partial v_z}{\partial z}\right) = \rho X_z \end{cases} \quad (2.1.7)$$

式中：(v_r, v_θ, v_z) 为柱坐标下液体质点的径向、环向与竖向速度分量；(X_r, X_θ, X_z) 为三个方向的质量力分量。

2.1.2 连续性方程

仍以图 2.1 中的微体为例，如图 2.2 所示，在 dt 时间内沿 x 方向流入微体的质量为 $(\rho v_x)\mathrm{d}y\mathrm{d}z\mathrm{d}t$，流出微体的质量为 $\left[\rho v_x + \dfrac{\partial(\rho v_x)}{\partial x}\mathrm{d}x\right]\mathrm{d}y\mathrm{d}z\mathrm{d}t$，因此沿 x 方向流入的总质量为 $(\rho v_x)\mathrm{d}y\mathrm{d}z\mathrm{d}t - \left[\rho v_x + \dfrac{\partial(\rho v_x)}{\partial x}\mathrm{d}x\right]\mathrm{d}y\mathrm{d}z\mathrm{d}t = -\dfrac{\partial(\rho v_x)}{\partial x}\mathrm{d}x\mathrm{d}y\mathrm{d}z\mathrm{d}t$，同理沿 y 与 z 方向流入的总质量分别为 $-\dfrac{\partial(\rho v_y)}{\partial y}\mathrm{d}x\mathrm{d}y\mathrm{d}z\mathrm{d}t$ 及 $-\dfrac{\partial(\rho v_z)}{\partial z}\mathrm{d}x\mathrm{d}y\mathrm{d}z\mathrm{d}t$，所以从三个方向流进六面微体的总质量和为 $-\left[\dfrac{\partial(\rho v_x)}{\partial x} + \dfrac{\partial(\rho v_y)}{\partial y} + \dfrac{\partial(\rho v_z)}{\partial z}\right]\mathrm{d}x\mathrm{d}y\mathrm{d}z\mathrm{d}t$；若考虑液体的密度随时间的变化率为 $\dfrac{\partial \rho}{\partial t}$，那么六面微体内由于密度变化而增加的液体总质量为 $\dfrac{\partial \rho}{\partial t}\mathrm{d}t\mathrm{d}x\mathrm{d}y\mathrm{d}z$，根据质量守恒原理，由于密度变化增加的液体质量应等于外面流入的液体质量，即有

$$-\left[\dfrac{\partial(\rho v_x)}{\partial x} + \dfrac{\partial(\rho v_y)}{\partial y} + \dfrac{\partial(\rho v_z)}{\partial z}\right]\mathrm{d}x\mathrm{d}y\mathrm{d}z\mathrm{d}t = \dfrac{\partial \rho}{\partial t}\mathrm{d}t\mathrm{d}x\mathrm{d}y\mathrm{d}z$$

简化上式有

$$\dfrac{\partial(\rho v_x)}{\partial x} + \dfrac{\partial(\rho v_y)}{\partial y} + \dfrac{\partial(\rho v_z)}{\partial z} + \dfrac{\partial \rho}{\partial t} = 0$$

采用向量的形式，上式可以表示为

$$\nabla(\rho\mathbf{v}) + \dfrac{\partial \rho}{\partial t} = 0 \quad (2.1.8)$$

式（2.1.8）为液体的连续性方程。对于不可压缩流体，其质量密度保持不变（$\rho =$ 常数），所以式（2.1.8）可以重写为

$$\nabla \boldsymbol{v} = \frac{\partial v_x}{\partial x} + \frac{\partial v_y}{\partial y} + \frac{\partial v_z}{\partial z} = 0 \tag{2.1.9}$$

式（2.1.9）在柱坐标下可以写为

$$\frac{\partial v_r}{\partial r} + \frac{1}{r}\frac{\partial v_\theta}{\partial \theta} + \frac{v_r}{r} + \frac{\partial v_z}{\partial z} = 0 \tag{2.1.10}$$

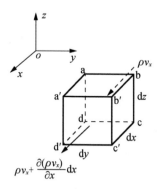

图 2.2 在 x 方向流入六面微体的质量流

若在（无源）流体区域 Ω 内考虑一个固定的小区域 $\Delta\Omega$，包围这个小区域的边界为 $S_{\Delta\Omega}$，于是流体连续性方程（2.1.9）也可写为下列积分的形式：

$$\iiint_{S_{\Delta\Omega}} \boldsymbol{v} \cdot \boldsymbol{n} \, \mathrm{d}s = 0 \tag{2.1.11}$$

式中：$\boldsymbol{n}$ 为边界 $S_{\Delta\Omega}$ 表面的外法线向量。式（2.1.11）表示流进流体区域 $\Delta\Omega$ 内的净流量为零，即区域 $\Delta\Omega$ 内的流体质量守恒。

2.1.3 晃动的速度势描述

容器内晃动的流体，当晃动幅度不很大时，可以近似认为流体运动是无旋的，液体质点速度的旋度为零，即

$$\mathrm{rot}\,\boldsymbol{v} = \nabla \times \boldsymbol{v} = \begin{vmatrix} \boldsymbol{i} & \boldsymbol{j} & \boldsymbol{k} \\ \dfrac{\partial}{\partial x} & \dfrac{\partial}{\partial y} & \dfrac{\partial}{\partial z} \\ v_x & v_y & v_z \end{vmatrix} = 0 \tag{2.1.12}$$

展开式（2.1.12）得

$$\frac{\partial v_z}{\partial y} = \frac{\partial v_y}{\partial z}, \quad \frac{\partial v_z}{\partial x} = \frac{\partial v_x}{\partial z}, \quad \frac{\partial v_x}{\partial y} = \frac{\partial v_y}{\partial x} \tag{2.1.13}$$

从式（2.1.13）可以看出，无旋运动的三个速度分量（v_x, v_y, v_z）并非彼此独立，而是相互关联，可以看出存在一个中间函数 $\Phi(x,y,z,t)$，三个速度分量可以由这个函数表达为

$$v_x = \frac{\partial \Phi}{\partial x}, \quad v_y = \frac{\partial \Phi}{\partial y}, \quad v_z = \frac{\partial \Phi}{\partial z} \qquad (2.1.14)$$

或以向量的形式表达为

$$\boldsymbol{v} = \nabla \Phi \qquad (2.1.15)$$

式中：函数 $\Phi(x,y,z,t)$ 为速度势函数；显然将式（2.1.14）代入式（2.1.13），可以满足该方程。若不考虑液体的可压缩性，将式（2.1.14）代入式（2.1.9），得

$$\frac{\partial^2 \Phi}{\partial x^2} + \frac{\partial^2 \Phi}{\partial y^2} + \frac{\partial^2 \Phi}{\partial z^2} = 0 \qquad (2.1.16)$$

式（2.1.16）为 Laplace 方程，它是用速度势函数 Φ 描述无旋和不可压缩液体的运动方程。

在柱坐标下，设速度势函数为 $\Phi = \Phi(r,\theta,z,t)$，则柱坐标下的速度分量（$v_r, v_\theta, v_z$）可以由 $\Phi(r,\theta,z,t)$ 表达为

$$v_r = \frac{\partial \Phi}{\partial r}, \quad v_\theta = \frac{1}{r}\frac{\partial \Phi}{\partial \theta}, \quad v_z = \frac{\partial \Phi}{\partial z} \qquad (2.1.17)$$

在柱坐标下，$\Phi(r,\theta,z,t)$ 满足的 Laplace 方程为

$$\frac{\partial^2 \Phi}{\partial r^2} + \frac{1}{r}\frac{\partial \Phi}{\partial r} + \frac{1}{r^2}\frac{\partial^2 \Phi}{\partial \theta^2} + \frac{\partial^2 \Phi}{\partial z^2} = 0 \qquad (2.1.18)$$

2.1.4　Bernoulli 方程

下面研究速度势函数 $\Phi(x,y,z,t)$ 与液体压力 $p(x,y,z,t)$ 之间的关系。就晃动问题而言，若液体的质量力仅有重力，且我们选择 $z=0$ 对应为液体的静止自由表面，则重力产生的质量力可以写为

$$\boldsymbol{F} = -\nabla(gz) \qquad (2.1.19)$$

根据矢量分析理论，有如下的公式：

$$(\boldsymbol{v} \cdot \nabla)\boldsymbol{v} = \frac{1}{2}\nabla(\boldsymbol{v} \cdot \boldsymbol{v}) - \boldsymbol{v} \times (\nabla \times \boldsymbol{v}) = \frac{1}{2}\nabla(\boldsymbol{v} \cdot \boldsymbol{v}) = \frac{1}{2}\nabla(v_x^2 + v_y^2 + v_z^2) \qquad (2.1.20)$$

注意到上式应用了式（2.1.12）（即势流特征 $\nabla \times \boldsymbol{v} = 0$），将式（2.1.15）、式（2.1.19）及式（2.1.20）代入 Euler 方程（2.1.5），得

$$\nabla\left[p + \rho\frac{\partial \Phi}{\partial t} + \frac{1}{2}\rho\left(v_x^2 + v_y^2 + v_z^2\right) + \rho gz\right] = 0$$

上式表明，方括号内的函数与坐标 (x,y,z) 无关，仅为时间 t 的函数 $c(t)$，即

$$p + \rho\frac{\partial \Phi}{\partial t} + \frac{1}{2}\rho\left(v_x^2 + v_y^2 + v_z^2\right) + \rho gz = c(t) \qquad (2.1.21)$$

式（2.1.21）中只有 $\partial \Phi / \partial t$ 项显含时间 t，所以时间函数 $c(t)$ 可包含到函数 Φ 中去，可以做一个代换：$\Phi \to \Phi + \int c(t)\mathrm{d}t$，并利用式（2.1.14），式（2.1.21）可以进一步写为

$$p + \rho \frac{\partial \Phi}{\partial t} + \frac{1}{2}\rho\left[\left(\frac{\partial \Phi}{\partial x}\right)^2 + \left(\frac{\partial \Phi}{\partial y}\right)^2 + \left(\frac{\partial \Phi}{\partial z}\right)^2\right] + \rho g z = 0 \qquad (2.1.22)$$

式（2.1.22）称为 Bernoulli 方程（定律），它表示了液体压力与速度势之间的关系式。对于小幅晃动问题，式（2.1.22）中的非线性项可以忽略，于是经线性化后，式（2.1.22）可以简化为

$$p = -\rho \frac{\partial \Phi}{\partial t} - \rho g z \qquad (2.1.23)$$

由此可以看出，液体压力 $p(x,y,z,t)$ 由两部分组成：一部分为 $-\rho g z$，表示了液体静压力，这一部分为已知量；另一部分为 $-\rho \frac{\partial \Phi}{\partial t}$，它与时间相关，表示液体的动压力（简称液动压力），是待求的未知量。在液体晃动分析中可仅考虑液动压力 p_d（液体静压力另外计算，总的液体压力等于液动压力加上静压力），这时有

$$p_d = -\rho \frac{\partial \Phi}{\partial t} \qquad (2.1.24)$$

于是根据式（2.1.16），有

$$\nabla^2 p_d = -\rho \frac{\partial}{\partial t}(\nabla^2 \Phi) = 0 \qquad (2.1.25)$$

式（2.1.25）表明，液动压力 p_d 也满足 Laplace 方程。

2.1.5 液体晃动的几类边界条件

求解 Laplace 方程（2.1.16），需要给出速度势函数所满足的定解条件，即边界条件。以下有四种常见的边界条件。

1. 液体与结构交界面 ∂S_w（湿边界）

如图 2.3（a）所示，在液体与结构交界面 ∂S_w 上，有下列关系：

$$\left.\frac{\partial \Phi}{\partial n}\right|_{\partial S_w} = v_n \qquad (2.1.26)$$

式中：n 为交界面的法线方向；v_n 为弹性结构物在湿交界面上的法向速度。式（2.1.26）表示液体与结构在湿交界面上的法向速度要保持一致（协调）。由于液体无黏性，液体与结构在交界面的切线方向可以无阻碍的（自由）滑动。

2. 固定湿边界 ∂S_w

在式（2.1.26）中，若不考虑容器结构的变形，即容器壁按刚性考虑时 $v_n = 0$ [图 2.3（b）]，有

$$\left.\frac{\partial \Phi}{\partial n}\right|_{\partial S_w} = 0 \qquad (2.1.27)$$

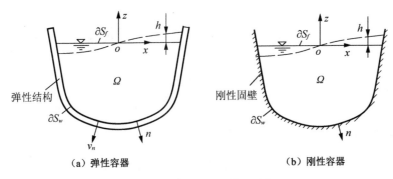

图 2.3 液体与结构交界面 ∂S_w

3. 自由液面边界 ∂S_f

如图 2.3 所示，自由液面上下波动，设液面离开其静止位置的垂直位移为 $h(x,y,t)$，它称为波高函数。因为自由表面上的压力等于大气压力，若设大气压力为参考零点，那么自由表面上的压力等于零，根据方程（2.1.22），得到自由表面的动力学边界条件为

$$p|_{\partial S_f} = -\rho \frac{\partial \Phi}{\partial t}\bigg|_{z=h} - \frac{1}{2}\rho\left[\left(\frac{\partial \Phi}{\partial x}\right)^2 + \left(\frac{\partial \Phi}{\partial y}\right)^2 + \left(\frac{\partial \Phi}{\partial z}\right)^2\right]_{z=h} - \rho g h = 0 \quad (2.1.28)$$

将式（2.1.28）线性化后，得

$$p|_{\partial S_f} = -\rho \frac{\partial \Phi}{\partial t}\bigg|_{z=h} - \rho g h = 0 \quad (2.1.29)$$

自由表面上沿 z 方向的速度分量可以写成

$$v_z = \frac{\partial \Phi}{\partial z} = \frac{\mathrm{d}h}{\mathrm{d}t} = \frac{\partial h}{\partial t} + \frac{\partial h}{\partial x}\frac{\mathrm{d}x}{\mathrm{d}t} + \frac{\partial h}{\partial y}\frac{\mathrm{d}y}{\mathrm{d}t}$$

$$= \frac{\partial h}{\partial t} + \frac{\partial h}{\partial x}v_x + \frac{\partial h}{\partial y}v_y = \frac{\partial h}{\partial t} + \frac{\partial h}{\partial x}\frac{\partial \Phi}{\partial x} + \frac{\partial h}{\partial y}\frac{\partial \Phi}{\partial y}$$

于是自由表面运动学边界条件可以写成

$$\frac{\partial \Phi}{\partial z}\bigg|_{z=h} = \left[\frac{\partial h}{\partial t} + \frac{\partial h}{\partial x}\frac{\partial \Phi}{\partial x} + \frac{\partial h}{\partial y}\frac{\partial \Phi}{\partial y}\right]_{z=h} \quad (2.1.30)$$

在小晃动的情况下，忽略非线性项，式（2.1.30）可以简化为

$$\frac{\partial \Phi}{\partial z}\bigg|_{z=h} = \frac{\partial h}{\partial t}\bigg|_{z=h} \quad (2.1.31)$$

对于小晃动问题，将式（2.1.29）对 t 求导数，并利用式（2.1.31），得

$$\left(\frac{\partial^2 \Phi}{\partial t^2} + g\frac{\partial \Phi}{\partial z}\right)\bigg|_{z=h} = 0 \quad (2.1.32)$$

上式综合了自由表面运动学与动力学条件。在式（2.1.32）中，波高函数 h 事先为未知量，在小晃动下，可近似以 $z=0$ 来代替 $z=h$，于是式（2.1.32）可以简化为

$$\left(\frac{\partial^2 \Phi}{\partial t^2}+g\frac{\partial \Phi}{\partial z}\right)\bigg|_{z=0}=0 \qquad (2.1.33)$$

式（2.1.33）即为用速度势表示的自由表面边界条件。

4. 无限远边界

在研究如图 2.4 所示的半无限液体的晃动及其与结构相互作用问题时，液体与结构物之间的相互作用效应（对液体速度的影响）的范围只局限于交界面附近的地方，离交界面较远的地方，这种作用效应趋近于零，即有

$$\left.\frac{\partial \Phi}{\partial r}\right|_{r\to\infty}=0 \qquad (2.1.34)$$

式中：r 为无穷远处的边界面的法线方向。

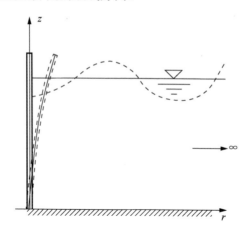

图 2.4 半无限液体的晃动及其与结构相互作用

2.2 非惯性坐标系（加速坐标系）下的理想流体运动方程

当采用速度势函数来描述非惯性坐标系下的理想流体运动方程时，由于工程学科的不同，通常可按照两种不同的速度势函数来描述理想流体运动（胡奇、李遇春 2016），一种采用相对速度势函数，另一种采用绝对速度势函数，所得到的方程具有不同形式，但两种描述方式具有等价性，以下分别叙述之。

2.2.1 采用相对速度势描述动坐标下的流体运动

当贮液容器发生运动,并产生加速度时,例如:地震作用时液体容器整体随大地一起做(加速)牵连运动,携带液体的运载工具(液体火箭、装载液化气的船舶等)在(加速)运行时,液体均在运动的容器中发生晃动行为,事实上,容器的运动常常是液体晃动的激励源。将描述液体运动的坐标系固定在容器上,这样观测液体运动更为直观、方便,这个动坐标系称为加速坐标系,或非惯性坐标系。设固定在大地上的坐标系为 $o'x'y'z'$,固定在容器上的牵连(运动)坐标系为 $oxyz$,这里仅考虑牵连坐标系 $oxyz$ 的平动,不考虑其转动,假定初始时牵连坐标与固定坐标相重合,即:牵连坐标的三个坐标轴始终与固定坐标对应的三个坐标轴相平行,对于牵连坐标系有转动的情形可参考相关文献(Faltinsen & Timokha 2009)。设运动坐标系原点 o 在 $o'x'y'z'$ 下所观测到的矢径为 r_o,液体所占的区域为 Ω,如图 2.5 所示。在固定坐标系 $o'x'y'z'$ 下所观察到的牵连坐标系的平动速度 v_o 和加速度 a_o 可以分别表示为

$$\begin{cases} v_o = \dfrac{\mathrm{d}r_o}{\mathrm{d}t} = \dot{G}_x(t)\boldsymbol{i} + \dot{G}_y(t)\boldsymbol{j} + \dot{G}_z(t)\boldsymbol{k} \\ a_o = \dfrac{\mathrm{d}^2 r_o}{\mathrm{d}t^2} = \ddot{G}_x(t)\boldsymbol{i} + \ddot{G}_y(t)\boldsymbol{j} + \ddot{G}_z(t)\boldsymbol{k} \end{cases} \qquad (2.2.1)$$

式中:$\dot{G}_x(t)$、$\dot{G}_y(t)$ 与 $\dot{G}_z(t)$ 分别为牵连平动速度在 x、y、z 方向上的三个分量;$\ddot{G}_x(t)$、$\ddot{G}_y(t)$ 与 $\ddot{G}_z(t)$ 分别为牵连平动加速度的三个分量;$\boldsymbol{i}$、$\boldsymbol{j}$ 与 $\boldsymbol{k}$ 为固定坐标下的基向量,由于这里不考虑牵连坐标的转动,牵连坐标下的基向量也可由 $\boldsymbol{i}$、$\boldsymbol{j}$ 与 $\boldsymbol{k}$ 表示。对于液体晃动的地震响应分析而言,$\ddot{G}_x(t)$、$\ddot{G}_y(t)$ 可分别看成 x、y 方向的水平加速度作用分量,$\ddot{G}_z(t)$ 看成竖向(z 方向)加速度作用分量。设在牵连坐标系 $oxyz$ 下所观察到的液体粒子相对速度与加速度分别为 v_r 及 a_r,于是液体粒子的绝对速度 v 与加速度 a 可以分别表达为

$$\begin{cases} v = v_o + v_r \\ a = a_o + a_r \end{cases} \qquad (2.2.2)$$

相对加速度 a_r 可以由相对速度 v_r 表示为

$$a_r = \frac{\mathrm{d}v_r}{\mathrm{d}t} = \frac{\partial v_r}{\partial t} + (v_r \cdot \nabla)v_r \qquad (2.2.3)$$

将式(2.2.2)的绝对加速度表达式代入式(2.1.2),并利用式(2.1.3),于是非惯性坐标系下的 Euler 方程可以表示为

$$\frac{1}{\rho}\nabla p + \frac{\partial v_r}{\partial t} + (v_r \cdot \nabla)v_r + a_o = F \qquad (2.2.4)$$

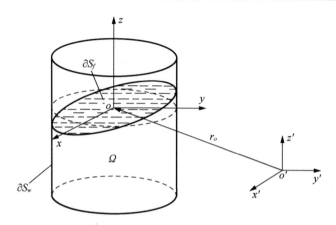

图 2.5　固定坐标系 $o'x'y'z'$ 与非惯性坐标系 $oxyz$

在非惯性坐标系下的连续性方程依然成立（王照林、刘延柱 2002），仍可以像式（2.1.9）那样表述为

$$\nabla v_r = \frac{\partial v_{rx}}{\partial x} + \frac{\partial v_{ry}}{\partial y} + \frac{\partial v_{rz}}{\partial z} = 0 \qquad (2.2.5)$$

式中：v_{rx}、v_{ry} 与 v_{rz} 分别表示相对速度沿坐标 x、y、z 的三个分量。非惯性坐标系下的液体仍可看成无旋流体，其相对速度可表达为

$$v_r = \nabla \Phi_r \qquad (2.2.6)$$

式中：Φ_r 为相对速度势函数，将式（2.2.6）代入式（2.2.5），得

$$\nabla^2 \Phi_r = 0, \quad (x,y,z) \in \Omega \qquad (2.2.7)$$

仿照 2.1.4 节，在非惯性坐标系下，液体（重力产生的）质量力可以表达为 $\boldsymbol{F} = -\nabla(gz)$，所以方程（2.2.4）式可以进一步写为

$$\nabla\left[\frac{p}{\rho} + \frac{\partial \Phi_r}{\partial t} + \frac{1}{2}(v_r \cdot v_r) + \boldsymbol{r} \cdot \boldsymbol{a}_0 + gz\right] = 0$$

注意到：$\boldsymbol{r} = x\boldsymbol{i} + y\boldsymbol{j} + z\boldsymbol{k}$ 表示液体粒子在相对坐标下的位置向量，将以上相对速度用相对速度势函数来表达，在非惯性坐标系下的 Bernoulli 方程可写为

$$\frac{p}{\rho} + \frac{\partial \Phi_r}{\partial t} + \frac{1}{2}\left[\left(\frac{\partial \Phi_r}{\partial x}\right)^2 + \left(\frac{\partial \Phi_r}{\partial y}\right)^2 + \left(\frac{\partial \Phi_r}{\partial z}\right)^2\right] + x\ddot{G}_x(t) + y\ddot{G}_y(t) + z\ddot{G}_z(t) + gz = 0 \qquad (2.2.8)$$

去掉式（2.2.8）中的非线性项，得线性化的 Bernoulli 方程为

$$\frac{p}{\rho} + \frac{\partial \Phi_r}{\partial t} + x\ddot{G}_x(t) + y\ddot{G}_y(t) + z\ddot{G}_z(t) + gz = 0 \qquad (2.2.9a)$$

在柱坐标（r,θ,z）下，线性化的 Bernoulli 方程为

$$\frac{p}{\rho} + \frac{\partial \Phi_r}{\partial t} + r\cos\theta \cdot \ddot{G}_x(t) + r\sin\theta \cdot \ddot{G}_y(t) + z\left[\ddot{G}_z(t) + g\right] = 0 \qquad (2.2.9b)$$

非惯性坐标系下，在液体与结构的湿交界面 ∂S_w 上，与式（2.1.26）一样，有下列关系：

$$\left.\frac{\partial \varPhi_r}{\partial n}\right|_{\partial S_w}=v_n \tag{2.2.10}$$

式中：v_n 表示在非惯性坐标系下所观察到的弹性容器壁的法向速度。设非惯性坐标系 $oxyz$ 下所观察到的液面波高函数为 $h=h(x,y,t)$，则液体自由表面的运动学边界条件可由相对速度势函数 $\varPhi_r$ 与波高函数 h 表示如下：

$$\left.\frac{\partial \varPhi_r}{\partial z}\right|_{z=h}=\left[\frac{\partial h}{\partial t}+\frac{\partial h}{\partial x}\frac{\partial \varPhi_r}{\partial x}+\frac{\partial h}{\partial y}\frac{\partial \varPhi_r}{\partial y}\right]_{z=h} \tag{2.2.11}$$

注意到：方程（2.2.11）与式（2.1.30）在形式上完全相同，但所在的坐标系不同。

根据 Bernoulli 方程式（2.2.8），设自由表面压力为零：$p|_{z=h}=0$，则液体自由表面的动力学边界条件可以写为

$$\left.\frac{\partial \varPhi_r}{\partial t}\right|_{z=h}+\frac{1}{2}\left[\left(\frac{\partial \varPhi_r}{\partial x}\right)^2+\left(\frac{\partial \varPhi_r}{\partial y}\right)^2+\left(\frac{\partial \varPhi_r}{\partial z}\right)^2\right]_{z=h}+x\ddot{G}_x(t)+y\ddot{G}_y(t)+h\ddot{G}_z(t)+gh=0 \tag{2.2.12}$$

去掉上式中的非线性项，得自由表面线性化的动力学边界条件为

$$\left.\frac{\partial \varPhi_r}{\partial t}\right|_{z=0}+x\ddot{G}_x(t)+y\ddot{G}_y(t)+h\ddot{G}_z(t)+gh=0 \tag{2.2.13a}$$

在柱坐标系下，线性化的动力学边界条件为

$$\left.\frac{\partial \varPhi_r}{\partial t}\right|_{z=0}+r\cos\theta\cdot\ddot{G}_x(t)+r\sin\theta\cdot\ddot{G}_y(t)+h\ddot{G}_z(t)+gh=0 \tag{2.2.13b}$$

由以上运动方程可以看出，驱动液体晃动的外部激励在自由表面边界条件式（2.2.12）中反映，外部激励表现为容器的三个加速度分量 $\ddot{G}_x(t)$、$\ddot{G}_y(t)$ 与 $\ddot{G}_z(t)$，由于地动加速度通常作为地震的激励源，采用本节相对速度势的描述方法进行地震反应分析显得非常方便，在贮液容器的地震分析中（Chen et al 1996; Ikeda et al 2012 等），一般均采用液体运动的相对速度势表述方法。

2.2.2 采用绝对速度势描述动坐标下的流体运动

如图 2.5 所示，在牵连坐标系 $oxyz$ 下观测液体的绝对速度，则绝对速度可以表示为 $\mathbf{v}=\mathbf{v}(x,y,z,t)$，其分量为 $v_x=v_x(x,y,z,t)$、$v_y=v_y(x,y,z,t)$ 及 $v_z=v_z(x,y,z,t)$，注意到绝对速度分量同时是时间及位置坐标 (x,y,z) 的函数，当仅考虑牵连坐标系的平动时，液体的绝对加速度分量可以表达为

$$\begin{cases} a_x = \dfrac{\mathrm{d}v_x}{\mathrm{d}t} = \dfrac{\partial v_x}{\partial t} + \dfrac{\partial v_x}{\partial x}\dfrac{\mathrm{d}x}{\mathrm{d}t} + \dfrac{\partial v_x}{\partial y}\dfrac{\mathrm{d}y}{\mathrm{d}t} + \dfrac{\partial v_x}{\partial z}\dfrac{\mathrm{d}z}{\mathrm{d}t} \\ \qquad = \dfrac{\partial v_x}{\partial t} + v_{rx}\dfrac{\partial v_x}{\partial x} + v_{ry}\dfrac{\partial v_x}{\partial y} + v_{rz}\dfrac{\partial v_x}{\partial z} \\ a_y = \dfrac{\mathrm{d}v_y}{\mathrm{d}t} = \dfrac{\partial v_y}{\partial t} + v_{rx}\dfrac{\partial v_y}{\partial x} + v_{ry}\dfrac{\partial v_y}{\partial y} + v_{rz}\dfrac{\partial v_y}{\partial z} \\ a_z = \dfrac{\mathrm{d}v_z}{\mathrm{d}t} = \dfrac{\partial v_z}{\partial t} + v_{rx}\dfrac{\partial v_z}{\partial x} + v_{ry}\dfrac{\partial v_z}{\partial y} + v_{rz}\dfrac{\partial v_z}{\partial z} \end{cases} \quad (2.2.14)$$

式中：$v_{rx} = \dfrac{\mathrm{d}x}{\mathrm{d}t}$、$v_{ry} = \dfrac{\mathrm{d}y}{\mathrm{d}t}$ 及 $v_{rz} = \dfrac{\mathrm{d}z}{\mathrm{d}t}$ 为牵连坐标下所观察到的液体相对速度分量，式（2.2.14）可以用向量表示为

$$\boldsymbol{a} = \dfrac{\mathrm{d}\boldsymbol{v}}{\mathrm{d}t} = \dfrac{\partial \boldsymbol{v}}{\partial t} + (\boldsymbol{v}_r \cdot \nabla)\boldsymbol{v} \quad (2.2.15)$$

根据速度合成定理[或式（2.2.2）]：

$$\boldsymbol{v}_r = \boldsymbol{v} - \boldsymbol{v}_o \quad (2.2.16)$$

在牵连坐标系下，重力产生的质量力可以写为 $\boldsymbol{F} = -\nabla(gz)$，将式（2.2.15）与式（2.2.16）代入式（2.1.2），得到牵连（非惯性）坐标系下的 Euler 方程为

$$\dfrac{1}{\rho}\nabla p + \dfrac{\partial \boldsymbol{v}}{\partial t} + [(\boldsymbol{v} - \boldsymbol{v}_o) \cdot \nabla]\boldsymbol{v} + \nabla(gz) = 0 \quad (2.2.17)$$

注意到牵连速度 $\boldsymbol{v}_o$ 仅为时间 t 的函数，利用式（2.1.20），式（2.2.17）可进一步写为

$$\dfrac{1}{\rho}\nabla p + \dfrac{\partial \boldsymbol{v}}{\partial t} + \dfrac{1}{2}\nabla(\boldsymbol{v} \cdot \boldsymbol{v}) - \boldsymbol{v}_o \cdot \nabla \boldsymbol{v} + \nabla(gz) = 0 \quad (2.2.18)$$

在非惯性坐标系下观察液体绝对速度 $\boldsymbol{v}$，液体的连续性方程依然成立（王照林、刘延柱 2002），仍可以像式（2.1.9）那样表述为

$$\nabla \boldsymbol{v} = \dfrac{\partial v_x}{\partial x} + \dfrac{\partial v_y}{\partial y} + \dfrac{\partial v_z}{\partial z} = 0 \quad (2.2.19)$$

绝对运动速度场在非惯性坐标系下可看成是无旋的，于是可采用绝对速度势函数 $\Phi = \Phi(x, y, z, t)$ 来表示绝对速度 $\boldsymbol{v}$，即

$$\boldsymbol{v} = \nabla \Phi \quad (2.2.20)$$

将式（2.2.20）代入式（2.2.19），得

$$\nabla^2 \Phi = 0 \quad (2.2.21)$$

将式（2.2.20）代入式（2.2.18）得

$$\nabla\left[\dfrac{p}{\rho} + \dfrac{\partial \Phi}{\partial t} + \dfrac{1}{2}(\nabla \Phi)^2 - \boldsymbol{v}_o \cdot \nabla \Phi + gz\right] = 0 \quad (2.2.22)$$

仿照 2.1.4 节的推导，可得到 Bernoulli 方程为

$$\frac{p}{\rho}+\frac{\partial \Phi}{\partial t}+\frac{1}{2}(\nabla \Phi)^2 - v_o \cdot \nabla \Phi + gz = 0 \qquad (2.2.23)$$

非惯性坐标系下，在液体与结构的湿交界面 ∂S_w 上，有下列关系：

$$\left.\frac{\partial \Phi}{\partial n}\right|_{\partial S_w} = v_o \cdot n + v_n \qquad (2.2.24)$$

式中：n 为液体区域 Ω 表面的外法线向量；v_n 为在非惯性坐标系下所观察到的弹性结构法向（相对）速度。式（2.2.24）表明液体在交界面上的法向绝对速度等于该方向上的牵连速度加上其相对速度。

设非惯性坐标系 $oxyz$ 下所观察到的液面波高函数为 $z = h(x, y, t)$，则任一时刻的液体自由表面（曲面）可由下列方程表示：

$$F(x, y, z, t) = z - h(x, y, t) = 0 \qquad (2.2.25)$$

根据微分几何原理，液体表（曲）面上的单位法线向量 n 由函数 $F(x,y,z,t)$ 的梯度确定，即

$$n = \frac{\nabla F}{|\nabla F|} \qquad (2.2.26)$$

其中：

$$\begin{cases} \nabla F = \dfrac{\partial F}{\partial x}i + \dfrac{\partial F}{\partial y}j + \dfrac{\partial F}{\partial z}k = -\dfrac{\partial h}{\partial x}i - \dfrac{\partial h}{\partial y}j + k \\ |\nabla F| = \sqrt{\left(\dfrac{\partial h}{\partial x}\right)^2 + \left(\dfrac{\partial h}{\partial y}\right)^2 + 1} \end{cases} \qquad (2.2.27)$$

在牵连坐标系里，观察到自由表面 ∂S_f 上液体粒子的速度为 $v_r = v - v_o = \nabla \Phi - v_o$，同时根据自由表面波高函数 $z = h(x, y, t)$ 计算得到的液体粒子相对容器的速度为 $\partial h/\partial t$，这个速度指向坐标轴 z 的正向，它的方向可由单位向量表达为 $n_z = (0\ 0\ 1)^T$，于是这个速度（向量）可以写为 $\partial h/\partial t \cdot n_z$，描述同一点的两个相对速度值在曲面上的法向投影应相等，即有

$$(\nabla \Phi - v_o) \cdot n = \left(\frac{\partial h}{\partial t} n_z\right) \cdot n \qquad (2.2.28)$$

将式（2.2.26）代入式（2.2.28），得由绝对速度势函数 Φ 表述的自由表面运动学边界条件为

$$\nabla \Phi \cdot n \big|_{\partial S_f} = \left.\frac{\partial \Phi}{\partial n}\right|_{\partial S_f} = \left(v_o \cdot n + \frac{h_t}{|\nabla F|}\right)_{\partial S_f} \qquad (2.2.29)$$

式中：$h_t = \partial h/\partial t$。根据 Bernoulli 方程式（2.2.23），设液体自由表面上的压力为零 $p|_{\partial S_f} = 0$，得绝对速度势函数 Φ 表述的自由表面动力学边界条件为

$$\left[\frac{\partial \Phi}{\partial t}+\frac{1}{2}(\nabla \Phi)^2 - v_o \cdot \nabla \Phi\right]_{\partial S_f} + gh = 0 \qquad (2.2.30)$$

由以上运动方程可以看出，驱动液体晃动的外部激励分别在边界条件式（2.2.24）、式（2.2.29）与式（2.2.30）中反映，外部激励表现为容器的牵连速度v_o，若已知牵连速度v_o，则采用以上绝对速度势来求解问题就显得比较直接和方便。在航天与船舶工程中（王照林、刘延柱 2002；Faltinsen、Timokha 2009；Ibrahim 2005 等），一般多采用上述绝对速度势表述方法。

2.2.3 两种描述方法的等价性

从 2.2.2 节中绝对速度势所描述的液体运动方程出发，可以导出 2.2.1 节中相对速度势所描述的液体运动方程。根据 2.2.2 节，可将绝对速度势函数分解为牵连速度势 Φ_o 与相对速度势 Φ_r 之和：

$$\Phi = \Phi_o + \Phi_r \qquad (2.2.31)$$

式中：$\Phi_o = v_o r$，液体的牵连速度 v_o 与相对速度 v_r 可分别由牵连速度势 Φ_o 与相对速度势 Φ_r 表达为

$$\begin{cases} v_o = \nabla \Phi_o \\ v_r = \nabla \Phi_r \end{cases} \qquad (2.2.32)$$

注意到牵连速度 v_o 仅为时间 t 的函数，将式（2.2.32）代入式（2.2.21），得 $\nabla^2 \Phi = \nabla(\nabla \Phi_o + \nabla \Phi_r) = \nabla(v_o + \nabla \Phi_r) = \nabla^2 \Phi_r = 0$，所以

$$\nabla^2 \Phi_r = 0 \qquad (2.2.33)$$

Φ_r 满足 Laplace 方程，将式（2.2.31）代入式（2.2.24）：

$$\left.\frac{\partial \Phi_o}{\partial n} + \frac{\partial \Phi_r}{\partial n}\right|_{\partial S_w} = v_o \cdot n + v_n$$

因为 $\partial \Phi_o / \partial n |_{\partial S_w} = v_o \cdot n$，所以上述的湿边界条件变为

$$\left.\frac{\partial \Phi_r}{\partial n}\right|_{\partial S_w} = v_n \qquad (2.2.34)$$

将式（2.2.31）代入自由表面运动学条件式（2.2.29），并利用式（2.2.26）、式（2.2.27）及式（2.2.32），得

$$\left.\frac{\partial h}{\partial t}\right|_{\partial S_f} = \nabla \Phi_r \cdot \nabla F|_{\partial S_f} = \left(-\frac{\partial \Phi_r}{\partial x}\frac{\partial h}{\partial x} - \frac{\partial \Phi_r}{\partial y}\frac{\partial h}{\partial y} + \frac{\partial \Phi_r}{\partial z}\right)_{\partial S_f}$$

将上式移项改写后得

$$\left(\frac{\partial \Phi_r}{\partial z}\right)_{\partial S_f} = \left(\frac{\partial h}{\partial t} + \frac{\partial \Phi_r}{\partial x}\frac{\partial h}{\partial x} + \frac{\partial \Phi_r}{\partial y}\frac{\partial h}{\partial y}\right)_{\partial S_f} \qquad (2.2.35)$$

将式（2.2.31）代入式（2.2.22），展开得

$$\nabla\left[\frac{p}{\rho}+\frac{\partial \Phi_r}{\partial t}+\frac{1}{2}(\nabla \Phi_r)^2+gz\right]+\nabla\left(\frac{\partial \Phi_o}{\partial t}\right)-\nabla\left[\frac{1}{2}(\nabla \Phi_o)^2\right]=0 \quad (2.2.36)$$

其中：

$$\nabla\left(\frac{\partial \Phi_o}{\partial t}\right)=\frac{\partial(\nabla \Phi_o)}{\partial t}=\frac{\partial \boldsymbol{v}_o}{\partial t}=\boldsymbol{a}_o=\nabla(\boldsymbol{a}_o \cdot \boldsymbol{r})$$

$$=\nabla\left[x\ddot{G}_x(t)+y\ddot{G}_y(t)+z\ddot{G}_z(t)\right] \quad (2.2.37)$$

注意到 $(\nabla \Phi_o)^2$ 仅为时间 t 的函数，所以 $\nabla\left[1/2 \cdot (\nabla \Phi_o)^2\right]=0$，于是式（2.2.36）可以重写为

$$\nabla\left[\frac{p}{\rho}+\frac{\partial \Phi_r}{\partial t}+\frac{1}{2}(\nabla \Phi_r)^2+x\ddot{G}_x(t)+y\ddot{G}_y(t)+z\ddot{G}_z(t)+gz\right]=0 \quad (2.2.38)$$

所以 Bernoulli 方程为

$$\frac{p}{\rho}+\frac{\partial \Phi_r}{\partial t}+\frac{1}{2}(\nabla \Phi_r)^2+x\ddot{G}_x(t)+y\ddot{G}_y(t)+z\ddot{G}_z(t)+gz=0 \quad (2.2.39)$$

于是，自由表面上动力学边界条件为

$$\left.\frac{\partial \Phi_r}{\partial t}\right|_{z=h}+\frac{1}{2}\left[\left(\frac{\partial \Phi_r}{\partial x}\right)^2+\left(\frac{\partial \Phi_r}{\partial y}\right)^2+\left(\frac{\partial \Phi_r}{\partial z}\right)^2\right]_{z=h}+x\ddot{G}_x(t)+y\ddot{G}_y(t)+h\ddot{G}_z(t)+gh=0$$

$$(2.2.40)$$

不难发现，描述液体运动的基本方程式（2.2.33）、式（2.2.34）、式（2.2.35）与式（2.2.40）分别与 2.2.1 节中相对速度势所描述的液体运动方程式（2.2.7）、式（2.2.10）～式（2.2.12）完全相同，由此证明了两种描述方法的等价性。

第3章 液体晃动模态分析

液体晃动的模态参数一般包括自然频率、振型与阻尼（系数），它们是贮液（结构）系统设计以及晃动控制的重要依据。晃动的模态识别包括理论与实验两个方面，Abramson（1966）、Dodge（2000）、Ibrahim（2005）、Faltinsen & Timokha（2009）、Moiseev & Petrov（1966）、Ohayon & Morand（1995）对液体晃动模态的一般理论及工程应用进行了全面而系统的阐述。流体晃动模态分析的理论方法有：变分法（Lawrence et al. 1958；Lukovsky 2004）、积分方程法（Budiansky 1960）、保角映射法（Fox & Kuttler 1983；Hasheminejad & Aghabeigi 2009）、双坐标法（Mciver 1989）、其他解析方法（周叮 1995），以及数值方法（Ibrahim et al. 2001）。

理论方法通常是建立液体的自由晃动方程，从而得到相应的特征值所满足的方程，通过求解特征值问题以获得液体晃动自然频率与振型。液体晃动的阻尼（系数）可通过实验来获得。本章将讨论二维与三维容器内液体晃动模态的理论与试验识别方法。

3.1 二维矩形容器内液体晃动自然频率与振型

一个（具有单位厚度的）矩形容器如图 3.1 所示，坐标 oxz 固定在容器上，坐标位置如图示，x 轴与静止液面重合，液体静止深度为 H、宽度为 $2a$。假定容器为刚性体，事实上，一般容器都是弹性体，但容器的弹性变形相对于液体晃动变形而言要小许多，而且容器弹性振动的频率比液体晃动的频率要大得多，因此容器的弹性振动对于液体的整体晃动而言影响非常小，可以忽略不计。Kim et al.（1996）的研究表明，容器壁的振动会在液体表面产生很小的涟漪，这对液体的整体晃动影响很小。根据第 2 章，液体自由晃动的速度势函数 $\varPhi(x,z,t)$ 满足下列方程：

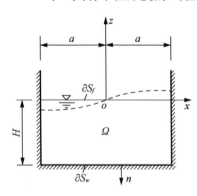

图 3.1 矩形容器内的液体

$$\frac{\partial^2 \varPhi(x,z,t)}{\partial x^2}+\frac{\partial^2 \varPhi(x,z,t)}{\partial z^2}=0 \quad (x,z)\in \varOmega \qquad (3.1.1)$$

$$\left.\frac{\partial \varPhi(x,z,t)}{\partial x}\right|_{x=\pm a}=0 \qquad (3.1.2)$$

$$\left.\frac{\partial \Phi(x,z,t)}{\partial z}\right|_{z=-H} = 0 \tag{3.1.3}$$

$$\left.\frac{\partial \Phi(x,z,t)}{\partial z}\right|_{z=0} = \frac{\partial h(x,t)}{\partial t} \tag{3.1.4}$$

$$\left.\frac{\partial \Phi}{\partial t}\right|_{z=0} + gh = 0 \tag{3.1.5}$$

其中式（3.1.2）与式（3.1.3）表示湿边界条件，式（3.1.4）表示自由表面运动学边界条件，式（3.1.5）表示自由表面动力学边界条件。式（3.1.4）与式（3.1.5）可以合并为下列方程：

$$\left.\left(\frac{\partial^2 \Phi(x,z,t)}{\partial t^2} + g\frac{\partial \Phi(x,z,t)}{\partial z}\right)\right|_{z=0} = 0 \tag{3.1.6}$$

为了求解方程式（3.1.1）～式（3.1.6），可以假定方程具有以下形式的解：

$$\begin{cases} \Phi(x,z,t) = \mathrm{i}\omega\phi(x,z)\exp(\mathrm{i}\omega t) \\ h(x,t) = \bar{h}(x)\exp(\mathrm{i}\omega t) \end{cases} \tag{3.1.7}$$

式中：$\mathrm{i} = \sqrt{-1}$；ω 为晃动（圆）频率；函数 $\phi(x,z)$、$\bar{h}(x)$ 分别为函数 $\Phi(x,z,t)$ 及 $h(x,t)$ 的幅值。将表达式（3.1.7）代入方程组式（3.1.1）～式（3.1.6），可以得到如下的特征值问题：

$$\nabla^2 \phi(x,z) = 0, \quad (x,z) \in \Omega \tag{3.1.8a}$$

$$\left.\frac{\partial \phi(x,z)}{\partial x}\right|_{x=\pm a} = 0 \tag{3.1.8b}$$

$$\left.\frac{\partial \phi(x,z)}{\partial z}\right|_{z=-H} = 0 \tag{3.1.8c}$$

$$\left.\left[\frac{\partial \phi(x,z)}{\partial z} - \frac{\omega^2}{g}\phi(x,z)\right]\right|_{z=0} = 0 \tag{3.1.8d}$$

$$\bar{h}(x) = \left.\frac{\omega^2}{g}\phi(x,z)\right|_{z=0} \tag{3.1.8e}$$

上述特征值问题为二维 Laplace 方程的边值问题，可以采用分离变量的方法求解，设

$$\phi(x,z) = X(x) \cdot Z(z) \tag{3.1.9}$$

代入式（3.1.8a），得到下列两个方程：

$$Z'' - k^2 Z = 0 \tag{3.1.10}$$

$$X'' + k^2 X = 0 \tag{3.1.11}$$

式中：k^2 为常数。求解方程（3.1.10）并利用边界条件（3.1.8c），得

$$Z(z) = A\cosh[k(z+H)] \tag{3.1.12}$$

式中：A 为常数。求解方程（3.1.11）并利用边界条件（3.1.8b），得满足方程与边界条件的所有解为

$$X_j(x) = \begin{cases} A_j \sin k_j x & j = 1,3,5,\cdots \\ B_j \cos k_j x & j = 2,4,6,\cdots \end{cases} \quad (3.1.13)$$

其中：

$$k_j = \frac{j\pi}{2a} \quad j = 1,2,3,\cdots \quad (3.1.14)$$

式中：A_j、B_j 为常数。于是方程（3.1.8a）的所有解可以写为

$$\phi_j(x,z) = \begin{cases} A_j \sin k_j x \cosh k_j(z+H) & j = 1,3,5,\cdots \\ B_j \cos k_j x \cosh k_j(z+H) & j = 2,4,6,\cdots \end{cases} \quad (3.1.15)$$

最后利用自由表面边界条件（3.1.8d），将式（3.1.15）代入这个边界条件，得到第 j 阶晃动自然频率为

$$\omega_j = \sqrt{g\left(\frac{j\pi}{2a}\right)\tanh\left(\frac{j\pi H}{2a}\right)} \quad j = 1,2,3,\cdots \quad (3.1.16)$$

由式（3.1.16）可以看出，频率决定于重力加速度 g，液体自由表面之所以发生晃动，是由于重力的原因，重力总是将晃动的液面拉回其平衡位置，因此重力的作用相当于作用在自由表面上的恢复力（弹簧力），所以液体自由表面的波动也称为"重力波"。特征函数 $\phi_j(x,z)\big|_{z=0}$（或波高函数 $\overline{h}_j(x)$）代表了液体自由表面第 j 阶晃动振型，即

$$\phi_j(x,z)\big|_{z=0} = \begin{cases} C_j \sin \dfrac{j\pi}{2a} x & （反对称振型） & j = 1,3,5,\cdots \\ D_j \cos \dfrac{j\pi}{2a} x & （对称振型） & j = 2,4,6,\cdots \end{cases} \quad (3.1.17)$$

式中：C_j、D_j 为常数。图 3.2 显示了液体自由表面的前 6 阶晃动振型（模态），其中奇数频率 ω_1、ω_3、ω_5 分别对应前三个反对称振型，偶数频率 ω_2、ω_4、ω_6 分别对应前三个对称振型。

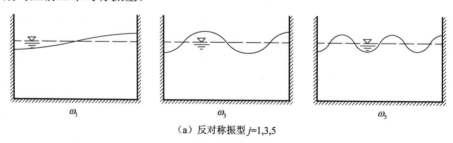

(a) 反对称振型 $j=1,3,5$

图 3.2 液体自由表面前 6 阶晃动振型（模态）示意图

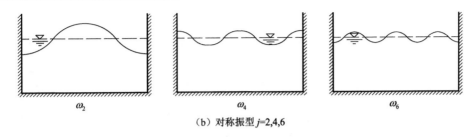

(b) 对称振型 j=2,4,6

图3.2 液体自由表面前6阶晃动振型（模态）示意图（续）

3.2 二维任意形状容器内液体晃动自然频率的近似解

对于非矩形容器，由于边界不规则，通常难以得到精确的模态解答，对于工程问题而言，通常只需要知道前几阶近似自然频率（特别是第一阶频率）即可。本节将介绍一个简单快速的解析方法（Li & Wang 2014）来估计非矩形容器内液体晃动的频率。

3.2.1 自然频率的 Rayleigh 商表达式

图 3.3 显示了一个二维任意形状容器，其中液体高度为 H，静止自由液面宽度为 $2a$，在图3.3所示的坐标下，液体自由晃动方程可由下列方程描述：

$$\nabla^2 \Phi = 0, \quad (x,z) \in \Omega \tag{3.2.1}$$

$$\left. \frac{\partial \Phi}{\partial n} \right|_{\partial S_w} = 0 \tag{3.2.2}$$

$$\left(\frac{\partial^2 \Phi}{\partial t^2} + g \frac{\partial \Phi}{\partial z} \right)\bigg|_{z=0} = 0 \tag{3.2.3}$$

式中：n 为湿边界的外法线，$\partial/\partial n$ 为湿边界外法线方向的导数。

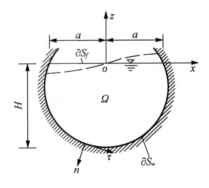

图3.3 二维任意形状容器内的液体

同 3.1 节的解法，可设 $\Phi = \mathrm{i}\omega\phi(x,z)\exp(\mathrm{i}\omega t)$，一般形状容器的特征方程为

$$\nabla^2 \phi(x,z) = 0 \quad (x,z) \in \Omega \tag{3.2.4}$$

$$\left.\frac{\partial \phi(x,z)}{\partial n}\right|_{\partial S_w} = 0 \tag{3.2.5}$$

$$\left[\frac{\partial \phi(x,z)}{\partial z} - \lambda \phi(x,z)\right]_{\partial S_f} = 0 \tag{3.2.6}$$

其中：特征值 λ 与晃动（圆）频率 ω 之间的关系为

$$\lambda = \omega^2 / g \tag{3.2.7}$$

对于图 3.3 的液体区域 Ω，它由边界 $\partial S = \partial S_w + \partial S_f$ 所包围，引入平面 Green 公式：

$$\iint_\Omega \left(\frac{\partial Q}{\partial x} - \frac{\partial P}{\partial z}\right) \mathrm{d}x \mathrm{d}z = \int_{\partial S} P \mathrm{d}x + Q \mathrm{d}z \tag{3.2.8}$$

式中：P 与 Q 为封闭区域 Ω 内连续可微的函数，若定义

$$\begin{cases} P = -\phi(x,z) \dfrac{\partial \phi(x,z)}{\partial z} \\ Q = \phi(x,z) \dfrac{\partial \phi(x,z)}{\partial x} \end{cases} \tag{3.2.9}$$

将式（3.2.9）代入方程（3.2.8），并利用方程（3.2.4）得到

$$\iint_\Omega \left[\left(\frac{\partial \phi(x,z)}{\partial x}\right)^2 + \left(\frac{\partial \phi(x,z)}{\partial z}\right)^2\right] \mathrm{d}x \mathrm{d}z = \int_{\partial S} \phi(x,z) \left[-\frac{\partial \phi(x,z)}{\partial z}\tau_x + \frac{\partial \phi(x,z)}{\partial x}\tau_z\right] \mathrm{d}s \tag{3.2.10}$$

式中：s 为曲线坐标，在边界 ∂S 上沿逆时针方向为正；边界上切向量 $\boldsymbol{\tau}$ 方向余弦为 $\tau_x = \cos(\tau,x)$、$\tau_z = \cos(\tau,z)$（图 3.3）。设外法向量 $\boldsymbol{n}$ 方向余弦为 $n_x = \cos(n,x)$、$n_z = \cos(n,z)$，则切向量 $\boldsymbol{\tau}$ 与外法向量 $\boldsymbol{n}$ 的方向余弦有如下的关系：

$$\begin{cases} \tau_x = -n_z \\ \tau_z = n_x \end{cases} \tag{3.2.11}$$

将式（3.2.11）代入方程（3.2.10），将 ∂S 上的积分分解为 ∂S_f 与 ∂S_w 的和，利用方程（3.2.5）和（3.2.6），最后可以得到

$$\omega^2 = \frac{g \iint_\Omega \left[\left(\dfrac{\partial \phi(x,z)}{\partial x}\right)^2 + \left(\dfrac{\partial \phi(x,z)}{\partial z}\right)^2\right] \mathrm{d}x \mathrm{d}z}{\int_{\partial S_f} \phi^2(x,z) \mathrm{d}s} \tag{3.2.12}$$

上式为晃动频率 ω 在二维情形下的 Rayleigh 商表达式。

3.2.2 自然频率的近似解答

根据方程（3.2.6），得

$$\omega^2 = g \frac{\left.\dfrac{\partial \phi(x,z)}{\partial z}\right|_{z=0}}{\phi(x,z)\big|_{z=0}} \tag{3.2.13}$$

比较式（3.2.12）与式（3.2.13），有

$$\frac{\iint_{\Omega}\left[\left(\dfrac{\partial \phi(x,z)}{\partial x}\right)^2 + \left(\dfrac{\partial \phi(x,z)}{\partial z}\right)^2\right]\mathrm{d}x\mathrm{d}z}{\int_{-a}^{a}\phi^2(x,z)\mathrm{d}x} = \frac{\left.\dfrac{\partial \phi(x,z)}{\partial z}\right|_{z=0}}{\phi(x,z)\big|_{z=0}} \tag{3.2.14}$$

对于第 j 阶频率 $\omega_j(j=1,2,3,\cdots)$ 及特征函数 $\phi_j(x,z)(j=1,2,3,\cdots)$，它们均满足方程（3.2.13）与（3.2.14）。从方程（3.2.13）可以看出，自然频率 ω_j 仅依赖于特征函数 $\phi_j(x,z)$，为了获得近似频率 ω_j，函数 $\phi_j(x,z)$ 可近似假定为两个分离坐标的积，即可设 $\phi_j(x,z) = \phi_{1j}(x) \cdot \phi_{2j}(z)$。从物理意义上讲，函数 $\phi_{1j}(x)$ 表示了自由液面上的第 j 阶晃动振型。根据 Ritz 方法，可采用矩形容器内液体的第 j 阶晃动振型[式(3.1.17)]来近似代替 $\phi_{1j}(x)$，于是特征函数 $\varphi_j(x,z)$ 可以近似表达为

$$\phi_j(x,z) \approx \begin{cases} \sin\alpha_j x \cdot (\cosh\alpha_j z + B_j \sinh\alpha_j z) & \text{（反对称振型）} \quad j=1,3,5,\cdots \\ \cos\alpha_j x \cdot (\cosh\alpha_j z + D_j \sinh\alpha_j z) & \text{（对称振型）} \quad j=2,4,6,\cdots \end{cases}$$
$$\tag{3.2.15}$$

$$\alpha_j = \frac{j\pi}{2a} \tag{3.2.16}$$

式中：B_j 与 D_j 为待定常数。注意到式（3.2.15）中 $\sin\alpha_j x$ 与 $\cos\alpha_j x$ 的前面可以有任意的常数，由于这些常数对最终结果没有影响，为了表达简洁，这里将其忽略。特征函数 $\phi_j(x,z)$ 仅含有一个待定系数 B_j（或 D_j），这个待定系数可由方程（3.2.14）确定，将式（3.2.15）代入式（3.2.14），可得到关于未知数 B_j 与 D_j 的一元二次方程：

$$a_{Aj}B_j^2 + b_{Aj}B_j + c_{Aj} = 0 \quad j=1,3,5\cdots \tag{3.2.17}$$

$$a_{Sj}D_j^2 + b_{Sj}D_j + c_{Sj} = 0 \quad j=2,4,6\cdots \tag{3.2.18}$$

式中：

$$\begin{cases} a_{Aj} = \iint_\Omega (\sin^2 \alpha_j x + \sinh^2 \alpha_j z) \mathrm{d}x\mathrm{d}z \\ b_{Aj} = 2\iint_\Omega \sinh \alpha_j z \cdot \cosh \alpha_j z \cdot \mathrm{d}x\mathrm{d}z - a/\alpha_j \quad j=1,3,5\cdots \\ c_{Aj} = \iint_\Omega (\cos^2 \alpha_j x + \sinh^2 \alpha_j z) \mathrm{d}x\mathrm{d}z \end{cases} \quad (3.2.19)$$

$$\begin{cases} a_{Sj} = \iint_\Omega (\cos^2 \alpha_j x + \sinh^2 \alpha_j z) \mathrm{d}x\mathrm{d}z \\ b_{Sj} = 2\iint_\Omega \sinh \alpha_j z \cdot \cosh \alpha_j z \cdot \mathrm{d}x\mathrm{d}z - a/\alpha_j \quad j=2,4,6\cdots \\ c_{Sj} = \iint_\Omega (\sin^2 \alpha_j x + \sinh^2 \alpha_j z) \mathrm{d}x\mathrm{d}z \end{cases} \quad (3.2.20)$$

对于一个真实的物理系统，方程（3.2.17）和（3.2.18）只能有一个根，根据矩形容器的解答（见 3.2.3 节）可以推断，方程（3.2.17）和（3.2.18）的真实解答为

$$B_j = \frac{-b_{Aj} - \sqrt{b_{Aj}^2 - 4 \cdot a_{Aj} \cdot c_{Aj}}}{2a_{Aj}} \quad j=1,3,5,\cdots \quad (3.2.21)$$

$$D_j = \frac{-b_{Sj} - \sqrt{b_{Sj}^2 - 4 \cdot a_{Sj} \cdot c_{Sj}}}{2a_{Sj}} \quad j=2,4,6,\cdots \quad (3.2.22)$$

方程（3.2.17）和（3.2.18）的其他根为增根，这里舍去。在求得系数 B_j 与 D_j 后，将式（3.2.15）代入方程（3.2.13），得到晃动频率为

$$\omega_j^2 \approx \begin{cases} B_j \alpha_j g & \text{（反对称）} \quad j=1,3,5,\cdots \\ D_j \alpha_j g & \text{（对称）} \quad j=2,4,6,\cdots \end{cases} \quad (3.2.23)$$

对于一个任意形状的容器，系数（a_{Aj}，b_{Aj}，c_{Aj}）及（a_{Sj}，b_{Sj}，c_{Sj}）可以通过式（3.2.19）与式（3.2.20）的积分获得，一般情况下可采用数值积分计算，将结果再代入式（3.2.21）及式（3.2.22）分别得到系数 B_j 和 D_j，最后根据式（3.2.23），得到反对称与对称晃动频率。

3.2.3 近似自然频率算例

1. 矩形容器

以图 3.1 中的矩形容器为例，根据式（3.2.19）～式（3.2.23），可以得到矩形容器内液体晃动的频率为

$$\omega_j^2 = \begin{cases} \dfrac{j\pi g}{2a}\tanh\left[\dfrac{j\pi}{2a}H\right] & \text{（反对称）} \quad j=1,3,5,\cdots \\ \dfrac{j\pi g}{2a}\tanh\left(\dfrac{j\pi}{2a}H\right) & \text{（对称）} \quad j=2,4,6,\cdots \end{cases} \quad (3.2.24)$$

可以看出式（3.2.24）与式（3.1.16）完全相同。在本例中，方程（3.2.17）与（3.2.18）都会产生一个增根，它们显然不是液体系统的真实解答，因而舍去。

2. 梯形容器

Gardarsson（1997）在他的博士论文中提出了一个差分方法求解梯形容器内液体的晃动频率。现将 3.2.2 节的方法用于计算三个梯形容器内液体晃动基频（第一阶频率），并将结果与 Gardarsson（1997）的结果进行比较。图 3.4 为一个梯形容器内液体的尺寸图，其中计算参数液深 H、液面半宽 a 以及边墙倾角 θ 列于表 3.1。计算结果也列于表 3.1，从表中可以看出本节近似解与 Gardarsson（1997）的理论及试验结果吻合良好，相对误差在 3%以内。

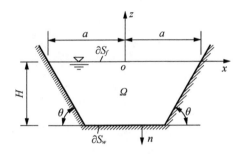

图 3.4　梯形容器

表 3.1　本节近似方法得到的基频与 Gardarsson（1997）结果的比较

H/m	a/m	θ/(°)	Gardarsson（1997）理论值/Hz	Gardarsson（1997）试验值/Hz	本节近似方法/Hz
0.04	0.1145	30°	1.2577	1.2812	1.2454
0.07	0.166	30°	1.0875	1.0625	1.0889
0.10	0.218	30°	0.9614	0.9375	0.9663

3. 几种形状 TLD 的基频估计

Idiret et al.（2009）提出了一种"等效湿长度方法"估计不同形状 TLD（调频液体阻尼器）的基频，三个 TLD 的尺寸如图 3.5 所示，采用 3.2.2 节的方法计算得到的一阶频率（基频）列于表 3.2，将计算结果与 Idir et al.（2009）的结果进行比较，由表 3.2 可见，本节近似解与 Idir et al.（2009）的理论及试验结果吻合良好，最大相对误差小于 3%。

表 3.2　本节近似方法得到的基频与 Idir et al.（2009）结果的比较

TLD 底形状	Idir et al.（2009）理论值/Hz	Idir et al.（2009）试验值/Hz	本节近似方法/Hz
平底	1.0270	1.0050	1.0257
V 形底	1.0270	1.0310	1.0279
弧形底	1.0270	1.0550	1.0558

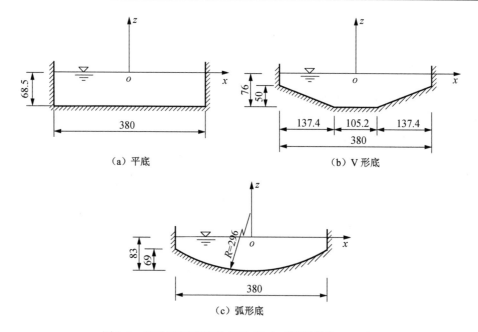

图 3.5　几种不同形状的 TLD 尺寸（长度单位：mm）

3.3　二维晃动模态的统一 Ritz 计算方法

上述 3.2 节是采用矩形容器内液体表面晃动振型来近似代替非矩形的晃动振型，尽管可以获得比较好的频率解答，但若希望得到更高精度的频率解时，这个方法将不再适用，同时也难以得到较精确可靠的晃动振型。本节介绍一个统一 Ritz 计算方法（李遇春、张皓 2014），借助矩形截面晃动模态的精确解，针对任意二维截面形状，采用统一的基函数，避免针对不同截面（由于边界条件的不同）需要引入不同基函数的复杂性，使得 Ritz 方法在理论上适用于任意截面的二维晃动模态分析，可同时得到可靠的晃动频率与振型，计算精度可以通过选取基函数的多寡进行调整，可完全满足工程计算的精度要求。

3.3.1　Ritz 求解方法

对于二维任意形状容器，将式（3.2.12）改写为

$$\iint_{\Omega} \nabla\phi \cdot \nabla\phi \mathrm{d}x\mathrm{d}z - \lambda \int_{\partial S_f} \phi^2 \mathrm{d}s = 0 \tag{3.3.1}$$

采用 Ritz 方法求解方程（3.3.1），可将特征函数 ϕ 表达为一组完备基函数的线性组合

$$\phi = \boldsymbol{\alpha}^{\mathrm{T}} \boldsymbol{\varphi} \tag{3.3.2}$$

式中：$\boldsymbol{\alpha}^{\mathrm{T}} = (\alpha_1, \cdots, \alpha_m)$ 为待定系数向量，$\boldsymbol{\varphi}^{\mathrm{T}} = (\varphi_1, \cdots, \varphi_m)$ 为基函数向量，将

式（3.3.2）代入式（3.3.1）中，可以得到

$$\iint_{\Omega} \boldsymbol{\alpha}^{\mathrm{T}} \nabla \boldsymbol{\varphi} \nabla \boldsymbol{\varphi}^{\mathrm{T}} \boldsymbol{\alpha} \mathrm{d}x\mathrm{d}z - \lambda \int_{\partial S_f} \boldsymbol{\alpha}^{\mathrm{T}} \boldsymbol{\varphi} \boldsymbol{\varphi}^{\mathrm{T}} \boldsymbol{\alpha} \mathrm{d}s = 0 \quad (3.3.3)$$

如果记

$$\begin{cases} \boldsymbol{A} = \iint_{\Omega} \nabla \boldsymbol{\varphi} \nabla \boldsymbol{\varphi}^{\mathrm{T}} \mathrm{d}x\mathrm{d}z \\ \boldsymbol{B} = \int_{\partial S_f} \boldsymbol{\varphi} \boldsymbol{\varphi}^{\mathrm{T}} \mathrm{d}s \end{cases} \quad (3.3.4)$$

则式（3.3.3）可以写为

$$\boldsymbol{A}\boldsymbol{\alpha} = \lambda \boldsymbol{B}\boldsymbol{\alpha} \quad (3.3.5)$$

方程（3.3.5）为广义特征值问题，矩阵 $\boldsymbol{A}$、$\boldsymbol{B}$ 为实对称矩阵，若基函数向量 $\boldsymbol{\varphi}^{\mathrm{T}} = (\varphi_1 \ \cdots \ \varphi_m)$ 已知，解此特征值问题，可求得 m 个特征值与特征向量为 λ_j，$\boldsymbol{\alpha}_j^{\mathrm{T}}(j=1 \ 2 \ \cdots \ m)$，根据方程（3.2.7）与（3.3.2），可以得到流体系统的前 m 阶晃动频率与振型函数。因此对于任意形状的容器，模态的求解问题归结为基函数的确定。

3.3.2　Ritz 基函数的构造

如图 3.6 所示，任意液体区域为 Ω，在 Ω 外围构造一个与之相切的矩形区域 Ω_0，显然矩形区域 Ω_0 包含了液体区域 Ω，∂S_{f0} 和 ∂S_{w0} 分别为矩形区域的自由表面和湿边界，自由表面 ∂S_f 和 ∂S_{f0} 相重合，且：$\Delta\Omega = \Omega_0 - \Omega$，$\Delta\partial S_f = \partial S_{f0} - \partial S_f$。

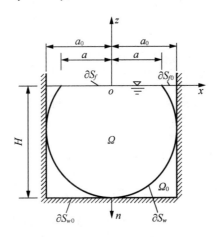

图 3.6　任意区域与矩形区域

若采用矩形区域 Ω_0 内规格化的特征函数 φ_j 作为基函数，则 φ_j 可以写为

$$\varphi_j(x,z) = \frac{1-(-1)^j}{2a_0}\sin k_j x \frac{\cosh k_j(z+H)}{\cosh k_j H} + \frac{1+(-1)^j}{2a_0}\cos k_j x \frac{\cosh k_j(z+H)}{\cosh k_j H}$$
$$j = 1, 2, 3, \cdots, m \tag{3.3.6}$$

其中：

$$k_j = \frac{j\pi}{2a_0} \quad j = 1, 2, 3, \cdots, m \tag{3.3.7}$$

注意到规格化的特征函数 φ_j 满足 $\int_{\partial S_{w0}} \varphi_j^2 \mathrm{d}s = 1$，于是对于任意区域 Ω 内的液体，根据方程（3.3.4）和（3.3.5），矩阵 $\boldsymbol{A}$ 与 $\boldsymbol{B}$ 中的元素 a_{ik} 和 b_{ik} 可以分别写为以下形式：

$$\begin{cases} a_{ik} = \iint_\Omega \nabla\varphi_i \nabla\varphi_k \mathrm{d}x\mathrm{d}z = \iint_{\Omega_0} \nabla\varphi_i \nabla\varphi_k \mathrm{d}x\mathrm{d}z - \iint_{\Delta\Omega} \nabla\varphi_i \nabla\varphi_k \mathrm{d}x\mathrm{d}z \\ b_{ik} = \int_{\partial S_f} \varphi_i \varphi_k \mathrm{d}s = \int_{\partial S_{f0}} \varphi_i \varphi_k \mathrm{d}s - \int_{\Delta\partial S_f} \varphi_i \varphi_k \mathrm{d}s \end{cases} \tag{3.3.8}$$

引入二维形式的格林（Green）第一恒等式，有

$$\iint_\Omega u\nabla^2 v \mathrm{d}x\mathrm{d}z + \iint_\Omega \nabla u \nabla v \mathrm{d}x\mathrm{d}z = \int_{\partial S} u\frac{\partial v}{\partial n}\mathrm{d}s \tag{3.3.9}$$

式中：$\partial S = \partial S_w + \partial S_f$；$u$ 与 v 为封闭区域 Ω 内连续可微的函数。方程右边项表示沿边界 ∂S 的线积分。将方程（3.3.9）应用于矩形计算域 Ω_0，设 $u = \varphi_i$，$v = \varphi_k$ 代入式（3.3.9），并利用方程（3.2.5）和（3.2.6）得

$$\iint_{\Omega_0} \nabla\varphi_i \nabla\varphi_k \mathrm{d}x\mathrm{d}z = \lambda_i \int_{\partial S_{f0}} \varphi_i \varphi_k \mathrm{d}s \tag{3.3.10}$$

式中：

$$\lambda_i = \left(\frac{i\pi}{2a_0}\right)\tanh\left(\frac{i\pi H}{2a_0}\right) \quad i = 1, 2, 3, \cdots \tag{3.3.11}$$

考虑到指标 i 和 k 具有可交换性，由式（3.3.10）可知，函数 φ_i 在自由表面 ∂S_{f0} 上具有如下的正交性：

$$\iint_{\Omega_0} \nabla\varphi_i \nabla\varphi_k \mathrm{d}x\mathrm{d}z = \lambda_i \int_{\partial S_{f0}} \varphi_i \varphi_k \mathrm{d}s = \begin{cases} 0 & i \neq k \\ \lambda_i & i = k \end{cases} \tag{3.3.12}$$

在区域 $\Delta\Omega$ 内再次利用格林（Green）第一恒等式（3.3.9），同理可以得到

$$\iint_{\Delta\Omega} \nabla\varphi_i \nabla\varphi_k \mathrm{d}x\mathrm{d}z = \lambda_i \int_{\Delta\partial S_f} \varphi_i \varphi_k \mathrm{d}s - \int_{\partial S_w} \varphi_i \frac{\partial \varphi_k}{\partial n}\mathrm{d}s \tag{3.3.13}$$

利用式（3.3.10）～式（3.3.13），式（3.3.8）可以重新写为以下形式：

$$\begin{cases} a_{ik} = \lambda_i b_{ik} + \int_{\partial S_w} \varphi_i \dfrac{\partial \varphi_k}{\partial n} \mathrm{d}s \\ b_{ik} = \delta_{ik} - \int_{\Delta \partial S_f} \varphi_i \varphi_k \mathrm{d}s \end{cases} \quad (3.3.14)$$

其中：

$$\delta_{ik} = \begin{cases} 1 & i = k \\ 0 & i \neq k \end{cases} \quad (3.3.15)$$

在图 3.6 坐标下，$\int_{\Delta \partial S_f} \varphi_i \varphi_k \mathrm{d}s$ 可按下式计算：

$$\int_{\Delta \partial S_f} \varphi_i \varphi_k \mathrm{d}s = \int_{-a_0}^{-a} [\varphi_i \varphi_k]_{z=0} \mathrm{d}x + \int_{a}^{a_0} [\varphi_i \varphi_k]_{z=0} \mathrm{d}x \quad (3.3.16)$$

若设湿边界 ∂S_w 的方程为 $z = z(x)$，则 $\int_{\partial S_w} \varphi_i \dfrac{\partial \varphi_k}{\partial n} \mathrm{d}s$ 可由下式计算：

$$\int_{\partial S_w} \varphi_i \dfrac{\partial \varphi_k}{\partial n} \mathrm{d}s = \int_{\partial S_w} \varphi_i \left[\dfrac{\partial \varphi_k}{\partial x} \cos\alpha + \dfrac{\partial \varphi_k}{\partial z} \cos\beta \right]\bigg|_{z=z(x)} \sqrt{1+[z'(x)]^2} \mathrm{d}x \quad (3.3.17)$$

式中：$(\cos\alpha, \cos\beta)$ 为边界 ∂S_w 外法向 n 方向的余弦。在 ∂S_w 上的积分有时可能需要分段进行。由方程（3.3.14）可以看出，对于具有任意形状的液体区域 Ω，采用 Ritz 方法求解晃动模态时，可统一采用扩展矩形区域 Ω_0 的基函数[式（3.3.6）]进行求解，其广义特征值矩阵的系数可按式（3.3.14）计算，从而避免了针对不同截面（由于边界条件的不同）需分别构造基函数的复杂性。

3.3.3 数值算例

1. 半顶角为 45° 的三角形截面

图 3.7 为半顶角为 45° 的三角形渠道，截面尺寸如图所示，其中水深为 H，自由液面的半宽值为 a，容器侧壁间半顶角 θ 为 45°。文献（Ibrahim 2005）列出了渠道内流体晃动频率的近似解析解。

由图 3.7，根据式（3.3.14），选取式（3.3.6）为基函数（取 150 项），有 $\int_{\Delta \partial S_f} \varphi_i \varphi_k \mathrm{d}s = 0$，矩阵 A 与 B 的系数按式（3.3.14）计算，得到

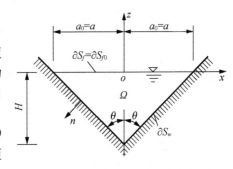

图 3.7 半顶角为 45° 的三角形截面

无量纲化的一阶反对称以及正对称频率（$\omega\sqrt{H/g}$）分别为 1.0190、1.5742。Ibrahim（2005）列出的近似解分别为 1.0000、1.5244。本节 Ritz 解答与文献（Ibrahim 2005）的近似解最大相对误差约 3%，两者吻合良好。

2. 半椭圆截面

选取文献（Hasheminejad & Aghabeigi 2009）半椭圆截面液体作为计算实例，半椭圆容器无盖板及有盖板的几何尺寸如图 3.8 所示，液体所占体积为容器容量的一半，符号 a'、b'、L 分别表示椭圆的半长轴、半短轴以及盖板长度。符号 a 则是自由液面静止时的半宽值，对于无盖板的椭圆容器，盖板长度 L 为零。

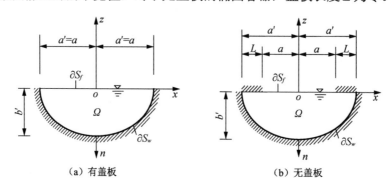

图 3.8 有盖板以及无盖板的半椭圆截面

选取式（3.3.6）为基函数，矩阵 A 与 B 的系数按式（3.3.14）计算，基函数所取项数 m 为 23，计算的前三阶反对称及正对称正规化的晃动频率与文献（Hasheminejad & Aghabeigi 2009）保角映射方法的结果都列于表 3.3a 与表 3.3b。通过比较发现，两个方法所得到结果的最大相对误差约为 1%，由于正规化频率为频率平方的倍数，实际最大相对误差大约为 0.5%，两者结果吻合很好。

为了考察本例 Ritz 方法的收敛速度，以两个无盖板的半椭圆截面为例，截面尺寸分别为 $a'=1.0$m，$b'=0.1$m 及 $a'=1.0$m，$b'=0.8$m，短长轴的比值分别为 $b'/a'=0.1$，0.8。图 3.9 与图 3.10 分别显示了两个半椭圆容器内流体前 3 阶反对称与正对称晃动频率随基函数项数 m 变化的图线，由图可见，对于本算例而言，Ritz 方法收敛很快，只需取 5～6 项即可获得较高的计算精度，可满足工程使用要求。

通常情况下，采用本节 Ritz 方法计算，取较多的基函数项数可获得较高的计算精度，实际计算中可根据所要求的计算精度来确定取多少项。需要说明的是，文献（Hasheminejad & Aghabeigi 2009）的方法仅适用于半椭圆形状，而本节方法不仅适用于半椭圆截面的频率计算，同样适用于具有任意液深的椭圆截面容器。

表 3.3a 无盖板前三阶正规化的反对称以及对称晃动频率 $\Omega_j = \sqrt{a'b'\omega_j^2/g}\ (j=1,2,3)$

项目	无盖板（$a'=1.0$m, $b'=0.8$m）			
	反对称		对称	
	本节	Hasheminejad & Aghabeigi (2009)	本节	Hasheminejad & Aghabeigi (2009)
Ω_1	1.12510	1.11390	2.66479	2.66765
Ω_2	4.13264	4.12074	5.56231	5.57862
Ω_3	6.97968	6.97376	8.39250	8.40876

表 3.3b 有盖板前三阶正规化的反对称以及对称晃动频率 $\Omega_j = \sqrt{a'b'}\omega_\varphi^2/g$ $(j=1,2,3)$

项目	有盖板($a'=1.0m$, $b'=0.05m$, $L=0.05m$)			
	反对称		对称	
	本节	Hasheminejad & Aghabeigi (2009)	本节	Hasheminejad & Aghabeigi (2009)
Ω_1	0.0282	0.0282	0.1012	0.1016
Ω_2	0.2204	0.2195	0.3807	0.3806
Ω_3	0.5889	0.5825	0.8287	0.8224

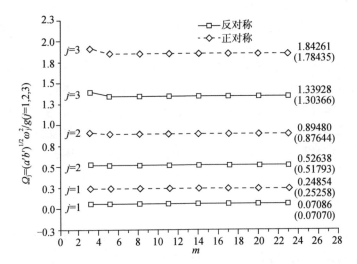

图 3.9 半椭圆 $a'=1.0m$, $b'=0.1m$ 频率收敛图线（带括号的数值为最后收敛值）

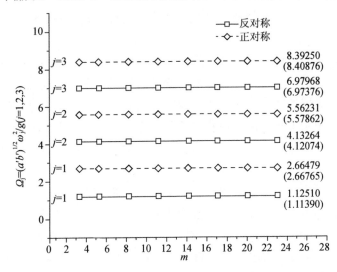

图 3.10 半椭圆 $a'=1.0m$, $b'=0.8m$ 频率收敛图线（带括号的数值为最后收敛值）

3.4 二维晃动模态的试验识别

晃动的模态识别手段包括理论与实验两个方面,对于一些几何不规则的容器,模态的理论求解会遇到较大的困难,而且液体计算理论中的一些假设往往与实际情况有差别,理论计算的结果需要实验验证,且液体晃动的阻尼一般需要试验来确定,液体晃动模态的试验识别对于理论与实际工程而言都极为重要。相对于液体晃动的理论研究而言,晃动的实验研究相对要少得多,夏益霖(1991)、丁文镜和曾庆长(1992)采用理论与试验的方法研究了液体等效力学模型的参数。王为等(2008)对半球形容器中液体自由晃动的非线性行为进行了实验研究。

液体的模态识别需要激发液面的晃动,通过对液面运动的测量来确定模态参数。在实验中液面的反对称模态通常容易激发出来。而纯粹的对称模态则难以激发出来。本节将介绍一种参数激振的方法(Li & Wang 2016;王立时等 2016),可容易激发出液体表面的前几阶反对称与对称晃动模态,撤除激励后液体表面按某一阶模态做自由衰减晃动,从而可以较精确地测量晃动的模态频率与对应的阻尼比系数。

3.4.1 实验装置与模型

如图 3.11 所示,本节实验装置由激振器(HEV-1000)、信号发生器(SPF05A)、功率放大器(HEA-1000)、加速度计(LC0115 SNW121)、动态信号分析仪(IOTECH 650U)、激光位移传感器(SUNX-ANR 1215)、数据采集仪(INV306U-A)以及数据分析仪(INV306U)组成。试验模型为有机玻璃制作的贮液容器,固定安装在激振器上。

实验时,首先由信号发生器产生一个正弦信号,该信号经功率放大器放大,然后传送给激振器,从而驱动激振器,给贮液容器(含水)施加一个竖直方向的正弦加速度,容器的竖直加速度由加速度计采集,通过动态信号分析仪进行分析后再由计算机记录下来,激光位移传感器固定在容器上,用于测量液体自由表面的波高随时间的变化历程,激光信号通过数据采集仪、信号分析仪以及电脑监测并记录。

实验所用模型为扁平状容器,以模拟液体二维晃动,图 3.12 显示三种不同截面形式的实验模型,分别是矩形、圆形和 U 形容器。矩形容器的内宽为 200mm,圆形容器的内半径为 125mm,U 形容器的底部内半径为 100mm,三个容器内腔厚度均为 20mm,容器内的水深因实验工况而有所不同。试验水体中加入了微量的白色染料,以使液体自由表面能反射激光传感器所发射的激光,染料对液体动力学特性的影响很小,可忽略不计;此外,液体中加入了少许清洁润滑剂,以减小液体表面张力对晃动的影响。

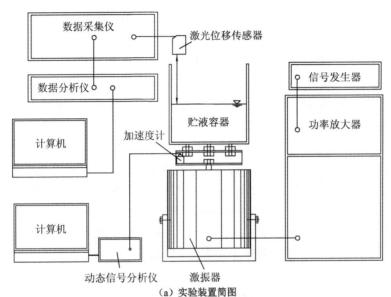

(a) 实验装置简图

(b) 实验装置照片

图 3.11 晃动实验装置简图及照片

(a) 矩形　　　　　　　　(b) 圆形　　　　　　　　(c) U 形

图 3.12 试验容器

3.4.2 自由液面波高、频率与阻尼的测量

首先采用 3.2 节频率的近似计算方法，估算三种不同形状容器中液体的前 4 阶晃动自然频率 f_{0j} ($j=1,2,3,4$)，然后对试验模型进行主参数激振（液体参数晃动的原理可参见本书第 6 章），即把激振频率调整为 $f_{\text{exitation}} \approx 2 f_{0j}$，这时容器内的液体会发生第 j 阶模态的主参数晃动（共振），然后停止激励，液体表面将以第 j 阶模态做自由衰减运动，根据这个自由衰减运动的时程曲线就可得到第 j 阶晃动自然频率及阻尼比系数。

晃动的波高可由固定在容器上的激光位移传感器测量，一个典型的实测波高时程响应曲线如图 3.13 所示，波高曲线可包括三部分：①参数失稳过程；②稳态响应；③停止激励后的自由衰减过程。其中第①部分可用于研究参数晃动的不稳定性质；第②部分用于研究参数晃动的极限环运动（非线性晃动），关于第①、②部分的研究可参见本书第 6 章；第③部分为波高自由衰减曲线，这一部分的测量结果可用于识别晃动的自然频率及阻尼比系数。

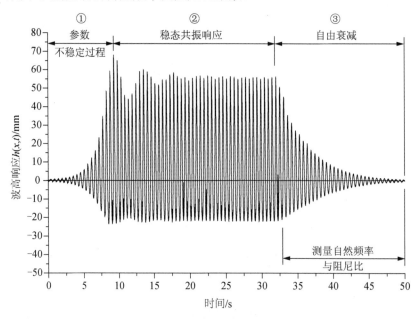

图 3.13 一个典型的实测波高时程响应

需要说明的是，根据参数晃动理论（见第 6 章），对于某一固定幅值的激励加速度，当激振频率在（2×第 j 阶自然频率）附近的一个范围内（即不稳定区域内），均可激发出液体的第 j 阶模态的主参数晃动，因此只要理论估计的自然频率 f_{0j} 与实际自然频率相差不是太大，通常可容易地激发出第 j 阶模态的主参数晃动，采

用 3.2 节方法得到的近似自然频率完全满足实验的计算精度需求。当发生参数晃动时，这时激励频率严格等于 2 倍的液面晃动响应频率，液面稳态响应幅值较大（图 3.13 的第②部分），呈现一种常见的非线性特征，即（上部）波峰的幅值明显大于（下部）波谷的幅值，这时液面晃动响应频率一般情况下并不等于自然频率；当停止激励后，液面按其第 j 阶振型做自由衰减运动，当液面晃动幅值逐步减小趋于线性时，液面的晃动频率会略有改变，趋向于（线性）自然晃动频率。

从图 3.13 可以看出，自由衰减曲线前一部分晃动振幅较大，在实验数据处理中，为了去掉波形的非线性影响，以获得较精确的晃动自然频率与阻尼比系数 ζ，可在衰减曲线中截取一段振幅较小（线性）的时间段（图 3.14，波峰与波谷的幅值大致相同）进行数据处理，通过对该段衰减曲线进行 FFT 变换，就可容易得到晃动的自然频率，而阻尼比系数可按结构动力学（Chopra 2007）的方法由下式估计：

$$\zeta = \frac{1}{2\pi N} \ln\left(\frac{h_1}{h_{N+1}}\right) \tag{3.4.1}$$

式中：h_1 及 h_{N+1} 分别为第 1 及 $N+1$ 个振动循环的波高，如图 3.14 所示。关于液体晃动阻尼的详细讨论参见本书第 5 章。

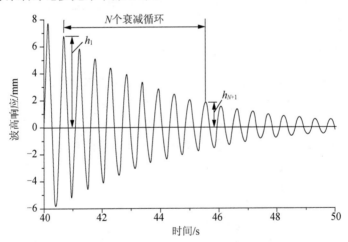

图 3.14　实测波高自由衰减曲线

3.4.3　晃动模态的试验结果

1. 矩形容器实验结果

图 3.15 为水深 h=120mm，容器半宽 a=100mm 的矩形容器前四阶晃动模态。实验按照上述步骤测出了矩形容器内液体的前四阶晃动频率，每阶晃动模态测得六组频率值，求得平均晃动频率，将实验结果列于表 3.4，同时将 3.2 节方法得到

的近似解也列于表 3.4 进行对比，从表中看出实测频率与预估的理论频率最大相对误差为 2.31%，预估频率与实际频率吻合良好。将每阶模态自由晃动的平均阻尼比系数列于表 3.4，可以看到阻尼比总体上随模态阶数的增加而略有增大。

（a）一阶晃动模态　　（b）二阶晃动模态　　（c）三阶晃动模态　　（d）四阶晃动模态

图 3.15　矩形容器内前四阶晃动模态

表 3.4　矩形容器内的前四阶晃动自然频率与阻尼比

阶数	激振频率/Hz	实测频率/Hz	近似理论解/Hz	阻尼比系数/%
1	3.76	1.888	1.930	2.01
2	5.47	2.728	2.791	2.38
3	6.66	3.397	3.420	2.35
4	7.83	3.940	3.949	2.71

2. 圆形容器实验结果

图 3.16 为水深 h=160mm，内半径 R=125mm 的圆形容器前四阶晃动模态。按照上述步骤测出了圆形容器内液体的前四阶晃动频率，每阶晃动模态测得六组频率值，求得平均晃动频率，将实验结果列于表 3.5，同时将 3.2 节方法得到的近似解也列于表 3.5 进行对比，从表中看出实测频率与近似理论值最大相对误差为 4.76%，实验与理论结果吻合较好。将每阶模态自由晃动的平均阻尼比系数列于表 3.5，可以看到阻尼比系数比较分散。

（a）一阶晃动模态　　（b）二阶晃动模态　　（c）三阶晃动模态　　（d）四阶晃动模态

图 3.16　圆形容器内前四阶晃动模态

表 3.5 圆形容器内的前四阶晃动自然频率与阻尼比

阶数	激振频率/Hz	实测频率/Hz	近似理论解/Hz	阻尼比系数/%
1	3.34	1.681	1.765	2.53
2	4.92	2.517	2.547	2.74
3	6.01	3.087	3.122	2.14
4	7.00	3.513	3.605	2.40

3. U 形容器实验结果

图 3.17 为水深 h=115mm，容器内半径 R=100mm 的 U 形容器前四阶晃动模态。U 形容器内液体的前四阶晃动频率的实验与近似理论值列于表 3.6，从表中看出实测频率与预估频率最大相对误差为 2.65%，两个结果吻合良好。将每阶模态自由晃动的平均阻尼比系数也列于表 3.6，可以看到阻尼比总体上随模态阶数的增加而略有增大。

（a）一阶晃动模态　　（b）二阶晃动模态　　（c）三阶晃动模态　　（d）四阶晃动模态

图 3.17　U 形容器内前四阶晃动模态

表 3.6　U 形容器内的前四阶晃动自然频率与阻尼比

阶数	激振频率/Hz	实测频率/Hz	近似理论解/Hz	阻尼比系数/%
1	3.62	1.849	1.898	2.10
2	5.34	2.732	2.781	2.20
3	6.61	3.345	3.418	2.26
4	7.75	3.875	3.949	2.37

需要指出的是，限于实验条件的限制，本节没有给出液面晃动振型的测量结果，在实验条件允许的情况下，仍可采用本节的方法，对于较大的容器，可布置多个激光位移传感器同时测量液面的晃动，容易获得液体自由表面的振型曲线。

3.5　三维直立圆柱容器内液体晃动模态

三维直立圆柱容器内的液体如图 3.18 所示，采用如图示的柱坐标描述液体运动，坐标 $or\theta z$ 固定在容器上，$r\text{-}\theta$ 坐标平面与静止液面重合，液体静止深度为 H，

圆柱内径为 R，假定容器为刚性体。在自由晃动情况下，液体速度势函数 $\Phi(r,\theta,z,t)$ 满足下列柱坐标下的 Laplace 方程：

$$\nabla^2 \Phi(r,\theta,z,t) = \frac{\partial^2 \Phi}{\partial r^2} + \frac{1}{r}\frac{\partial \Phi}{\partial r} + \frac{1}{r^2}\frac{\partial^2 \Phi}{\partial \theta^2} + \frac{\partial^2 \Phi}{\partial z^2} = 0 \quad (r,\theta,z) \in \Omega \quad (3.5.1)$$

容器上的湿边界条件为

$$v_r = \left.\frac{\partial \Phi}{\partial r}\right|_{r=R} = 0 \quad (3.5.2)$$

$$v_z = \left.\frac{\partial \Phi}{\partial z}\right|_{z=-H} = 0 \quad (3.5.3)$$

式中：v_r 与 v_z 分别为液体质点的径向与竖向速度。在自由表面上有

$$\left.\left(\frac{\partial^2 \Phi}{\partial t^2} + g\frac{\partial \Phi}{\partial z}\right)\right|_{z=0} = 0 \quad (3.5.4)$$

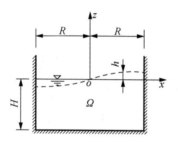

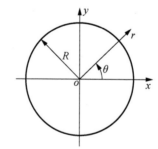

图 3.18 圆柱形容器内的液体

自由表面上的波高可以表示为

$$h(r,\theta,t) = -\frac{1}{g}\left.\frac{\partial \Phi}{\partial t}\right|_{z=0} \quad (3.5.5)$$

为了求解方程（3.5.1）~（3.5.5），假定方程具有以下形式的解：

$$\begin{cases} \Phi(r,\theta,z,t) = i\omega\phi(r,\theta,z)\exp(i\omega t) \\ h(r,\theta,t) = \bar{h}(r,\theta)\exp(i\omega t) \end{cases} \quad (3.5.6)$$

式中：ω 为晃动（圆）频率；函数 $\phi(r,\theta,z)$、$\bar{h}(r,\theta)$ 分别为速度势函数及波高的

幅值，将式（3.5.6）代入方程（3.5.1）～（3.5.5），可以得到如下的特征值问题：

$$\frac{\partial^2 \phi}{\partial r^2} + \frac{1}{r}\frac{\partial \phi}{\partial r} + \frac{1}{r^2}\frac{\partial^2 \phi}{\partial \theta^2} + \frac{\partial^2 \phi}{\partial z^2} = 0 \quad (r,\theta,z) \in \Omega \quad (3.5.7a)$$

$$\left.\frac{\partial \phi}{\partial r}\right|_{r=R} = 0 \quad (3.5.7b)$$

$$\left.\frac{\partial \phi}{\partial z}\right|_{z=-H} = 0 \quad (3.5.7c)$$

$$\left.\left(\frac{\partial \phi}{\partial z} - \frac{\omega^2}{g}\phi\right)\right|_{z=0} = 0 \quad (3.5.7d)$$

$$\left.\bar{h} = \frac{\omega^2}{g}\phi\right|_{z=0} \quad (3.5.7e)$$

采用分离变量法，设

$$\phi(r,\theta,z) = \mathbb{F}(r,\theta) \cdot \mathbb{Z}(z) \quad (3.5.8)$$

代入方程（3.5.7a），得

$$-\frac{\dfrac{\partial^2 \mathbb{F}}{\partial r^2} + \dfrac{1}{r}\dfrac{\partial \mathbb{F}}{\partial r} + \dfrac{1}{r^2}\dfrac{\partial^2 \mathbb{F}}{\partial \theta^2}}{\mathbb{F}(r,\theta)} = \frac{\mathbb{Z}''(z)}{\mathbb{Z}(z)} = \lambda^2 \quad (3.5.9)$$

注意到上式中第一项为(r,θ)的二元函数，第二项为z的一元函数，要使二者相等，二者必须同时等于一个常数λ^2，即有

$$\mathbb{Z}''(z) - \lambda^2 \mathbb{Z}(z) = 0 \quad (3.5.10)$$

$$\frac{\partial^2 \mathbb{F}}{\partial r^2} + \frac{1}{r}\frac{\partial \mathbb{F}}{\partial r} + \frac{1}{r^2}\frac{\partial^2 \mathbb{F}}{\partial \theta^2} + \lambda^2 \mathbb{F} = 0 \quad (3.5.11)$$

对于方程（3.5.11），再设

$$\mathbb{F}(r,\theta) = f(r) \cdot \Theta(\theta) \quad (3.5.12)$$

将式（3.5.12）代入式（3.5.11），得

$$\frac{r^2 f'' + r f' + \lambda^2 r^2 f}{f} = -\frac{\Theta''}{\Theta} = m^2 \quad (3.5.13)$$

上式中第一项为r的函数，第二项为θ的函数，要使二者相等，二者必须同时等于某一个常数，由于$\Theta(\theta)$为周期函数（周期为2π），所以这个常数可以设为m^2，于是方程（3.5.13）变为

$$\Theta'' + m^2 \Theta = 0 \quad (3.5.14)$$

$$r^2 f'' + r f' + (\lambda^2 r^2 - m^2) f = 0 \quad (3.5.15)$$

根据边界条件（3.5.7c），方程（3.5.10）的解为

$$\mathbb{Z}(z) = A\cosh[\lambda(z+H)] \quad (3.5.16)$$

式中：A为常数。方程（3.5.14）的解为

$$\Theta = C\cos(m\theta) + D\sin(m\theta) \qquad (3.5.17)$$

式中：C、D 为常数。方程（3.5.15）为 Bessel（贝塞尔）方程，其解可由第一类 Bessel 函数表达为

$$f(r) = J_m(\lambda r) = \sum_{i=0}^{\infty} \frac{(-1)^i}{2^{m+2i} \cdot i! \Gamma(m+i+1)} (\lambda r)^{m+2i} \qquad (3.5.18)$$

其对应边界条件可根据式（3.5.7b）得到

$$f'(r)\big|_{r=R} = 0 \qquad (3.5.19)$$

将式（3.5.18）代入式（3.5.19），得到特征方程为

$$J'_m(\lambda R) = 0 \qquad (3.5.20a)$$

求解上述的特征方程有

$$J'_m(\xi_{mn}) = 0 \qquad (3.5.20b)$$

式中：ξ_{mn} 为无量纲的特征根。当 $m=0$ 时，$\xi_{0n} = 3.832, 7.0156, 10.173, \cdots, \pi(n+0.25)$；当 $m=1$ 时，$\xi_{1n} = 1.841, 5.335, 8.535, 11.205, 14.850, \cdots, \xi_{1n} = \xi_{1(n-1)} + \pi$ ($n>5$)。方程（3.5.20a）的特征根为

$$\lambda_{mn} = \xi_{mn}/R \qquad (3.5.21)$$

于是满足方程（3.5.7a）的所有解答可以写为

$$\phi_{mn}(r,\theta,z) = \begin{cases} J_m(\xi_{mn}r/R) \dfrac{\cosh[\xi_{mn}(z+H)/R]}{\cosh(\xi_{mn}H/R)} \sin(m\theta) \\ J_m(\xi_{mn}r/R) \dfrac{\cosh[\xi_{mn}(z+H)/R]}{\cosh(\xi_{mn}H/R)} \cos(m\theta) \end{cases} \quad m=0,1,2,\cdots; n=1,2,3,\cdots$$

$$(3.5.22)$$

将式（3.5.22）代入方程（3.5.7d），得对应的自然频率为

$$\omega_{mn}^2 = g\lambda_{mn}\tanh(\lambda_{mn}H) = \frac{g\xi_{mn}}{R}\tanh\left(\frac{\xi_{mn}H}{R}\right) \qquad (3.5.23)$$

由无量纲的特征根 ξ_{mn} 很容易得到上述的自然频率。根据式（3.5.7e），自由表面对应的（波高）模态函数可以写为

$$\phi_{mn}(r,\theta,z)\big|_{z=0} = \begin{cases} J_m(\xi_{mn}r/R)\sin(m\theta) \\ J_m(\xi_{mn}r/R)\cos(m\theta) \end{cases} \quad m=0,1,2,\cdots; n=1,2,3,\cdots \qquad (3.5.24)$$

注意到模态函数仅表示液体表面的相对变形量，为了简洁起见，去掉了模态函数前面的系数。根据式（3.5.24），当 $m=0$ 时，自由表面对应的（波高）模态函数为 $\phi_{0n}(r,\theta,z)\big|_{z=0} = J_0(\xi_{0n}r/R)$，自由表面的波高变形与角度 θ 无关，表现为轴对称模态（对称轴为 z 轴），其对应的前二阶模态如图 3.19 所示。当 $m=1$ 时，一个频率 ω_{1n} 会同时对应两个反对称模态 $\phi_{1n}(r,\theta,z)\big|_{z=0} = J_1(\xi_{1n}r/R)\cos\theta$ 及 $\phi_{1n}(r,\theta,z)\big|_{z=0} = J_1(\xi_{1n}r/R)\sin\theta$，这两个模态的形状相同，只是在自由表面平面上有 90°的相位差，即模态振型图 $\phi_{1n}(r,\theta,z)\big|_{z=0} = J_1(\xi_{1n}r/R)\cos\theta$ 以 z 轴为中心转动 90°，就变为

模态 $\phi_{1n}(r,\theta,z)\big|_{z=0} = J_1(\xi_{1n}r/R)\sin\theta$，这一结果显而易见，因为 $\cos(\theta\pm 90°) = \mp\sin\theta$。当 $m=1$，$n=1$ 时，图 3.20 显示了频率 ω_{11}（$m=1$，$n=1$）所对应的两个反对称模态自由表面形状；当 $m=1$，$n=2$ 时，图 3.21 显示了频率 ω_{12}（$m=1$，$n=2$）所对应的两个反对称模态自由表面形状。

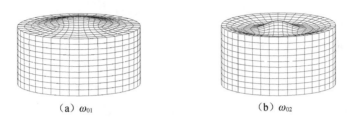

(a) ω_{01} (b) ω_{02}

图 3.19　$m=0$ 时前二阶轴对称模态自由表面形状

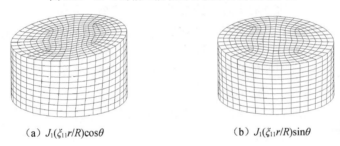

(a) $J_1(\xi_{11}r/R)\cos\theta$ (b) $J_1(\xi_{11}r/R)\sin\theta$

图 3.20　ω_{11}（$m=1$，$n=1$）对应的两个反对称模态自由表面形状

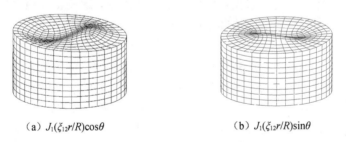

(a) $J_1(\xi_{12}r/R)\cos\theta$ (b) $J_1(\xi_{12}r/R)\sin\theta$

图 3.21　ω_{12}（$m=1$，$n=2$）对应的两个反对称模态自由表面形状

第 4 章 液体的强迫晃动

我们在第 3 章研究了容器中液体的自由晃动问题，通过自由晃动的求解得到液体的晃动频率与振型。液体晃动自然频率对于承受不同激励的液体容器的设计尤为重要，在容器设计中，需要使晃动自然频率远离共振（一般共振或参数共振）频率。外部的激励一般来讲，可以是脉冲激励、周期性激励、非周期性激励、随机激励等，激励的方向可以是水平（横向）激励、竖向参数激励、（前后、左右）摇摆激励、绕竖直轴的转动激励，或者是几种激励的叠加。在强迫激励下，需要研究作用在容器壁上的液动压力、自由表面上的波高反应等。

Ibrahim（2005）在其专著里详细综述了液体强迫晃动研究的历史与现状。本章首先讨论水平（横向）激励下的液体小幅晃动问题，在土木与水利工程结构设计中会遇到这样的晃动计算问题，例如贮液罐、渡槽、水库、反应堆冷却水柜等结构物在地震作用下，液体的强迫晃动计算是结构设计中必须涉及的问题，工程师需要了解地震诱发的液体晃动对结构物的作用效应。本章将介绍矩形与圆柱形容器内液体的强迫小幅晃动问题。

当外部激励较大时，液体的晃动幅度较大，液体运动的非线性项不可忽略，大幅晃动时，非线性的因素支配了流体动力学特性，这些特性用线性理论无法解释，因此需要了解液体的强迫非线性晃动问题。液体晃动控制方程是非线性的，且自由液面位置事先是未知的，因而这个问题的研究和求解是相当困难的，尽管数值方法（见第 7 章）能模拟流体的非线性晃动问题，但数值方法一般都难以模拟长时间的大幅晃动行为，难以从理论上去揭示晃动的非线性特征，解析（或半解析）方法仍然是液体晃动问题研究的一个重要方法。本章将介绍 Faltinsen et al.（2000）提出的液体有限幅晃动的多维模态分析方法，并用这个方法研究矩形容器内液体的非线性晃动特征。关于多维模态方法分析圆柱形容器内液体的非线性晃动问题，可参见文献（余延生等 2008）。

4.1 二维矩形容器内液体的地震强迫线性晃动

一个（具有单位厚度的）矩形容器如图 4.1 所示，假定容器整体承受一个水平方向的加速度激励 $\ddot{G}_x(t)$ 作用（例如地震作用可以看成为加速度激励），设 x 方向为 $\ddot{G}_x(t)$ 的正向，设液面的波高反应为 $h = h(x,t)$，坐标 oxz 固定在容器上，位置如图示，假定容器为刚性体，显然这个问题的参考坐标 oxz 为非惯性坐标系，本

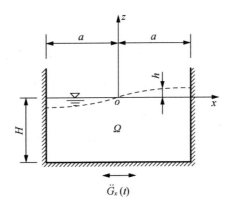

图 4.1 矩形容器承受水平加速度作用

节将采用 2.2.1 节中的相对速度势函数来描述移动容器中的液体运动。在地震激励不大的情况下,液体处于小幅(线性)晃动,在相对坐标 oxz 下液体的强迫运动满足下列方程:

$$\frac{\partial^2 \Phi(x,z,t)}{\partial x^2}+\frac{\partial^2 \Phi(x,z,t)}{\partial z^2}=0 \quad (x,z)\in \Omega \tag{4.1.1}$$

$$\left.\frac{\partial \Phi(x,z,t)}{\partial x}\right|_{x=\pm a}=0 \tag{4.1.2}$$

$$\left.\frac{\partial \Phi(x,z,t)}{\partial z}\right|_{z=-H}=0 \tag{4.1.3}$$

$$\left.\frac{\partial \Phi(x,z,t)}{\partial z}\right|_{z=0}=\frac{\partial h(x,t)}{\partial t} \tag{4.1.4}$$

式中:$\Phi(x,z,t)$ 表示坐标 oxz 下的相对速度势函数(为了简便起见,这里去掉了速度势函数 Φ 的下标)。方程(4.1.2)与(4.1.3)表示在相对坐标 oxz 下,所观察到的液体粒子在容器固壁处的法向速度为零,方程(4.1.4)表示自由表面上液体粒子竖向速度的运动学条件。在运动的坐标系 oxz 下,根据式(2.2.9a),Bernoulli 方程为

$$p+\rho\frac{\partial \Phi}{\partial t}+\rho x\ddot{G}_x(t)+\rho gz=0 \tag{4.1.5}$$

于是,液体总压力可以写为

$$p(x,z,t)=-\rho\frac{\partial \Phi(x,z,t)}{\partial t}-\rho x\ddot{G}_x(t)-\rho gz \tag{4.1.6}$$

在自由表面上,有如下的压力(动力学)条件:

$$\left.\frac{\partial \Phi(x,z,t)}{\partial t}\right|_{z\approx 0}+x\ddot{G}_x(t)+gh(x,t)=0 \tag{4.1.7}$$

液动压力为

$$p(x,z,t) = -\rho \frac{\partial \Phi(x,z,t)}{\partial t} - \rho x \ddot{G}_x(t) \quad (4.1.8)$$

注意到，上式中去掉了静水压力项 $-\rho g z$。上述方程（4.1.1）～（4.1.4）、（4.1.7）为液体受迫晃动的完整控制方程。

为了求解方程（4.1.1）～（4.1.4）与式（4.1.7），可将速度势函数 $\Phi(x,z,t)$ 按第 3.1 节的模态函数展开为

$$\Phi(x,z,t) = \sum_{j=1}^{\infty} \dot{q}_j(t) \sin k_j x \cosh\left[k_j(z+H)\right] \quad (4.1.9)$$

式中：

$$k_j = \frac{(2j-1)\pi}{2a} \quad (j=1,2,3,\cdots) \quad (4.1.10)$$

式中：$\dot{q}_j(t)(j=1,2,3,\cdots)$ 为广义坐标对时间的导数。需要说明的是，式（4.1.9）中仅考虑了液体晃动的反对称（奇数）模态的叠加，对称（偶数）模态并未考虑，这是因为水平激励只可能激起反对称模态运动，而不可能激发出对称模态运动。事实上，在式（4.1.9）中也可将对称模态函数考虑进去，但最后结果表明对称模态对液体晃动响应并无贡献，为了简洁计，这里不考虑对称模态的贡献。将（4.1.9）式代入方程（4.1.1）～（4.1.4）与式（4.1.7），显然式（4.1.9）自动满足方程（4.1.1）～（4.1.3），由式（4.1.4）与式（4.1.7）得

$$\sum_{j=1}^{\infty} \dot{q}_j(t) k_j \sin k_j x \sinh k_j H = \frac{\partial h(x,t)}{\partial t} \quad (4.1.11)$$

$$\sum_{j=1}^{\infty} \ddot{q}_j(t) \sin k_j x \cosh k_j H + x \ddot{G}_x(t) + g h(x,t) = 0 \quad (4.1.12)$$

设液体系统的初始状态为静止，即 $h(x,0)=0$，$q_j(0)=0$，$\dot{q}_j(0)=0$，于是将式（4.1.11）两边积分，得到 $h(x,t)$ 为

$$h(x,t) = \sum_{j=1}^{\infty} q_j(t) k_j \sin k_j x \sinh k_j H \quad (4.1.13)$$

然后将式（4.1.13）代入式（4.1.12），得到

$$\sum_{j=1}^{\infty} \cosh k_j H \cdot \left[\ddot{q}_j(t) + \omega_j^2 q_j(t)\right] \sin k_j x = -x \ddot{G}_x(t) \quad (4.1.14)$$

式中：

$$\omega_j^2 = g k_j \tanh(k_j H) \quad (4.1.15)$$

为第 j 阶反对称晃动自然频率，将式（4.1.14）右边的 $-x$ 展为如下的三角级数：

$$-x = \sum_{j=1}^{\infty} A_j \sin k_j x \quad (4.1.16)$$

将式（4.1.16）两边同乘以 $\sin k_i x$，并对 x 在区间 $[-a,a]$ 内积分，利用如下的三角函数系正交性：

$$\int_{-a}^{a} \sin k_j x \cdot \sin k_i x \, dx = \begin{cases} 0 & j \neq i \\ a & j = i \end{cases} \quad (4.1.17)$$

由此可以得到系数 A_j，然后再代入式（4.1.16）得

$$-x = \sum_{j=1}^{\infty} \frac{2(-1)^j}{ak_j^2} \sin k_j x \quad (4.1.18)$$

将式（4.1.18）回代式（4.1.14），得

$$\sum_{j=1}^{\infty} \left\{ \left[\ddot{q}_j(t) + \omega_j^2 q_j(t) \right] \cosh(k_j H) - \frac{2(-1)^j}{ak_j^2} \ddot{G}_x(t) \right\} \cdot \sin k_j x = 0 \quad (4.1.19)$$

要使式（4.1.19）成立，三角函数 $\sin k_j x$ 前面的系数必须为零，即有

$$\ddot{q}_j(t) + \omega_j^2 q_j(t) = \frac{2(-1)^j \ddot{G}_x(t)}{ak_j^2 \cosh(k_j H)} \quad j = 1, 2, 3, \cdots \quad (4.1.20a)$$

若考虑液体晃动阻尼，则方程变为

$$\ddot{q}_j(t) + 2\zeta_j \omega_j \dot{q}_j(t) + \omega_j^2 q_j(t) = \frac{2(-1)^j \ddot{G}_x(t)}{ak_j^2 \cosh(k_j H)} \quad j = 1, 2, 3, \cdots \quad (4.1.20b)$$

式中：ζ_j 为对应第 j 阶液体晃动的阻尼比系数。由方程（4.1.20a）或（4.1.20b）可以看出，当外激励 $\ddot{G}_x(t) = 0$ 时，方程变为一个单自由度系统的自由振动方程。

由 Duhamel 积分（Clough & Penzien 2003），可以得到方程（4.1.20a）零初始条件下的解为

$$q_j(t) = \frac{2(-1)^j}{a\omega_j k_j^2 \cosh(k_j H)} \int_0^t \ddot{G}_x(\tau) \sin\left[\omega_j(t-\tau)\right] d\tau \quad j = 1, 2, 3, \cdots \quad (4.1.21)$$

将式（4.1.21）代入式（4.1.20a），得

$$\ddot{q}_j(t) = \frac{2(-1)^j \ddot{G}_x(t)}{ak_j^2 \cosh(k_j H)} - \frac{2(-1)^j \omega_j}{ak_j^2 \cosh(k_j H)} \int_0^t \ddot{G}_x(\tau) \sin\left[\omega_j(t-\tau)\right] d\tau \quad j = 1, 2, 3, \cdots$$

$$(4.1.22)$$

再将式（4.1.22）代入式（4.1.8）与式（4.1.13），得液动压力及波高反应为

$$p(x,z,t) = -\sum_{j=1}^{\infty} \frac{2 \times (-1)^j \rho}{ak_j^2 \cosh(k_j H)} \left\{ \ddot{G}_x(t) - \omega_j \int_0^t \ddot{G}_x(\tau) \sin\left[\omega_j(t-\tau)\right] d\tau \right\}$$

$$\cdot \sin k_j x \cdot \cosh\left[k_j(z+H)\right] - \rho x \ddot{G}_x(t) \quad (4.1.23)$$

$$h(x,t) = \sum_{j=1}^{\infty} \frac{2 \times (-1)^j \tanh(k_j H)}{ak_j \omega_j} \sin k_j x \cdot \int_0^t \ddot{G}_x(\tau) \sin\left[\omega_j(t-\tau)\right] d\tau \quad (4.1.24)$$

根据式（4.1.23）就可得到容器壁上瞬时液动压力分布（图4.2），于是作用在容器（单位厚度）上的动态水平合力为

$$F_l(t) = \int_{-H}^{0} \left[p(x,z,t)|_{x=a} - p(x,z,t)|_{x=-a} \right] dz$$

$$= -\left[2\rho a H - \frac{4\rho}{a} \sum_{j=1}^{\infty} \frac{\tanh(k_j H)}{k_j^3} \right] \ddot{G}_x(t)$$

$$- \frac{4\rho}{a} \sum_{j=1}^{\infty} \frac{\tanh(k_j H) \cdot \omega_j}{k_j^3} \int_0^t \ddot{G}_x(\tau) \cdot \sin\left[\omega_j(t-\tau) \right] d\tau \quad (4.1.25)$$

式中：水平合力的方向向右（→）为正。液体对容器底部中点（0，-H）的翻转力矩为（取顺时针方向为正）

$$M_l = \int_{-H}^{0} \left[p(x,z,t)|_{x=a} - p(x,z,t)|_{x=-a} \right] (z+H) dz + \int_{-a}^{a} p(x,z,t)|_{z=-H} x dx$$

$$= -T \ddot{G}_x(t) - \frac{4\rho}{a} \sum_{j=1}^{\infty} \gamma_j \omega_j \int_0^t \ddot{G}_x(\tau) \cdot \sin\left[\omega_j(t-\tau) \right] d\tau \quad (4.1.26)$$

式中：

$$\begin{cases} \gamma_j = \frac{1}{k_j^4} \left[k_j H \tanh(k_j H) + \frac{2}{\cosh(k_j H)} - 1 \right] \\ T = \rho a H^2 + \frac{2}{3} \rho a^3 - \frac{4\rho}{a} \sum_{j=1}^{\infty} \gamma_j \end{cases} \quad (4.1.27)$$

若考虑液体晃动阻尼，计算方法同上，此处从略。

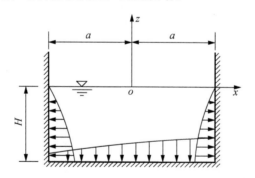

图 4.2 容器壁上液动压力分布示意图

以下采用式（4.1.25），计算流体对容器的水平作用力。计算数据为：静止水截面尺寸 $2a$=8.0m，H=6.0m，容器纵向长度为 b=12.0m，流体质量密度为 ρ=1000kg/m³，液体一阶自然频率为 ω_1=1.94rad/s。当容器激励为谐波 $\ddot{G}_x(t) = 0.1 \times \sin(1.94t)$ m/s² 时，液体会产生共振反应，图 4.3 为流体对容器的水平作用力。

当 EL-Centro（N-S）地震加速度记录作为输入波时，图 4.4 为调幅后的 EL Centro 地震波（峰值调整为 35Gal，1Gal=1cm/s²）。流体对容器的水平作用力如图 4.5 所示。

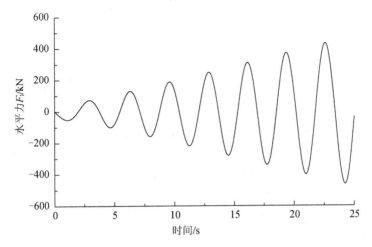

图 4.3　激励为谐波 $\ddot{G}_x(t)=0.1\times\sin(1.94t)\mathrm{m/s}^2$ 时，液体对容器的水平作用力

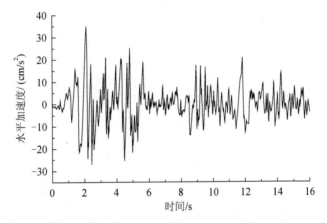

图 4.4　EL Centro N-S 地震波（最大峰值加速度为调整为 35cm/s²）

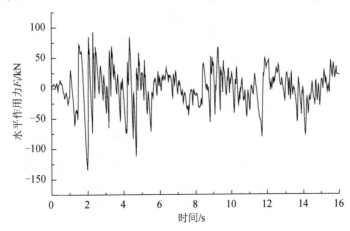

图 4.5　EL Centro 地震波（峰值调整为 35cm/s²）作用下的水平力 F_1 时间历程

关于流体对容器的翻转力矩，可采用式（4.1.26）进行相似的计算，此处从略。

4.2 三维直立圆柱容器内液体的地震强迫线性晃动

如图 4.6（a）圆柱形容器承受 x 方向的地面运动，设地面运动的速度及加速度分别为 $\dot{G}_x(t)$ 及 $\ddot{G}_x(t)$，方向向右为正。当把柱坐标固定在容器上时[图 4.6（b）]，液体运动的相对速度势函数 $\Phi(r,\theta,z,t)$ 满足下列方程：

$$\nabla^2 \Phi(r,\theta,z,t) = \frac{\partial^2 \Phi}{\partial r^2} + \frac{1}{r}\frac{\partial \Phi}{\partial r} + \frac{1}{r^2}\frac{\partial^2 \Phi}{\partial \theta^2} + \frac{\partial^2 \Phi}{\partial z^2} = 0 \quad (r,\theta,z) \in \Omega \quad (4.2.1\text{a})$$

边界条件为

$$v_z\big|_{z=-H} = \frac{\partial \Phi}{\partial z}\bigg|_{z=-H} = 0 \quad (4.2.1\text{b})$$

$$v_r\big|_{r=R} = \frac{\partial \Phi}{\partial r}\bigg|_{r=R} = 0 \quad (4.2.1\text{c})$$

$$v_\theta\big|_{\theta=0,\pi} = \frac{1}{r}\frac{\partial \Phi}{\partial \theta}\bigg|_{\theta=0,\pi} = 0 \quad (4.2.1\text{d})$$

$$\frac{\partial \Phi}{\partial z}\bigg|_{z=0} = \frac{\partial h}{\partial t}\bigg|_{z=0} \quad (4.2.1\text{e})$$

$$\frac{\partial \Phi}{\partial t}\bigg|_{z=0} + r\cos\theta \ddot{G}_x(t) + gh = 0 \quad (4.2.1\text{f})$$

上式中：式（4.2.1b）表示容器底部的液体法向相对速度为零；式（4.2.1c）表示容器壁处液体径向相对速度分量为零；式（4.2.1d）表示容器壁位于 $\theta=0,\pi$ 处的环向相对速度等于零，这由运动的对称性所决定；式（4.2.1e）表示了自由表面的运动学条件；式（4.2.1f）表示了自由表面的动力学条件[注意：这里应用了第 2 章的公式（2.2.13b）]，将自由表面的运动学与动力学条件合并为

$$\left(\frac{\partial^2 \Phi}{\partial t^2} + g\frac{\partial \Phi}{\partial z}\right)\bigg|_{z=0} = -r\cos\theta \cdot \ddot{G}_x(t) \quad (4.2.1\text{g})$$

根据第 2 章式（2.2.9b），相对坐标下的液动压力为

$$p(r,\theta,z,t) = -\rho\frac{\partial \Phi(r,\theta,z,t)}{\partial t} - \rho r\cos\theta \ddot{G}_x(t) \quad (4.2.1\text{h})$$

根据第 3.5 节模态分析的结果，液体晃动的模态可分为对称模态与反对称模态，根据结构动力学的原理，水平地震（运动）的作用只会激起反对称的模态运动，在所有的反对称模态中，其中（$m=1$）的反对称模态起主要作用，因此根据特征函数式（3.5.22），可将速度势函数按（$m=1$）的反对称模态函数展开为

$$\Phi(r,\theta,z,t) = \sum_{n=1}^{\infty}\left[\dot{q}_n(t)\cos\theta + \dot{\overline{q}}_n(t)\sin\theta\right]J_1(\xi_{1n}r/R)\frac{\cosh[\xi_{1n}(z+H)/R]}{\cosh(\xi_{1n}H/R)} \quad (4.2.2)$$

式中：$\dot{q}_n(t)$ 与 $\dot{\overline{q}}_n(t)$ 分别为广义坐标 $q_n(t)$ 与 $\overline{q}_n(t)$ 对时间的导数，根据第 3.5 节的研究，广义坐标 $q_n(t)$ 与 $\overline{q}_n(t)$ 分别对应自由表面的两个模态函数——$J_1(\xi_{1n}r/R)\cos\theta$ 与 $J_1(\xi_{1n}r/R)\sin\theta$。显然，以上速度势函数满足方程（4.2.1a）、（4.2.1b）与（4.2.1c），将上式代入式（4.2.1d），可得 $\dot{\overline{q}}_n(t)=0 \ \ (n=1,2,3,\cdots)$，这表明 x 方向的地震作用仅激发了自由表面的模态 $J_1(\xi_{1n}r/R)\cos\theta$ [若为 y 方向的地震作用，则会激发出自由表面模态 $J_1(\xi_{1n}r/R)\sin\theta$]，于是速度势函数可以重写为

$$\Phi(r,\theta,z,t) = \sum_{n=1}^{\infty}\dot{q}_n(t)\cos\theta \cdot J_1(\xi_{1n}r/R)\frac{\cosh[\xi_{1n}(z+H)/R]}{\cosh(\xi_{1n}H/R)} \quad (4.2.3)$$

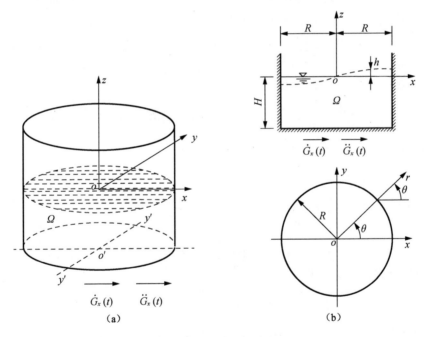

图 4.6　圆柱形容器承受 x 方向的地面运动

再将式（4.2.3）代入方程（4.2.1g），得

$$\sum_{n=1}^{\infty}\left[\ddot{q}_n(t)+\omega_{1n}^2 \dot{q}_n(t)\right]J_1(\xi_{1n}r/R) = -r\ddot{G}_x(t) \quad (4.2.4)$$

式中：

$$\omega_{1n}^2 = \frac{g\xi_{1n}}{R}\tanh\left(\frac{\xi_{1n}H}{R}\right) \quad (4.2.5)$$

为反对称晃动自然频率，将 r 展为 Bessel 函数的级数为

$$r = R\sum_{n=1}^{\infty} F_n J_1(\xi_{1n} r / R) \tag{4.2.6}$$

其中的系数 F_n 由下式确定：

$$F_n = \frac{2}{(\xi_{1n}^2 - 1)J_1(\xi_{1n})} \tag{4.2.7}$$

将式（4.2.4）两边对时间 t 积分一次，并利用零初始条件，再将式（4.2.6）代入式（4.2.4），得

$$\ddot{q}_n(t) + \omega_{1n}^2 q_n(t) = -F_n R \ddot{G}_x(t) \quad n = 1, 2, 3, \cdots \tag{4.2.8a}$$

若考虑液体晃动阻尼，则上式可以写为

$$\ddot{q}_n(t) + 2\zeta_{1n}\omega_{1n}\dot{q}_n(t) + \omega_{1n}^2 q_n(t) = -F_n R \ddot{G}_x(t) \quad n = 1, 2, 3, \cdots \tag{4.2.8b}$$

式中：ζ_{1n} 为对应液体晃动的模态阻尼比系数。由 Duhamel 积分（Clough & Penzien 2003），可以得到方程（4.2.8a）在零初始条件下的解为

$$q_n(t) = -\frac{RF_n}{\omega_{1n}} \int_0^t \ddot{G}_x(\tau) \sin\left[\omega_{1n}(t-\tau)\right] \mathrm{d}\tau \quad n = 1, 2, 3, \cdots \tag{4.2.9}$$

将上式代入方程（4.2.8a），有

$$\ddot{q}_n(t) = -F_n R \ddot{G}_x(t) + F_n R \omega_{1n} \int_0^t \ddot{G}_x(\tau) \sin\left[\omega_{1n}(t-\tau)\right] \mathrm{d}\tau \tag{4.2.10}$$

根据式（4.2.1f），波高反应为

$$h(r,\theta,t) = -\frac{1}{g}\frac{\partial \Phi}{\partial t}\bigg|_{z \approx 0} - r\cos\theta \frac{\ddot{G}_x(t)}{g}$$

$$= -\frac{R}{g}\cos\theta \sum_{n=1}^{\infty} F_n \omega_{1n} J_1(\xi_{1n} r / R) \int_0^t \ddot{G}_x(\tau) \sin\left[\omega_{1n}(t-\tau)\right] \mathrm{d}\tau \tag{4.2.11}$$

沿着运动方向（x 方向，$\theta = 0, \pi$）的波高在圆柱边缘反应最大，即在 $\theta = 0$，$r = R$ 观察到的最大波高反应为

$$h_{\max}(t) = -\frac{R}{g}\sum_{n=1}^{\infty} F_n \omega_{1n} J_1(\xi_{1n}) \int_0^t \ddot{G}_x(\tau) \sin\left[\omega_{1n}(t-\tau)\right] \mathrm{d}\tau \tag{4.2.12}$$

根据第 2 章式（2.2.9b），相对坐标下的液动压力为

$$p(r,\theta,z,t) = -\rho \frac{\partial \Phi(r,\theta,z,t)}{\partial t} - \rho r\cos\theta \ddot{G}_x(t)$$

$$= \rho R \cos\theta \cdot \ddot{G}_x(t)\left\langle \sum_{n=1}^{\infty} F_n J_1(\xi_{1n} r / R) \left\{ \frac{\cosh\left[\xi_{1n}(z+H)/R\right]}{\cosh(\xi_{1n} H / R)} - 1 \right\} \right\rangle$$

$$- \rho R \cos\theta \sum_{n=1}^{\infty} F_n \omega_{1n} J_1(\xi_{1n} r / R) \frac{\cosh\left[\xi_{1n}(z+H)/R\right]}{\cosh(\xi_{1n} H / R)}$$

$$\cdot \int_0^t \ddot{G}_x(\tau) \sin\left[\omega_{1n}(t-\tau)\right] \mathrm{d}\tau \tag{4.2.13}$$

注意到上式应用了式(4.2.6),作用在容器侧壁上的液动压力在 x 方向上的合力(基底剪力)为

$$F_l = \int_{-H}^{0}\int_{0}^{2\pi} p(r,\theta,z,t)\big|_{r=R} R\cos\theta \mathrm{d}\theta \mathrm{d}z$$

$$= -\left[\rho\pi R^2 H - \rho\pi R^3 \sum_{n=1}^{\infty}\frac{F_n \tanh(\xi_{1n}H/R)}{\xi_{1n}}J_1(\xi_{1n})\right]\ddot{G}_x(t)$$

$$- \rho\pi R^3 \sum_{n=1}^{\infty}\frac{F_n\omega_{1n}\tanh(\xi_{1n}H/R)}{\xi_{1n}}J_1(\xi_{1n})\int_0^t \ddot{G}_x(\tau)\sin\left[\omega_{1n}(t-\tau)\right]\mathrm{d}\tau \quad (4.2.14)$$

注意到上式也应用了式(4.2.6),当 $r=R$ 时 $\sum_{n=1}^{\infty} F_n J_1(\xi_{1n}) = 1$。液体对容器底部 y'-y' 轴[图 4.6(a)]的液动翻转力矩为

$$M_{ly'} = \int_{-H}^{0}\int_{0}^{2\pi} p(r,\theta,z,t)\big|_{r=R}(z+H)R\cos\theta \mathrm{d}\theta \mathrm{d}z + \int_{0}^{R}\int_{0}^{2\pi} p(r,\theta,z,t)\big|_{z=-H} r^2\cos\theta \mathrm{d}r \mathrm{d}\theta$$

$$= -\rho\pi R^2 H^2 \ddot{G}_x(t)\left\{\frac{1}{2} + \sum_{n=1}^{\infty}\left[\frac{F_n R^2}{\xi_{1n}H^2}J_2(\xi_{1n})\left(1 - \frac{1}{\cosh(\xi_{1n}H/R)}\right) - F_n J_1(\xi_{1n})I_{1n}\right]\right\}$$

$$- \rho\pi R^2 H^2 \sum_{n=1}^{\infty}\left\{\left[F_n\omega_{1n}J_1(\xi_{1n})I_{1n} + \frac{F_n\omega_{1n}R^2}{\xi_{1n}\cosh(\xi_{1n}H/R)H^2}J_2(\xi_{1n})\right]\int_0^t \ddot{G}_x(\tau)\sin\left[\omega_{1n}(t-\tau)\right]\mathrm{d}\tau\right\}$$

$$(4.2.15)$$

式中:

$$I_{1n} = \frac{R}{H}\cdot\frac{\tanh(\xi_{1n}H/R)}{\xi_{1n}} - \left(\frac{R}{\xi_{1n}H}\right)^2\left[1 - \frac{1}{\cosh(\xi_{1n}H/R)}\right] \quad (4.2.16)$$

上式第一、二个积分分别表示容器侧壁与底板上的液动力矩,注意到上式应用了下列积分结果:

$$\int_0^R r^2 J_1(\xi_{1n}r/R)\,\mathrm{d}r = R^3 J_2(\xi_{1n})/\xi_{1n} \quad (4.2.17)$$

需要说明的是,上述的解答是基于相对速度势函数得到的,若采用绝对速度势函数求解,其解答可参见文献(居荣初、曾心传 1983),可得到相同的结果。

当地面运动加速度为 $\ddot{G}_x(t) = G_0\sin\omega t$ 时,根据式(4.2.9),广义坐标的解答为

$$q_n(t) = -\frac{RF_n}{\omega_{1n}}\int_0^t \ddot{G}_x(\tau)\sin\left[\omega_{1n}(t-\tau)\right]\mathrm{d}\tau$$

$$= \frac{RF_n G_0}{\omega^2 - \omega_{1n}^2}\sin\omega t - \frac{RF_n G_0 \omega}{\omega_{1n}(\omega^2 - \omega_{1n}^2)}\sin\omega_{1n}t \quad (4.2.18)$$

在无阻尼情形下,上式的第一项为强迫稳态响应,第二项为自由振动响应,若有阻尼时,自由振动响应会在一定的时间内衰减为零。当仅考虑强迫稳态响应时,

对应的速度势函数为

$$\Phi(r,\theta,z,t) = \sum_{n=1}^{\infty} \frac{RF_n G_0 \omega}{\omega^2 - \omega_{1n}^2} \cos\omega t \cos\theta \cdot J_1(\xi_{1n} r/R) \frac{\cosh[\xi_{1n}(z+H)/R]}{\cosh(\xi_{1n} H/R)} \quad (4.2.19)$$

根据式（4.2.12），最大波高稳态响应为

$$h_{\max}(t) = \frac{RG_0}{g} \sum_{n=1}^{\infty} \frac{\omega_{1n}^2 F_n J_1(\xi_{1n})}{\omega^2 - \omega_{1n}^2} \sin\omega t \quad (4.2.20)$$

作用在 x 方向上容器侧壁上的液动合力与翻转力矩分别为

$$F_l = -\rho\pi R^3 G_0 \left[\frac{H}{R} - \sum_{n=1}^{\infty} \frac{F_n \tanh(\xi_{1n} H/R)}{\xi_{1n}} J_1(\xi_{1n}) \right] \sin\omega t$$

$$+ \rho\pi R^3 G_0 \sum_{n=1}^{\infty} \frac{F_n \omega_{1n}^2 \tanh(\xi_{1n} H/R)}{\xi_{1n}(\omega^2 - \omega_{1n}^2)} J_1(\xi_{1n}) \sin\omega t \quad (4.2.21)$$

$$M_{ly'} = -\rho\pi R^2 H^2 G_0 \left\{ \frac{1}{2} - \sum_{n=1}^{\infty} F_n J_1(\xi_{1n}) I_{1n} + \sum_{n=1}^{\infty} \frac{F_n R^2}{\xi_{1n} H^2} J_2(\xi_{1n}) \left[1 - \frac{1}{\cosh(\xi_{1n} H/R)} \right] \right\} \sin\omega t$$

$$- \rho\pi R^2 H^2 G_0 \sum_{n=1}^{\infty} \left\{ \frac{F_n \omega_{1n}^2}{\omega^2 - \omega_{1n}^2} \left[J_1(\xi_{1n}) I_{1n} + \frac{R^2}{\xi_{1n} H^2 \cosh(\xi_{1n} H/R)} J_2(\xi_{1n}) \right] \right\} \sin\omega t$$

$$(4.2.22)$$

4.3 强迫有限幅非线性晃动的多维模态分析方法

Faltinsen et al.（2000）于 2000 年提出了液体强迫有限幅（非线性）晃动多维模态分析方法；余延生等（2008）采用多维模态方法分析了圆柱形容器内液体的非线性晃动；李遇春等（2016）采用多维模态方法模拟了矩形容器内液体在强地震作用下的晃动响应，模拟了在谐波作用下的共振稳态响应，模拟了液体的参数晃动，并预测液体在普通共振与参数共振共同作用下的液面响应。本节将以二维非线性晃动为例介绍这一方法。本节仅考虑贮液容器的牵连平移运动，不考虑其转动。根据 2.2.2 节，采用绝对速度势描述动坐标下的流体运动，晃动问题待求的未知量为自由液面波高函数和绝对速度势函数，根据 Bateman-Luke 变分原理，将非线性自由边值问题转化为一等效的泛函极值问题，将自由液面波高函数和绝对速度势函数展开为广义 Fourier 级数，得到模态函数相互耦合的无穷维模态系统，将求解液体非线性晃动动力学的自由边值偏微分问题转化为求解非线性常微分方程组问题，可用于求解各种激励下液体非线性晃动问题。

4.3.1 二维有限幅非线性强迫晃动的运动方程

如图 4.7 所示二维刚性容器，其中液体区域 $\Omega(t)$、湿边界 $\partial S_w(t)$ 及自由表面

$\partial S_f(t)$ 均表达为时间 t 的函数，表明液体有限幅晃动时，液体区域及边界都随时间改变。根据文献（Faltinsen et al. 2000），这里限定刚性容器在自由表面附近的侧墙为竖直的，所以本节的分析方法适用于二维矩形、U 形容器，但不适用于圆形与梯形容器，且不考虑自由表面波的翻转。设二维刚性容器承受水平与竖向地面运动作用，水平速度为 $\dot{G}_x(t)$，竖向速度为 $\dot{G}_z(t)$，容器平移速度为 $\boldsymbol{v}_o = \dot{G}_x(t)\boldsymbol{i} + \dot{G}_z(t)\boldsymbol{k}$，液体自由表面方程可由波高函数 $z = h(x,t)$ 表达为 $F(x,z,t) = z - h(x,t) = 0$，设液体自由表面上的压力为零 $p|_{\partial S_f(t)} = 0$，采用绝对速度势函数描述动坐标下的流体运动，根据 2.2.2 节，容器内液体的运动方程为

$$\nabla^2 \Phi = 0 \quad (x,z) \in \Omega(t) \tag{4.3.1}$$

$$\left.\frac{\partial \Phi}{\partial n}\right|_{\partial S_w(t)} = \boldsymbol{v}_o \cdot \boldsymbol{n} \tag{4.3.2}$$

$$\nabla \Phi \cdot \boldsymbol{n}|_{\partial S_f(t)} = \left.\frac{\partial \Phi}{\partial n}\right|_{\partial S_f(t)} = \left(\boldsymbol{v}_o \cdot \boldsymbol{n} + \frac{h_t}{|\nabla F|}\right)_{\partial S_f(t)} \tag{4.3.3}$$

$$\left[\frac{\partial \Phi}{\partial t} + \frac{1}{2}(\nabla \Phi)^2 - \boldsymbol{v}_o \cdot \nabla \Phi\right]_{\partial S_f(t)} + gh = 0 \tag{4.3.4}$$

$$\iint_{\Omega(t)} \mathrm{d}x\mathrm{d}z = \text{const.} \tag{4.3.5}$$

式中：$\boldsymbol{n}$ 为液体区域 $\Omega(t)$ 表面的外法线向量。

$$\begin{cases} h_t = \dfrac{\partial h}{\partial t} \\ \boldsymbol{n}|_{\partial S_f(t)} = \dfrac{\nabla F}{|\nabla F|} = \dfrac{-\dfrac{\partial h}{\partial x}\boldsymbol{i} + \boldsymbol{k}}{\sqrt{\left(\dfrac{\partial h}{\partial x}\right)^2 + 1}} \end{cases} \tag{4.3.6}$$

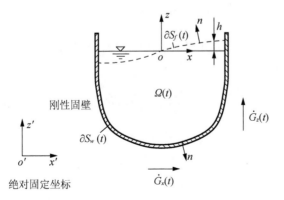

图 4.7 二维容器中液体的有限幅（非线性）晃动

式中：i、k 为单位基矢量。上述自由表面边值问题中：式（4.3.1）为液体连续性方程，式（4.3.2）为固壁边界条件，式（4.3.3）为自由液面运动学边界条件，式（4.3.4）为自由液面动力学边界条件，式（4.3.5）为流体体积守恒条件。上述方程组的待求未知量为绝对速度势函数 $\Phi(x,z,t)$ 及波高函数 $h(x,t)$。

根据 Bernoulli 方程（2.2.23），液体区域 $\Omega(t)$ 内的液体压力 p 可由下式确定：

$$p = -\rho \frac{\partial \Phi}{\partial t} - \frac{1}{2}\rho(\nabla \Phi)^2 + \rho \boldsymbol{v}_o \cdot \nabla \Phi - \rho g z \tag{4.3.7}$$

于是作用在二维容器（单位厚度）上的力 $\boldsymbol{F}(t)$ 与力矩 $\boldsymbol{M}(t)$ 可分别写为

$$\begin{cases} \boldsymbol{F}(t) = \displaystyle\int_{\partial S_w(t)} p\boldsymbol{n}\mathrm{d}S \\ \boldsymbol{M}(t) = \displaystyle\int_{\partial S_w(t)} \boldsymbol{r} \times p\boldsymbol{n}\mathrm{d}S \end{cases} \tag{4.3.8}$$

式中：$\boldsymbol{r} = x\boldsymbol{i} + z\boldsymbol{k}$ 为液体粒子在坐标系 oxz 下的位置矢量。

4.3.2　基于压力积分的 Bateman-Luke 变分原理

利用 Bateman-Luke 变分原理（Luke 1967；Faltinsen & Timokha 2009），描述液体晃动的非线性自由表面边值问题式（4.3.1）～式（4.3.4）可由下列函数极值的必要条件得到：

$$J = \int_{t_1}^{t_2} L \mathrm{d}t \tag{4.3.9}$$

式中：L 为 Lagrange 函数，为下列压力积分：

$$L = \iint_{\Omega(t)} p \mathrm{d}x\mathrm{d}z = -\rho \iint_{\Omega(t)} \left[\frac{\partial \Phi}{\partial t} + \frac{1}{2}(\nabla \Phi)^2 - \boldsymbol{v}_o \cdot \nabla \Phi + gz \right] \mathrm{d}x\mathrm{d}z \tag{4.3.10}$$

需要说明的是，一般分析力学 Hamilton 原理所给出的 Lagrange 函数为系统动能与势能之差，但由此得不到完整的液体晃动的非线性方程，这也是为什么在本节晃动问题的分析中不采用经典的 Hamilton 原理，而采用基于压力积分的 Bateman-Luke 变分原理。

注意到泛函 J 为绝对速度势函数 $\Phi(x,z,t)$ 及波高函数 $h(x,t)$ 的函数，泛函 J 取极值的必要条件为

$$\delta J = \delta J(\Phi,h) = -\rho \delta \left\{ \int_{t_1}^{t_2}\int_{x_1}^{x_2}\int_{h_0(x)}^{h(x,t)} \left[\frac{\partial \Phi}{\partial t} + \frac{1}{2}(\nabla \Phi)^2 - \boldsymbol{v}_o \cdot \nabla \Phi + gz \right] \mathrm{d}x\mathrm{d}z\mathrm{d}t \right\} = 0 \tag{4.3.11}$$

其中函数 $\Phi(x,z,t)$ 及 $h(x,t)$ 应满足下列方程：

$$\begin{cases} \delta\Phi(x,z,t_1) = 0, \quad \delta\Phi(x,z,t_2) = 0 \\ \delta h(x,t_1) = 0, \quad \delta h(x,t_2) = 0 \end{cases} \tag{4.3.12}$$

根据复合函数的变分规则，对式（4.3.11）进行变分运算有

$$\delta J = \delta J(\Phi,h) = \frac{\partial J}{\partial \Phi}\delta\Phi + \frac{\partial J}{\partial h}\delta h$$

$$= -\rho\int_{t_1}^{t_2}\int_{x_1}^{x_2}\int_{h_0(x)}^{h(x,t)}\left[\frac{\partial(\delta\Phi)}{\partial t} + \nabla\Phi\cdot\nabla(\delta\Phi) - \boldsymbol{v}_o\cdot\nabla(\delta\Phi)\right]dxdzdt$$

$$-\rho\int_{t_1}^{t_2}\int_{x_1}^{x_2}\left[\frac{\partial\Phi}{\partial t} + \frac{1}{2}(\nabla\Phi)^2 - \boldsymbol{v}_o\cdot\nabla\Phi + gz\right]_{z=h}\delta h\cdot dxdt = 0 \quad (4.3.13)$$

注意到 Φ 与 h 为变量，式（4.3.13）中的第一项表示对变量 Φ 进行变分运算，将第一项中的积分逐项展开得

$$-\rho\int_{t_1}^{t_2}\int_{x_1}^{x_2}\int_{h_0(x)}^{h(x,t)}\left[\frac{\partial(\delta\Phi)}{\partial t}\right]dxdzdt = -\rho\int_{t_1}^{t_2}\iiint_{\Omega(t)}\left[\frac{\partial(\delta\Phi)}{\partial t}\right]dxdzdt$$

$$= -\rho\int_{t_1}^{t_2}\iiint_{\Omega(t)}\left\{\frac{d(\delta\Phi)}{dt} - \left[\frac{\partial(\delta\Phi)}{\partial x}\frac{dx}{dt} + \frac{\partial(\delta\Phi)}{\partial z}\frac{dz}{dt}\right]\right\}dxdzdt$$

$$= -\rho\int_{t_1}^{t_2}\iiint_{\Omega(t)}\left\{\frac{d(\delta\Phi)}{dt} - \nabla(\delta\Phi)\cdot\boldsymbol{v}_r\right\}dxdzdt$$

$$= -\rho\int_{t_1}^{t_2}\iiint_{\Omega(t)}\frac{d(\delta\Phi)}{dt}dxdzdt + \rho\int_{t_1}^{t_2}\iiint_{\Omega(t)}\nabla(\delta\Phi)\cdot\boldsymbol{v}_r dxdzdt$$

$$= -\rho\iint_{\Omega(t)}\left(\delta\Phi|_{t=t_2} - \delta\Phi|_{t=t_1}\right)dxdz - \rho\int_{t_1}^{t_2}\oint_{\partial S(t)}(\boldsymbol{v}_r\cdot\boldsymbol{n})dsdt\delta\Phi$$

$$= -\rho\int_{t_1}^{t_2}\oint_{\partial S(t)}(\boldsymbol{v}_r\cdot\boldsymbol{n})dsdt\delta\Phi \quad (4.3.14)$$

$$-\rho\int_{t_1}^{t_2}\int_{x_1}^{x_2}\int_{h_0(x)}^{h(x,t)}\left[\nabla\Phi\cdot\nabla(\delta\Phi)\right]dxdzdt = -\rho\int_{t_1}^{t_2}\iiint_{\Omega(t)}\nabla\Phi\cdot\nabla(\delta\Phi)dxdzdt$$

$$= -\rho\int_{t_1}^{t_2}\oint_{\partial S(t)}\frac{\partial\Phi}{\partial n}dsdt\delta\Phi + \rho\int_{t_1}^{t_2}\iiint_{\Omega(t)}\nabla^2\Phi dxdzdt\delta\Phi \quad (4.3.15)$$

$$-\rho\int_{t_1}^{t_2}\int_{x_1}^{x_2}\int_{h_0(x)}^{h(x,t)}\left[-\boldsymbol{v}_o\cdot\nabla(\delta\Phi)\right]dxdzdt = \rho\int_{t_1}^{t_2}\iiint_{\Omega(t)}\boldsymbol{v}_o\cdot\nabla(\delta\Phi)dxdzdt$$

$$= \rho\int_{t_1}^{t_2}\oint_{\partial S(t)}(\boldsymbol{v}_o\cdot\boldsymbol{n})dsdt\delta\Phi \quad (4.3.16)$$

式中：$\partial S(t) = \partial S_w(t) + \partial S_f(t)$，以上式（4.3.14）～式（4.3.16）的推导中，利用了 Green 公式（平面面积分与线积分的关系）以及式（4.3.12）。式（4.3.13）中的第二项表示对变量 h 进行变分运算，以下将第二个积分式说明如下：此变分运算中将 J 视为变量 h 的函数，积分限 x_1、x_2 及 $h_0(x)$ 均为固定值，于是

$$\frac{\partial J}{\partial h}\delta h = -\rho\delta\left\{\int_{t_1}^{t_2}\int_{x_1}^{x_2}\int_{h_0(x)}^{h(x,t)}\left[\frac{\partial\Phi}{\partial t}+\frac{1}{2}(\nabla\Phi)^2-\boldsymbol{v}_o\cdot\nabla\Phi+gz\right]\mathrm{d}x\mathrm{d}z\mathrm{d}t\right\}$$

$$=-\rho\delta\left\{\int_{t_1}^{t_2}\int_{x_1}^{x_2}\left[\Gamma(z)\big|_{z=h(x,t)}-\Gamma(z)\big|_{z=h_0(x)}\right]\mathrm{d}x\mathrm{d}t\right\}$$

$$=-\rho\int_{t_1}^{t_2}\int_{x_1}^{x_2}\left[\delta\Gamma(h)-\delta\Gamma(h_0)\right]\mathrm{d}x\mathrm{d}t$$

$$=-\rho\int_{t_1}^{t_2}\int_{x_1}^{x_2}\Gamma'(h)\cdot\delta h\,\mathrm{d}x\mathrm{d}t$$

$$=-\rho\int_{t_1}^{t_2}\int_{x_1}^{x_2}\left[\frac{\partial\Phi}{\partial t}+\frac{1}{2}(\nabla\Phi)^2-\boldsymbol{v}_o\cdot\nabla\Phi+gz\right]_{z=h}\cdot\delta h\,\mathrm{d}x\mathrm{d}t \qquad (4.3.17)$$

式中：$\Gamma(z)$ 为积分 $\int\left[\frac{\partial\Phi}{\partial t}+\frac{1}{2}(\nabla\Phi)^2-\boldsymbol{v}_o\cdot\nabla\Phi+gz\right]\mathrm{d}z$ 的原函数，所以有 $\Gamma'(z)=\frac{\partial\Phi}{\partial t}+\frac{1}{2}(\nabla\Phi)^2-\boldsymbol{v}_o\cdot\nabla\Phi+gz$，且由于 $h_0(x)$ 为固定值，所以 $\delta\Gamma(h_0)=0$。

将式（4.3.14）～式（4.3.16）代入式（4.3.13）得

$$\delta J = \rho\int_{t_1}^{t_2}\iint_{\Omega(t)}\nabla^2\Phi\,\mathrm{d}x\mathrm{d}z\mathrm{d}t\,\delta\Phi - \rho\int_{t_1}^{t_2}\oint_{\partial S(t)}\left[\frac{\partial\Phi}{\partial n}-(\boldsymbol{v}_o+\boldsymbol{v}_r)\cdot\boldsymbol{n}\right]\mathrm{d}s\mathrm{d}t\,\delta\Phi$$

$$-\rho\int_{t_1}^{t_2}\int_{x_1}^{x_2}\left[\frac{\partial\Phi}{\partial t}+\frac{1}{2}(\nabla\Phi)^2-\boldsymbol{v}_o\cdot\nabla\Phi+gz\right]_{z=h}\delta h\cdot\mathrm{d}x\mathrm{d}t=0 \qquad (4.3.18)$$

由于变分 $\delta\Phi$ 及 δh 可为任意值，要使式（4.3.18）为零，其所有被积函数必须分别为零，即有

$$\begin{cases}\nabla^2\Phi=0\\\left[\dfrac{\partial\Phi}{\partial n}-(\boldsymbol{v}_o+\boldsymbol{v}_r)\cdot\boldsymbol{n}\right]_{\partial S(t)}=0\\\left[\dfrac{\partial\Phi}{\partial t}+\dfrac{1}{2}(\nabla\Phi)^2-\boldsymbol{v}_o\cdot\nabla\Phi+gz\right]_{z=h}=0\end{cases} \qquad (4.3.19)$$

不难发现：式（4.3.19）与液体晃动的控制方程（4.3.1）～（4.3.4）完全等价，需要说明的是：式（4.3.19）中的运动学边界条件 $\left[\dfrac{\partial\Phi}{\partial n}-(\boldsymbol{v}_o+\boldsymbol{v}_r)\cdot\boldsymbol{n}\right]_{\partial S(t)}=0$ 可以分解为以下两个方程：

$$\left[\frac{\partial\Phi}{\partial n}-(\boldsymbol{v}_o+\boldsymbol{v}_r)\cdot\boldsymbol{n}\right]_{\partial S_w(t)}=0 \qquad (4.3.20)$$

$$\left[\frac{\partial \Phi}{\partial n} - (\boldsymbol{v}_o + \boldsymbol{v}_r) \cdot \boldsymbol{n}\right]_{\partial S_f(t)} = 0 \tag{4.3.21}$$

在湿边界 $\partial S_w(t)$ 上，$\boldsymbol{v}_r = 0$，所以式（4.3.20）等同于式（4.3.2）；在自由边界 $\partial S_f(t)$ 上，$\boldsymbol{v}_r \cdot \boldsymbol{n} = h_t(\boldsymbol{n}_z \cdot \boldsymbol{n}) = h_t/|\nabla F|$ [其中：$\boldsymbol{n}_z = (0 \quad 1)^{\mathrm{T}}$，$\boldsymbol{n} = \nabla F/|\nabla F|$，$\nabla F = (-\partial h/\partial x \quad 1)^{\mathrm{T}}$]，所以式（4.3.21）等同于式（4.3.3）。

以上证明了 Bateman-Luke 变分方程（4.3.11）和液体晃动的控制方程与全部边界条件完全等价，变分方程（4.3.11）展示了一个极其完美的变分原理，这样一个复杂非线性边值问题[式（4.3.1）～式（4.3.4）]可转化为一个泛函 J 的极值问题，通过求解泛函 J 的极值问题从而得到原问题的解答，使问题的求解得到简化。

本节仅给出了二维 Bateman-Luke 变分原理，对于考虑容器转动的三维情形，可参见文献 Faltinsen & Timokha（2009）。

4.3.3 基于变分原理的有限幅晃动非线性微分方程组（模态系统）

将绝对速度势函数按下式展开为

$$\Phi(x,z,t) = \boldsymbol{v}_0 \cdot \boldsymbol{r} + \varphi(x,z,t) \tag{4.3.22}$$

式中：$\boldsymbol{v}_0 \cdot \boldsymbol{r}$ 为牵连速度势；$\varphi(x,z,t)$ 为相对速度势。将式（4.3.22）代入方程（4.3.1）～（4.3.3）得

$$\begin{cases} \nabla^2 \varphi = 0 & (x,z) \in \Omega(t) \\ \left.\dfrac{\partial \varphi}{\partial n}\right|_{\partial S_w(t)} = 0 \\ \left.\dfrac{\partial \varphi}{\partial n}\right|_{\partial S_f(t)} = \left.\dfrac{h_t}{|\nabla F|}\right|_{\partial S_f(t)} \end{cases} \tag{4.3.23}$$

将自由液面波高函数 $h(x,t)$ 和相对速度势函数 $\varphi(x,z,t)$ 展开为下列 Fourier 级数：

$$h(x,t) = \sum_{n=1}^{\infty} \beta_n(t) h_n(x) \tag{4.3.24}$$

$$\varphi(x,z,t) = \sum_{n=1}^{\infty} R_n(t) \varphi_n(x,z) \tag{4.3.25}$$

式中：$\beta_n(t)$、$R_n(t)(n=1,2,3,\cdots)$ 为广义坐标；$h_n(x)(n=1,2,3,\cdots)$ 为自由表面模态基函数，它与自由表面的振型函数一样，是一个完备的正交函数系；$\varphi_n(x,z)$ $(n=1,2,3,\cdots)$ 也为一个完备的函数系，实际应用时，可取液体系统的特征函数（或振型函数，见第 3 章）作为 $\varphi_n(x,z)$。根据第 3 章的结果，$\varphi_n(x,z)$ 及 $h_n(x)$ 满足下列特征方程组：

$$\begin{cases} \nabla^2 \varphi_n(x,z) = 0 \quad (x,z) \in \Omega_0 \\ \dfrac{\partial \varphi_n(x,z)}{\partial n}\bigg|_{\partial S_{w0}} = 0 \\ \left[\dfrac{\partial \varphi_n(x,z)}{\partial z} - \lambda_n \varphi_n(x,z)\right]_{\partial S_{f0}} = 0 \\ \int_{\partial S_{f0}} h_n(x)\mathrm{d}x = 0 \\ h_n(x) = \varphi_n(x,0) \end{cases} \quad (4.3.26)$$

式中：Ω_0、∂S_{w0}、∂S_{f0} 分别为液体静止状态时的液体所占区域、容器湿边界与自由液面边界，其中第 4 个方程表示了自由表面上液体的体积守恒条件；λ_n 为第 n 阶模态的特征值。需要说明的是，由于 $h(x,t)$ 为单值函数，因而这种模态展开方法不能用来描述"翻转"波，这种方法还要求容器壁必需与静止状态自由液面相互垂直。

将 Φ 的分解表达式（4.3.22）代入式（4.3.10）得

$$L = -\rho \iint_{\Omega(t)} \left(\dot{\boldsymbol{v}}_o \cdot \boldsymbol{r} - \frac{1}{2}v_0^2\right)\mathrm{d}x\mathrm{d}z + L_r$$

$$= -\ddot{G}_x(t)l_1 - \ddot{G}_z(t)l_2 + \frac{m}{2}\left[\dot{G}_x^2(t) + \dot{G}_z^2(t)\right] + L_r \quad (4.3.27)$$

其中：

$$\begin{cases} l_1 = \rho \iint_{\Omega(t)} x\mathrm{d}x\mathrm{d}z \\ l_2 = \rho \iint_{\Omega(t)} z\mathrm{d}x\mathrm{d}z \\ m = \rho \iint_{\Omega(t)} \mathrm{d}x\mathrm{d}z \end{cases} \quad (4.3.28)$$

$$L_r = -\rho \iint_{\Omega(t)} \left[\frac{\partial \varphi}{\partial t} + \frac{1}{2}(\nabla \varphi)^2 + gz\right]\mathrm{d}x\mathrm{d}z \quad (4.3.29)$$

注意到 l_1、l_2 皆与变化的积分区域 $\Omega(t)$ 有关，亦即与自由表面波高的变动有关，所以它们依赖于时间函数 $\beta_n(t)(n=1,2,3,\cdots)$；$m$ 为液体（单位厚度）的总质量，为常数。将 $\varphi(x,z,t)$ 的表达式（4.3.25）代入式（4.3.29），得

$$L_r = -\rho \iint_{\Omega(t)} \left[\sum_{n=1}^{\infty}\dot{R}_n(t)\varphi_n(x,z) + \frac{1}{2}\sum_{k=1}^{\infty}\sum_{n=1}^{\infty}R_n(t)R_k(t)\cdot\nabla\varphi_n(x,z)\cdot\nabla\varphi_k(x,z) + gz\right]\mathrm{d}x\mathrm{d}z$$

$$= -\sum_{n=1}^{\infty} A_n \dot{R}_n(t) - \frac{1}{2}\sum_{k=1}^{\infty}\sum_{n=1}^{\infty} B_{nk} R_n(t) R_k(t) - gl_2 \quad (4.3.30)$$

其中系数：

$$\begin{cases} A_n = \rho \iint\limits_{\Omega(t)} \varphi_n(x,z)\mathrm{d}x\mathrm{d}z \\ B_{nk} = \rho \iint\limits_{\Omega(t)} \nabla\varphi_n(x,z)\cdot\nabla\varphi_k(x,z)\cdot\mathrm{d}x\mathrm{d}z \end{cases} \quad (4.3.31)$$

与积分区域 $\Omega(t)$ 有关，它们依赖于函数 $\beta_n(t)(n=1,2,3,\cdots)$，显然 B_{nk} 为对称矩阵的元素，于是 Lagrange 函数最终可表达为

$$L = -\ddot{G}_x(t)l_1 - \ddot{G}_z(t)l_2 + \frac{m}{2}\left[\dot{G}_x^2(t) + \dot{G}_z^2(t)\right] - \sum_{n=1}^{\infty} A_n \dot{R}_n(t)$$

$$-\frac{1}{2}\sum_{k=1}^{\infty}\sum_{n=1}^{\infty} B_{nk} R_n(t) R_k(t) - gl_2 \quad (4.3.32)$$

Lagrange 函数在原始表达式中的独立变量为 $\Phi(x,z,t)$ 及 $h(x,t)$，而现在的独立变量变为 $\beta_n(t)$ 及 $R_n(t)(n=1,2,3,\cdots)$，对于给定的容器运动 $v_o = \dot{G}_x(t)\boldsymbol{i} + \dot{G}_z(t)\boldsymbol{k}$，式（4.3.9）的一阶变分为

$$\delta J = \int_{t_1}^{t_2} \delta L \cdot \mathrm{d}t = \int_{t_1}^{t_2}\left\{-\ddot{G}_x(t)\delta l_1 - \left[\ddot{G}_z(t)+g\right]\delta l_2 - \sum_{n=1}^{\infty} A_n \delta \dot{R}_n(t) - \sum_{n=1}^{\infty} \dot{R}_n(t)\delta A_n \right.$$

$$\left. -\sum_{k=1}^{\infty}\sum_{n=1}^{\infty} B_{nk} R_k(t)\delta R_n(t) - \frac{1}{2}\sum_{k=1}^{\infty}\sum_{n=1}^{\infty} R_n(t)R_k(t)\delta B_{nk}\right\}\cdot\mathrm{d}t \quad (4.3.33)$$

上式的变分运算中，m 为常数，其变分为零，推导中利用了 B_{nk} 的对称性。注意到系数 l_1、l_2、A_n、B_{nk} 默认为 $\beta_n(t)(n=1,2,3,\cdots)$ 的函数，所以有

$$\begin{cases} \delta l_1 = \sum_{i=1}^{\infty}\frac{\partial l_1}{\partial \beta_i}\delta\beta_i, & \delta l_2 = \sum_{i=1}^{\infty}\frac{\partial l_2}{\partial \beta_i}\delta\beta_i \\ \delta A_n = \sum_{i=1}^{\infty}\frac{\partial A_n}{\partial \beta_i}\delta\beta_i, & \delta B_{nk} = \sum_{i=1}^{\infty}\frac{\partial B_{nk}}{\partial \beta_i}\delta\beta_i \end{cases} \quad (4.3.34)$$

将式（4.3.34）代入式（4.3.33），并利用分部积分展开 $\sum_{n=1}^{\infty} A_n \delta \dot{R}_n(t)$ 项，由 J 取极值的必要条件 $\delta J = 0$ 得

$$\delta J = -\int_{t_1}^{t_2}\sum_{i=1}^{\infty}\left\{\ddot{G}_x(t)\frac{\partial l_1}{\partial \beta_i} + \left[\ddot{G}_z(t)+g\right]\frac{\partial l_2}{\partial \beta_i} + \sum_{n=1}^{\infty}\dot{R}_n(t)\frac{\partial A_n}{\partial \beta_i}\right.$$

$$\left.+\frac{1}{2}\sum_{k=1}^{\infty}\sum_{n=1}^{\infty} R_n(t)R_k(t)\frac{\partial B_{nk}}{\partial \beta_i}\right\}\delta\beta_i\cdot\mathrm{d}t$$

$$-\int_{t_1}^{t_2}\sum_{n=1}^{\infty}\left[\frac{\mathrm{d}A_n}{\mathrm{d}t} - \sum_{k=1}^{\infty} B_{nk}R_k(t)\right]\delta R_n(t)\mathrm{d}t = 0 \quad (4.3.35)$$

上式中利用了式（4.3.12）[即 $\delta R_n(t_1) = \delta R_n(t_2) = 0$]，由于 $\delta\beta_i$、$\delta R_n(t)$ 可为任意值，要使式（4.3.35）成立，必须有

$$\frac{dA_n}{dt} - \sum_{k=1}^{\infty} B_{nk} R_k(t) = 0 \quad (n=1,2,3,\cdots) \tag{4.3.36}$$

$$\sum_{n=1}^{\infty} \dot{R}_n(t) \frac{\partial A_n}{\partial \beta_i} + \frac{1}{2} \sum_{k=1}^{\infty} \sum_{n=1}^{\infty} R_n(t) R_k(t) \frac{\partial B_{nk}}{\partial \beta_i} + \ddot{G}_x(t) \frac{\partial l_1}{\partial \beta_i}$$

$$+ \left[\ddot{G}_z(t) + g \right] \frac{\partial l_2}{\partial \beta_i} = 0 \quad (i=1,2,3,\cdots) \tag{4.3.37}$$

方程（4.3.36）与（4.3.37）为描述液体二维有限幅晃动的（无穷维）非线性微分方程组。方程（4.3.36）将变量$\beta_n(t)$及$R_n(t)$联系在一起，可通过渐近近似方法将$R_n(t)$表示为$\beta_n(t)$的函数关系，将其代入式（4.3.37），便可得到关于$\beta_n(t)$的二阶非线性常微分方程组，采用数值方法可求解这个非线性常微分方程组，得到$\beta_n(t)$的时程解，进而可得到$R_n(t)$的时程解，最后再代入式（4.3.24）与式（4.3.25），得到问题的解答。

本节基于变分原理将一个连续系统的非线性边值问题转化为一个无穷自由度离散系统的动力学问题，这个离散系统也称之为（非线性）模态系统，相对于原始系统而言，求解这个模态系统动力学问题要简单得多。

4.4 二维矩形容器内液体的非线性（有限幅）强迫晃动

4.4.1 矩形容器内有限幅晃动的渐近解法（渐近模态系统）

考虑一个刚性矩形容器（图4.8），液体自由表面波高可由式（4.3.24）表示，根据自由表面以上的体积守恒条件，有

$$\int_{-a}^{a} h_n(x) dx = 0 \quad n=1,2,3,\cdots \tag{4.4.1}$$

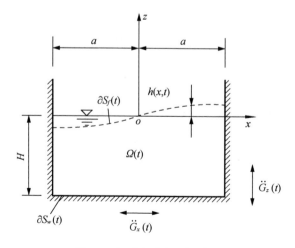

图 4.8 矩形容器有限幅晃动

根据第 3 章的研究，满足方程（4.3.26）及（4.4.1）的第 i 个模态 $\varphi_i(x,z)$ 及 $h_i(x)$ 为

$$\begin{cases} h_i(x) = \cos\left[\dfrac{i\pi}{2a}(x+a)\right] \\ \varphi_i(x,z) = h_i(x)\dfrac{\cosh\left[\dfrac{i\pi}{2a}(z+H)\right]}{\cosh\left(\dfrac{i\pi H}{2a}\right)} \end{cases} \quad (4.4.2)$$

于是对于矩形容器而言，式（4.3.24）与式（4.3.25）具有下列形式：

$$\begin{cases} h(x,t) = \sum\limits_{i=1}^{\infty} \beta_i(t)\cos\left[\dfrac{i\pi}{2a}(x+a)\right] \\ \varphi(x,z,t) = \sum\limits_{i=1}^{\infty} R_i(t)\cos\left[\dfrac{i\pi}{2a}(x+a)\right]\cdot\dfrac{\cosh\left[\dfrac{i\pi}{2a}(z+H)\right]}{\cosh\left(\dfrac{i\pi H}{2a}\right)} \end{cases} \quad (4.4.3)$$

模态系统方程（4.3.36）和（4.3.37）可由主要控制模态的表面波来逼近，在一般水平运动的激励下（如水平地震作用），液体晃动的主要控制模态对应于一阶自然模态（见第 3 章），假定容器运动的幅度与其液体深度及宽度相比要小，对方程（4.3.36）和（4.3.37）进行近似求解时，需要激励幅值与主要模态幅值的渐近关系，根据文献 Faltinsen（1974），假定

$$O(\beta_1^3) = O(X_0) = \varepsilon \quad (4.4.4)$$

式中：X_0 为平动激励的幅度。进而可知 $\beta_2 = O(\varepsilon^{2/3})$，$\beta_3 = O(\varepsilon)$，在以下的非线性方程推导中，比 ε 更高阶的（小量）项将被忽略。式（4.3.31）中的系数 A_n 与 B_{nk} 与自由表面波高函数 $h(x,t) = \sum\limits_{i=1}^{\infty}\beta_i(t)\cos\left[\dfrac{i\pi}{2a}(x+a)\right]$ 有关，它们可以表达为

$$\begin{cases} A_n = \rho\iint\limits_{\Omega(t)} \varphi_n(x,z)\mathrm{d}x\mathrm{d}z = \rho\int\limits_{-a}^{a}\cos\left[\dfrac{n\pi}{2a}(x+a)\right]\left\{\int\limits_{-H}^{\sum\limits_{i=1}^{\infty}\beta_i\cos\left[\dfrac{i\pi}{2a}(x+a)\right]}\dfrac{\cosh\left[\dfrac{n\pi}{2a}(z+H)\right]}{\cosh\left(\dfrac{n\pi H}{2a}\right)}\mathrm{d}z\right\}\mathrm{d}x \\ B_{nk} = \rho\iint\limits_{\Omega(t)}\nabla\varphi_n(x,z)\cdot\nabla\varphi_k(x,z)\cdot\mathrm{d}x\mathrm{d}z \\ \quad = \rho\int\limits_{-a}^{a}\mathrm{d}x\int\limits_{-H}^{\sum\limits_{i=1}^{\infty}\beta_i\cos\left[\dfrac{i\pi}{2a}(x+a)\right]}\nabla\left\{\cos\left[\dfrac{n\pi}{2a}(x+a)\right]\dfrac{\cosh\left[\dfrac{n\pi}{2a}(z+H)\right]}{\cosh\left(\dfrac{n\pi H}{2a}\right)}\right\}\cdot\nabla\left\{\cos\left[\dfrac{k\pi}{2a}(x+a)\right]\dfrac{\cosh\left[\dfrac{k\pi}{2a}(z+H)\right]}{\cosh\left(\dfrac{k\pi H}{2a}\right)}\right\}\mathrm{d}z \end{cases}$$

$$(4.4.5)$$

注意到：式（4.4.5）中被积函数为双曲函数，将其展为 β_i 的幂级数，经逐项积分后得

$$\begin{cases} A_1 = \rho a\left[\beta_1 + E_1(\beta_1\beta_2 + \beta_2\beta_3) + E_0(\beta_1^3 + 2\beta_1\beta_2^2 + \beta_1^2\beta_3)\right] \\ A_2 = \rho a\left[\beta_2 + E_2(\beta_1^2 + 2\beta_1\beta_3) + 8E_0\beta_1^2\beta_2\right] \\ A_3 = \rho a\left(\beta_3 + 3E_3\beta_1\beta_2 + 3E_0\beta_1^3\right) \end{cases} \quad (4.4.6a)$$

$$\begin{cases} B_{11} = 2\rho a\left[E_1 + 8E_1 E_0\beta_1^2 - (2E_0 - E_1^2)\beta_2\right] \\ B_{22} = 4\rho a E_2 \\ B_{33} = 6\rho a E_3 \\ B_{12} = B_{21} = 2\rho a\left[(4E_0 + 2E_1 E_2)\beta_1 + \left(\dfrac{-4E_0 + 2E_1^2}{1+T_1}\right)\beta_3\right] \\ B_{13} = B_{31} = 6\rho a(2E_0 + E_1 E_3)(\beta_2 + 2E_4\beta_1^2) \\ B_{23} = B_{32} = 6\rho a(4E_0 + 2E_2 E_3)\beta_1 \end{cases} \quad (4.4.6b)$$

其中：

$$E_0 = \frac{1}{8}\left(\frac{\pi}{2a}\right)^2, \quad E_i = \frac{\pi}{4a}\tanh\left(\frac{i\pi H}{2a}\right), \quad i \geq 1, \quad T_1 = \tanh^2\left(\frac{\pi H}{2a}\right) \quad (4.4.7)$$

这里将 A_1、A_2、A_3 分别保留至 $\varepsilon^{5/3}$、$\varepsilon^{4/3}$、ε 的量级，注意到在式（4.3.37）中，存在 $\dfrac{\partial A_n}{\partial \beta_i}$ 及 $\dfrac{\partial B_{nk}}{\partial \beta_i}$ 项，可以保证最后的式（4.4.12）～式（4.4.14）中，前三阶 $\beta_i(i=1,2,3)$ 保留至 ε 的量级。需要说明的是，原文献（Faltinsen et al. 2000）中 B_{12} 的表达式有误，这里进行了改正。另外设

$$R_n = \sum_{i=1}^{\infty}\gamma_i^{(n)}\dot{\beta}_i + \sum_{i=1}^{\infty}\sum_{j=1}^{\infty}\gamma_{ij}^{(n)}\dot{\beta}_i\beta_j + \sum_{i=1}^{\infty}\sum_{j=1}^{\infty}\sum_{k=1}^{\infty}\gamma_{ijk}^{(n)}\dot{\beta}_i\beta_j\beta_k + \cdots \quad n = 1, 2, 3, \cdots \quad (4.4.8)$$

式中：$\gamma_i^{(n)}$、$\gamma_{ij}^{(n)}$、$\gamma_{ijk}^{(n)}\cdots$ 为待定系数。将式（4.4.8）代入式（4.3.36），并利用式（4.4.6a）及式（4.4.6b），比较两边的系数，保留至 ε 的量级，可得

$$\begin{cases} R_1 = \dfrac{\dot{\beta}_1}{2E_1} + \dfrac{E_0}{E_1^2}\dot{\beta}_1\beta_2 - \dfrac{E_0}{E_1 E_2}\dot{\beta}_2\beta_1 + \dfrac{E_0}{E_1}\left(-\dfrac{1}{2} + \dfrac{4E_0}{E_1 E_2}\right)\beta_1^2\dot{\beta}_1 \\ R_2 = \dfrac{1}{4E_2}\left(\dot{\beta}_2 - \dfrac{4E_0}{E_1}\beta_1\dot{\beta}_1\right) \\ R_3 = \dfrac{\dot{\beta}_3}{6E_3} - \dfrac{E_0}{E_1 E_3}\dot{\beta}_1\beta_2 - \dfrac{E_0}{E_2 E_3}\dot{\beta}_2\beta_1 + \left(\dfrac{3E_0}{2E_3} - \dfrac{2E_0 E_4}{E_1 E_3} - E_4 + \dfrac{4E_0^2}{E_1 E_2 E_3} + \dfrac{2E_0}{E_1}\right)\beta_1^2\dot{\beta}_1 \\ R_i = \dfrac{\dot{\beta}_i}{2iE_i}, \quad i \geq 4 \end{cases}$$

$$(4.4.9)$$

及

$$\begin{cases} \dot{R}_1 = \dfrac{\ddot{\beta}_1}{2E_1} + \dfrac{E_0}{E_1^2}\ddot{\beta}_1\beta_2 - \dfrac{E_0}{E_1E_2}\ddot{\beta}_2\beta_1 + \left(\dfrac{E_0}{E_1^2} - \dfrac{E_0}{E_1E_2}\right)\dot{\beta}_1\dot{\beta}_2 \\ \qquad + \dfrac{E_0}{E_1}\left(-\dfrac{1}{2} + \dfrac{4E_0}{E_1E_2}\right)\beta_1^2\ddot{\beta}_1 + \dfrac{2E_0}{E_1}\left(-\dfrac{1}{2} + \dfrac{4E_0}{E_1E_2}\right)\dot{\beta}_1^2\beta_1 \\ \dot{R}_2 = \dfrac{1}{4E_2}\left[\ddot{\beta}_2 - \dfrac{4E_0}{E_1}\left(\beta_1\ddot{\beta}_1 + \dot{\beta}_1^2\right)\right] \\ \dot{R}_3 = \dfrac{\ddot{\beta}_3}{6E_3} - \dfrac{E_0}{E_1E_3}\ddot{\beta}_1\beta_2 - \dfrac{E_0}{E_2E_3}\ddot{\beta}_2\beta_1 - \left(\dfrac{E_0}{E_1E_3} + \dfrac{E_0}{E_2E_3}\right)\dot{\beta}_1\dot{\beta}_2 \\ \qquad + \left(\dfrac{3E_0}{2E_3} - \dfrac{2E_0E_4}{E_1E_3} - E_4 + \dfrac{4E_0^2}{E_1E_2E_3} + \dfrac{2E_0}{E_1}\right)\left(\beta_1^2\ddot{\beta}_1 + 2\dot{\beta}_1^2\beta_1\right) \\ \dot{R}_i = \dfrac{\ddot{\beta}_i}{2iE_i}, \quad i \geqslant 4 \end{cases} \quad (4.4.10)$$

需要说明的是,原文献(Faltinsen et al. 2000)中 R_3 表达式中 $\beta_1^2\dot{\beta}_1$ 前面的系数有误,这里做了改正,对应 $\dot{R}_3$ 的系数也进行了改正。$\dfrac{\partial l_1}{\partial \beta_i}$ 与 $\dfrac{\partial l_2}{\partial \beta_i}$ 为

$$\begin{cases} \dfrac{\partial l_1}{\partial \beta_i} = \rho\dfrac{\partial}{\partial \beta_i}\iint\limits_{\Omega(t)} x\mathrm{d}x\mathrm{d}z = \rho\int_{-a}^{a} x\dfrac{\partial}{\partial \beta_i}\left\{\int_{-H}^{\sum_{i=1}^{\infty}\beta_i\cos\left[\frac{i\pi}{2a}(x+a)\right]} \mathrm{d}z\right\}\mathrm{d}x \\ \qquad = \rho\int_{-a}^{a} x\cos\left[\dfrac{i\pi}{2a}(x+a)\right]\mathrm{d}x = \left[(-1)^i - 1\right]\rho\left(\dfrac{2a}{i\pi}\right)^2 \\ \dfrac{\partial l_2}{\partial \beta_i} = \rho\iint\limits_{\Omega(t)} z\mathrm{d}x\mathrm{d}z = \rho\int_{-a}^{a}\dfrac{\partial}{\partial \beta_i}\left\{\int_{-H}^{\sum_{i=1}^{\infty}\beta_i\cos\left[\frac{i\pi}{2a}(x+a)\right]} z\mathrm{d}z\right\}\mathrm{d}x = \rho a\beta_i \end{cases} \quad (4.4.11)$$

将以上的公式代入方程(4.3.37)得关于 β_i ($i=1,2,3$)(保留至 ε 的量级)的非线性微分方程组,若在方程中考虑阻尼的影响,这里借助结构动力学的方法,近似采用线性阻尼项($2\zeta_i\omega_i\dot{\beta}_i$)来描述液体的阻尼作用效应,则最后得到的方程为

$$\ddot{\beta}_1 + 2\zeta_1\omega_1\dot{\beta}_1 + \omega_1^2\beta_1 + d_1(\ddot{\beta}_1\beta_2 + \dot{\beta}_1\dot{\beta}_2) + d_2(\ddot{\beta}_1\beta_1^2 + \dot{\beta}_1^2\beta_1) + d_3\ddot{\beta}_2\beta_1$$
$$= P_1\ddot{G}_x(t) - Q_1\beta_1\ddot{G}_z(t) \quad (4.4.12)$$

$$\ddot{\beta}_2 + 2\zeta_2\omega_2\dot{\beta}_2 + \omega_2^2\beta_2 + d_4\ddot{\beta}_1\beta_1 + d_5\dot{\beta}_1^2 = -Q_2\beta_2\ddot{G}_z(t) \quad (4.4.13)$$

$$\ddot{\beta}_3 + 2\zeta_3\omega_3\dot{\beta}_3 + \omega_3^2\beta_3 + d_6\ddot{\beta}_1\beta_2 + d_7\ddot{\beta}_1\beta_1^2 + d_8\ddot{\beta}_2\beta_1 + d_9\dot{\beta}_1\dot{\beta}_2 + d_{10}\dot{\beta}_1^2\beta_1$$
$$= P_3\ddot{G}_x(t) - Q_3\beta_3\ddot{G}_z(t) \quad (4.4.14)$$

对于高阶模态($i\geqslant 4$)的动力反应而言,由于它们的响应幅值比较小,可近似采

用线性化的方程进行描述，对应高阶模态的线性方程为

$$\ddot{\beta}_i + 2\zeta_i\omega_i\dot{\beta}_i + \omega_i^2\beta_i = P_i\ddot{G}_x(t) - Q_i\beta_i\ddot{G}_z(t), \quad i \geq 4 \quad (4.4.15)$$

以上的系数按下式计算：

$$\omega_i^2 = 2giE_i, \quad P_{2i-1} = \frac{16aE_{2i-1}}{\pi^2(2i-1)}, \quad P_{2i} = 0, \quad Q_i = 2iE_i, \quad i \geq 1 \quad (4.4.16)$$

$$\begin{cases} d_1 = 2\dfrac{E_0}{E_1} + E_1, \quad d_2 = 2E_0\left(-1 + \dfrac{4E_0}{E_1E_2}\right), \quad d_3 = -2\dfrac{E_0}{E_2} + E_1 \\ d_4 = -4\dfrac{E_0}{E_1} + 2E_2, \quad d_5 = E_2 - 2\dfrac{E_0E_2}{E_1^2} - \dfrac{4E_0}{E_1}, \quad d_6 = 3E_3 - \dfrac{6E_0}{E_1} \\ d_7 = 9E_0 - 12\dfrac{E_0E_4}{E_1} - 6E_3E_4 + 24\dfrac{E_0^2}{E_1E_2} + 3\dfrac{E_0E_3}{E_1} \\ d_8 = -6\dfrac{E_0}{E_2} + 3E_3, \quad d_9 = -\dfrac{6E_0}{E_1} - \dfrac{6E_0}{E_2} - \dfrac{6}{1+T_1}\cdot\dfrac{E_0E_3}{E_1E_2} + \dfrac{3}{1+T_1}\cdot\dfrac{E_1E_3}{E_2} \\ d_{10} = 18E_0 - \dfrac{24E_0E_4}{E_1} - 12E_3E_4 + \dfrac{48E_0^2}{E_1E_2} + \dfrac{12E_0E_3}{E_1} + \dfrac{24}{1+T_1}\cdot\dfrac{E_0^2E_3}{E_1^2E_2} - \dfrac{12}{1+T_1}\cdot\dfrac{E_0E_3}{E_2} \end{cases}$$

$$(4.4.17)$$

式中：ω_i 为第 i 阶模态的自然频率，其中 $\zeta_i(i=1,2,3,\cdots,n)$ 为第 i 阶模态的阻尼比系数，可通过第 3 章的试验方法加以确定。原文献（Faltinsen et al. 2000）中的系数 d_9、d_{10} 有误，这里进行了修改。从方程（4.4.12）～（4.4.14）可以看出，前两个方程的 β_1 与 β_2 是相互耦合的，它们与 β_3 无关，但 β_3 却受 β_1 与 β_2 的影响。

若忽略上述所有方程中的非线性项，可得到解除耦合的模态运动线性微分方程为

$$\ddot{\beta}_i + 2\zeta_i\omega_i\dot{\beta}_i + \omega_i^2\beta_i = P_i\ddot{G}_x(t) - Q_i\beta_i\ddot{G}_z(t), \quad i \geq 1 \quad (4.4.18)$$

当仅考虑水平加速度激励时 [$\ddot{G}_x(t) \neq 0, \ddot{G}_z(t) = 0$]，此时式（4.4.18）同 4.1 节的式（4.1.20b）；当仅考虑竖向加速度激励时 [$\ddot{G}_x(t) = 0, \ddot{G}_z(t) \neq 0$]，此时式（4.4.18）同第 6 章 6.1 节的参数晃动方程（6.1.13）。

在进行动力（地震）响应的非线性晃动分析时，若仅考虑前三个（非线性）模态的影响，可对非线性微分方程（4.4.12）～（4.4.14）进行数值求解。以下介绍该非线性常微分方程组的求解方法，首先需要将二阶常微分方程组化为标准的一阶常微分方程组，引入下列的变量替换：

$$\begin{cases} y_1 = \beta_1 \\ y_2 = \dot{\beta}_1 \end{cases}, \quad \begin{cases} y_3 = \beta_2 \\ y_4 = \dot{\beta}_2 \end{cases}, \quad \begin{cases} y_5 = \beta_3 \\ y_6 = \dot{\beta}_3 \end{cases} \quad (4.4.19)$$

于是方程组（4.4.12）～（4.4.14）变为下列的一阶微分方程组：

$$\begin{cases} \dot{y}_1 = y_2 \\ \dot{y}_2 + 2\zeta_1\omega_1 y_2 + \omega_1^2 y_1 + d_1(\dot{y}_2 y_3 + y_2 y_4) + d_2(\dot{y}_2 y_1^2 + y_2^2 y_1) + d_3 \dot{y}_4 y_1 \\ \quad = P_1 \ddot{G}_x(t) - Q_1 y_1 \ddot{G}_z(t) \\ \dot{y}_3 = y_4 \\ \dot{y}_4 + 2\zeta_2\omega_2 y_4 + \omega_2^2 y_3 + d_4 \dot{y}_2 y_1 + d_5 y_1^2 = -Q_2 y_3 \ddot{G}_z(t) \\ \dot{y}_5 = y_6 \\ \dot{y}_6 + 2\zeta_3\omega_3 y_6 + \omega_3^2 y_5 + d_6 \dot{y}_2 y_3 + d_7 \dot{y}_2 y_1^2 + d_8 \dot{y}_4 y_1 + d_9 y_2 y_4 + d_{10} y_2^2 y_1 \\ \quad = P_3 \ddot{G}_x(t) - Q_3 y_5 \ddot{G}_z(t) \end{cases} \quad (4.4.20)$$

上述方程组（4.4.20）还不是一个标准的一阶微分方程组，将式（4.4.20）中第 2、4、6 个方程联立为一个代数方程组，将其中的三个变量 $\dot{y}_2$、$\dot{y}_4$、$\dot{y}_6$ 视为未知量，求解可得到 $\dot{y}_2$、$\dot{y}_4$、$\dot{y}_6$ 的表达式，于是方程组（4.4.20）就可转化为下列标准的一阶常微分方程组

$$\begin{cases} \dot{y}_1 = y_2 \\ \dot{y}_2 = f_1(y_1,\cdots,y_6,t) \\ \dot{y}_3 = y_4 \\ \dot{y}_4 = f_2(y_1,\cdots,y_6,t) \\ \dot{y}_5 = y_6 \\ \dot{y}_6 = f_3(y_1,\cdots,y_6,t) \end{cases} \quad (4.4.21)$$

式中：

$$\begin{cases} f_1(y_1,\cdots,y_6,t) = \left[P_1\ddot{G}_x(t) + (d_3 Q_2 y_1 y_3 - Q_1 y_1)\ddot{G}_z(t) - 2\zeta_1\omega_1 y_2 - \omega_1^2 y_1 - d_1 y_2 y_4 + (d_3 d_5 \right. \\ \qquad \left. - d_2)y_1 y_2^2 + d_3 \omega_2^2 y_1 y_3 + 2d_3\zeta_2\omega_2 y_1 y_4 \right] / \left[1 + d_1 y_3 + (d_2 - d_3 d_4) y_1^2 \right] \\ f_2(y_1,\cdots,y_6,t) = -Q_2 y_3 \ddot{G}_z(t) - 2\zeta_2\omega_2 y_4 - \omega_2^2 y_3 - d_5 y_1^2 - d_4 y_1 \cdot f_1(y_1,\cdots,y_6,t) \\ f_3(y_1,\cdots,y_6,t) = P_3 \ddot{G}_x(t) - Q_3 y_5 \ddot{G}_z(t) - 2\zeta_3\omega_3 y_6 - \omega_3^2 y_5 - d_9 y_2 y_4 - d_{10} y_1 y_2^2 \\ \qquad - (d_6 y_3 + d_7 y_1^2) \cdot f_1(y_1,\cdots,y_6,t) - d_8 y_1 \cdot f_2(y_1,\cdots,y_6,t) \end{cases}$$

$$(4.4.22)$$

初始条件为

$$\begin{cases} y_1(0) = y_{10}, \quad y_2(0) = y_{20} \\ y_3(0) = y_{30}, \quad y_4(0) = y_{40} \\ y_5(0) = y_{50}, \quad y_6(0) = y_{60} \end{cases} \quad (4.4.23)$$

可采用四阶 Runge-Kutta（龙格-库塔）法，应用标准程序（徐士良 1992）求解一阶微分方程组（4.4.21），从而可以得到 $y_1,\cdots,y_6$（或 $\beta_1,\dot{\beta}_1,\beta_2,\dot{\beta}_2,\beta_3,\dot{\beta}_3$）的时程解，将 $\beta_1,\dot{\beta}_1,\beta_2,\dot{\beta}_2,\beta_3,\dot{\beta}_3$ 的结果代入式（4.4.9），就可得到 $R_1,R_2,R_3,\cdots$ 的时程解；然后将 $\beta_i(t)$、$R_i(t)$ $(i=1,2,3,\cdots)$ 回代至式（4.4.3）就可得到 $h(x,t)$ 及 $\varphi(x,z,t)$ 的解

答,进而由式(4.3.7)可以得到液体压力 p 解答;最后根据式(4.3.8)可得到作用在容器(单位厚度)上的液动力与力矩。对于仅承受水平加速度作用的情形,作用在容器(单位厚度)上的液动力为(Faltinsen & Timokha 2009)

$$\begin{cases} F_x = -m\ddot{G}_x(t) + \dfrac{m}{\pi^2 H}\sum_{i=1}^{n}\dfrac{1+(-1)^{i+1}}{i^2}\ddot{\beta}_i \\ F_z = -\dfrac{m}{2H}\sum_{i=1}^{n}(\ddot{\beta}_i\beta_i + \dot{\beta}_i^2) \end{cases} \quad (4.4.24)$$

式中:m 为液体(单位厚度)的总质量;F_x 与 F_z 分别为水平与竖向的液动力;n 为所取的模态总数。关于动态力矩的计算可参见文献 Faltinsen & Timokha(2009)。

需要指出的是,上述非线性模态系统[方程(4.4.12)~(4.4.14)]是在渐进分析基础上得到的,即假定:$\beta_1 = O(\varepsilon^{1/3}), \beta_2 = O(\varepsilon^{2/3}), \beta_3 = O(\varepsilon)$,在一般水平运动激励时,第一阶模态是控制性的模态,对于液体响应贡献最大,这时可采用方程(4.4.12)~(4.4.14)进行问题的求解。然而这并不意味着方程(4.4.12)~(4.4.14)适合于所有情形,在某些特殊周期性激励下,第一阶模态未必就是控制性的模态;例如二阶竖向参数激励下(见第6章,竖向激振频率是液体二阶自然晃动频率的二倍时),第二阶(对称)模态是控制性的模态。因此在进行液体非线性晃动的动力学分析时,要根据实际情况来建立相应的模态系统,这样才能正确描述液体的非线性运动,否则将得不到符合实际的结果。

4.4.2 非线性强迫晃动算例

1. 共振下的非线性晃动稳态响应

设矩形容器内静止水截面尺寸为 $2a$=8.0m,H=6.0m,容器内流体的一阶自然晃动频率为 ω_1=1.94rad/s,设地面水平加速度激励为 $\ddot{G}_x = 0.1 \times \sin(1.94t)$m/s^2,在该谐波激励下,流体会产生共振反应。采用式(4.3.24)和式(4.3.25)计算液体非线性晃动响应,仅取前三项非线性模态,设前三阶阻尼比系数分别为 $\zeta_1=\zeta_2=\zeta_3=0$(无阻尼)及 $\zeta_1=\zeta_2=\zeta_3=0.01$(有阻尼),则可采用式(4.4.21)的模态系统运动方程求解。图4.9为无阻尼情形下($\zeta_1=\zeta_2=\zeta_3=0$)的流体右壁上波高 $h(a,t)$ 的共振反应曲线。由图可以看出,在共振初始阶段,流体的晃动幅度逐步增大,当达到最大值 h=2.58m 时,晃动幅度不再增大,振幅时大时小,出现了所谓的"拍"现象,这一现象与文献 Faltinsen et al.(2000)的实验结果一致,共振时线性方程预测的幅值结果将无限增大,这主要是因为线性方程中未考虑非线性项的影响,当晃动幅值较大时,非线性项将起到越来越大的作用,非线性项抑制了晃动幅度的无限增大,从而出现了有限幅的稳态响应。需要说明的是现有的许多数值方法(见第7章)难以模拟长时间的稳态大幅响应,而多模态方法具有良好的数值计算稳定性。

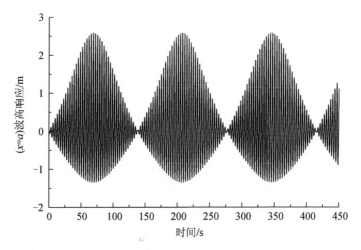

图 4.9　多模态无阻尼共振响应稳态解（叠加 3 个非线性模态）（$\zeta_1=\zeta_2=\zeta_3=0$）

图 4.10 为有阻尼情形下（$\zeta_1=\zeta_2=\zeta_3=0.01$）的流体右壁上波高 $h(a, t)$ 的共振反应曲线，由图可以看出，晃动的"拍"现象消失，说明阻尼将晃动响应"抹平"了，在第 6 章的参数晃动中也有类似现象。

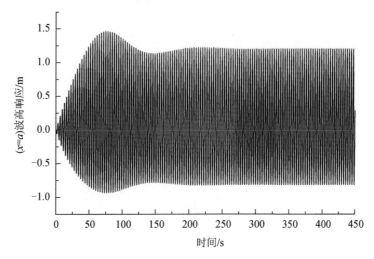

图 4.10　多模态有阻尼共振响应稳态解（叠加 3 个非线性模态）（$\zeta_1=\zeta_2=\zeta_3=0.01$）

2. 水平地震作用下的非线性晃动响应

当采用 EL Centro（N-S）地震波（峰值加速度为 3.417m/s^2）作为地震输入时，图 4.11 为无阻尼情形下（$\zeta_1=\zeta_2=\zeta_3=0$）波高 $h(a, t)$ 地震响应曲线，从图中可以看出多模态结果与第 7 章中的有限体积法（Fluent 程序）得到的结果吻合良好。

更多的算例分析可参见文献（李遇春等 2016）。

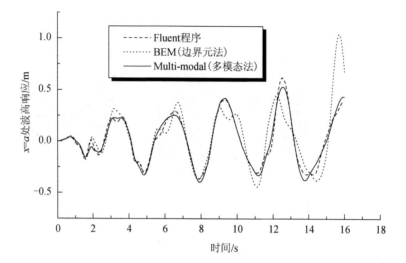

图 4.11 EL Centro（N-S）波的波高地震响应（峰值加速度为 3.417m/s², $\zeta_1=\zeta_2=\zeta_3=0$）

第5章 液体晃动阻尼

前面几章所讨论的液体均假定为无黏性的理想流体，不考虑液体晃动的能量损耗，而实际的液体通常是具有一定黏性的，黏性将会耗散液体运动的能量，即液体运动具有一定的阻尼效应。对于晃动阻尼较小的液体（如水体），若忽略其阻尼，一般情况下能得到符合实际的解答，然而当液体发生共振时，阻尼（即使是一个小的阻尼）将对液体的波高及动水压力反应产生重要作用，阻尼可抑制液体晃动幅度的无限增大，使晃动幅度稳定在一个有限的范围。

Dodge（2000）、Ibrahim（2005）、Faltinsen & Timokha（2009）对液体阻尼的相关问题进行了全面而系统的阐述，容器内液体的阻尼来自于四个方面：①液体与容器固壁之间的边界层摩擦阻尼；②液体内部的黏性阻尼；③自由表面阻尼；④其他毛细阻尼。一般认为液体与容器固壁之间的边界层阻尼起主要作用。本章主要讨论液体与容器固壁之间的边界层阻尼，以实例介绍矩形容器内液体晃动的边界层阻尼与液体内部（体）阻尼的计算方法。

5.1 边界层阻尼

根据已有的研究，刚性容器中的液体在小幅晃动时，液体的黏性仅对刚性壁面附近的一薄层内的流动产生强烈的影响，这一层称之为 Stokes 边界层，在这一层之外的液体流动可近似按无黏的理想流考虑。因而容器内晃动的液体可分两部分来描述，一部分为固壁上的边界层，另一部分为内部的理想流区域。关于理想流区域内液体的运动可以按势流理论处理，这一部分已在前面第2~4章中加以讨论，本节主要讨论边界层内液体的运动，通过一个无限长平板的层流边界层实例来说明其特性。

5.1.1 黏性液体运动的 Navier-Stokes 方程

在边界层内，需要考虑液体的黏性，设液体不可压缩，根据流体力学的基本理论（吴望一 1982），在第2章 Euler 方程（2.1.5）的基础上增加（剪切）黏性的影响，得到在惯性（固定）坐标下的 Navier-Stokes 方程为

$$\frac{1}{\rho}\nabla p + \frac{\partial \bm{v}}{\partial t} + (\bm{v}\cdot\nabla)\bm{v} - \nu\nabla^2\bm{v} = \bm{F} \tag{5.1.1}$$

式中：$\bm{v}$ 为固定坐标下观测到的液体粒子速度；ν 为液体的运动黏度。同第2章，在研究晃动问题时，我们习惯于将描述液体运动的坐标系固定在容器上，这样观

测液体运动更为直观、方便，这个动坐标系为加速坐标系（或非惯性坐标系）。以下讨论在运动（加速）坐标系下的 Navier-Stokes 方程。根据第 2 章非惯性坐标系下的 Euler 方程（2.2.4），在考虑了液体黏性影响后，得到动坐标下的 Navier-Stokes 方程为

$$\frac{1}{\rho}\nabla p + \boldsymbol{a}_o + \frac{\partial \boldsymbol{v}_r}{\partial t} + (\boldsymbol{v}_r \cdot \nabla)\boldsymbol{v}_r - \nu \nabla^2 \boldsymbol{v}_r = \boldsymbol{F} \qquad (5.1.2)$$

式中：$\boldsymbol{a}_o = \ddot{G}_x \boldsymbol{i} + \ddot{G}_y \boldsymbol{j} + \ddot{G}_z \boldsymbol{k}$ 为动坐标下的平动加速度（其中 $\boldsymbol{i}$、$\boldsymbol{j}$、$\boldsymbol{k}$ 为相对动坐标下的基矢）；$\boldsymbol{v}_r = v_{rx}\boldsymbol{i} + v_{ry}\boldsymbol{j} + v_{rz}\boldsymbol{k}$ 为动坐标系下所观测到的液体相对速度。方程（5.1.2）可写为下列分量形式：

$$\begin{cases} \dfrac{1}{\rho}\dfrac{\partial p}{\partial x} + \dfrac{\partial v_{rx}}{\partial t} + v_{rx}\dfrac{\partial v_{rx}}{\partial x} + v_{ry}\dfrac{\partial v_{rx}}{\partial y} + v_{rz}\dfrac{\partial v_{rx}}{\partial z} - \nu\left(\dfrac{\partial^2 v_{rx}}{\partial x^2} + \dfrac{\partial^2 v_{rx}}{\partial y^2} + \dfrac{\partial^2 v_{rx}}{\partial z^2}\right) + \ddot{G}_x = X \\[4pt] \dfrac{1}{\rho}\dfrac{\partial p}{\partial y} + \dfrac{\partial v_{ry}}{\partial t} + v_{rx}\dfrac{\partial v_{ry}}{\partial x} + v_{ry}\dfrac{\partial v_{ry}}{\partial y} + v_{rz}\dfrac{\partial v_{ry}}{\partial z} - \nu\left(\dfrac{\partial^2 v_{ry}}{\partial x^2} + \dfrac{\partial^2 v_{ry}}{\partial y^2} + \dfrac{\partial^2 v_{ry}}{\partial z^2}\right) + \ddot{G}_y = Y \\[4pt] \dfrac{1}{\rho}\dfrac{\partial p}{\partial z} + \dfrac{\partial v_{rz}}{\partial t} + v_{rx}\dfrac{\partial v_{rz}}{\partial x} + v_{ry}\dfrac{\partial v_{rz}}{\partial y} + v_{rz}\dfrac{\partial v_{rz}}{\partial z} - \nu\left(\dfrac{\partial^2 v_{rz}}{\partial x^2} + \dfrac{\partial^2 v_{rz}}{\partial y^2} + \dfrac{\partial^2 v_{rz}}{\partial z^2}\right) + \ddot{G}_z = Z \end{cases} \qquad (5.1.3)$$

5.1.2 Stokes 边界层方程*

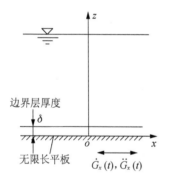

图 5.1 无限长平板附近的液体边界层

在 Stokes 边界层内，液体模型可假设为：①液体不可压缩，边界层内的液体处于层流状态；②忽略液体质量力 $\boldsymbol{F}$ 的影响；③需考虑液体的黏性。考虑如图 5.1 所示的无限长平板，当板水平运动时，设其速度与加速度分别为 $\dot{G}_x$ 及 $\ddot{G}_x$，由于液体的黏性作用，在板壁表面会形成一个很薄的 Stokes 边界层（厚度 ∂），在边界层内液体的相对速度与加速度与板面平行。在边界层范围内需采用 Navier-Stokes 方程描述液体运动，在如图 5.1 所示的二维情形下，边界层内，待求的液体运动分量为 p、v_{rx} 及 v_{rz}，由于板为无穷长，则可假定待求分量 p、v_{rx} 及 v_{rz} 仅为坐标 z 的一维函数，根据 Navier-Stokes 分量方程（5.1.3）的第一式，得到液体在边界层内的运动方程为

$$\frac{\partial v_{rx}}{\partial t} + v_{rz}\frac{\partial v_{rx}}{\partial z} - \nu\frac{\partial^2 v_{rx}}{\partial z^2} + \ddot{G}_x = 0 \qquad (5.1.4)$$

对应的连续性方程为

---

*：本节内容参考了文献（Schlichting 1979）。

$$\frac{\partial v_{rx}}{\partial x} + \frac{\partial v_{rz}}{\partial z} = 0 \tag{5.1.5}$$

板壁上的边界条件为

$$v_{rz}\big|_{z=0} = v_{rx}\big|_{z=0} = 0 \tag{5.1.6}$$

式（5.1.6）称为无滑移条件，边界层以外的边界条件为

$$v_{rx}\big|_{z>\delta(z\to\infty)} = -\dot{G}_x \tag{5.1.7}$$

由于 v_{rx} 及 v_{rz} 仅为 z 的函数，根据方程（5.1.5）和（5.1.6），可以得到边界层内 z 方向的流速为零，即

$$v_{rz} = 0 \tag{5.1.8}$$

于是边界层内液体的运动方程最后可以归结为下列方程：

$$\begin{cases} \dfrac{\partial v_{rx}(z,t)}{\partial t} - \nu \dfrac{\partial^2 v_{rx}(z,t)}{\partial z^2} + \ddot{G}_x(t) = 0 \\ v_{rx}(z,t)\big|_{z=0} = 0 \\ v_{rx}(z,t)\big|_{z>\delta(z\to\infty)} = -\dot{G}_x(t) \end{cases} \tag{5.1.9}$$

方程（5.1.9）为 Stokes 边界层内液体所满足的扩散方程。在边界层内，因为 $v_{rz}=0$，根据方程（5.1.3）的第三式，有

$$\frac{\partial p}{\partial z} = 0 \tag{5.1.10}$$

或

$$p = \text{const.} \tag{5.1.11}$$

即边界层内液体的压力保持不变（为常数）。

根据边界层内流速 $v_{rx}(z,t)$ 的分布，黏性液体的切应力分布为

$$\tau = \mu \frac{\partial v_{rx}(z,t)}{\partial z} \tag{5.1.12}$$

则作用在一段板面上的摩擦阻力为

$$f_x = \int_A \tau \mathrm{d}A = \int_A \mu \frac{\partial v_{rx}(z,t)}{\partial z}\bigg|_{z=0} \mathrm{d}A \tag{5.1.13}$$

式中：μ 为液体的动力黏度系数，它与为液体运动黏度 ν 的关系为 $\mu = \rho\nu$；A 为所考虑板面上的湿壁面面积。

5.1.3 振动平板上的周期边界层

设平板水平周期运动为 $\dot{G}_x(t) = V_0 e^{i\omega t}$（速度），则加速度为 $\ddot{G}_x(t) = i\omega V_0 e^{i\omega t}$，设液体的速度解答为 $v_{rx}(z,t) = V(z)e^{i\omega t}$，于是方程（5.1.9）变为

$$\frac{\mathrm{d}^2 V(z)}{\mathrm{d}z^2} - \frac{i\omega}{\nu} V(z) - \frac{i\omega V_0}{\nu} = 0 \tag{5.1.14}$$

及

$$\begin{cases} V(z)|_{z=0} = 0 \\ V(z)|_{z\to\infty} = -V_0 \end{cases} \quad (5.1.15)$$

求解方程（5.1.14）得

$$V(z) = Ae^{(i+1)\sqrt{\frac{\omega}{2\nu}}z} + Be^{-(i+1)\sqrt{\frac{\omega}{2\nu}}z} - V_0 \quad (5.1.16)$$

注意到式（5.1.16）中利用了恒等式 $\sqrt{i} = (i+1)/\sqrt{2}$，根据边界条件式（5.1.15），得：$A = 0$，$B = V_0$，于是有

$$V(z) = V_0 e^{-(i+1)\sqrt{\frac{\omega}{2\nu}}z} - V_0 \quad (5.1.17)$$

若平板的水平周期运动取其实部，即 $\dot{G}_x(t) = R_e[V_0 e^{i\omega t}] = V_0 \cos\omega t$ 及 $\ddot{G}_x(t) = R_e[i\omega V_0 e^{i\omega t}] = -\omega V_0 \sin\omega t$，则根据式（5.1.17），液体的相对速度解答为

$$v_{rx}(z,t) = R_e[V(z)e^{i\omega t}] = V_0 e^{-\sqrt{\frac{\omega}{2\nu}}z}\cos\left(\omega t - \sqrt{\frac{\omega}{2\nu}}z\right) - V_0 \cos\omega t \quad (5.1.18)$$

由上式可以看出，在平板上所观察到的速度包括两个区域：第一个区域远离平板（$z \to \infty$），速度为 $-V_0 \cos\omega t$，这一速度与平板的牵连运动速度相反；第二个区域在平板附近，其速度呈指数衰减，当 $z \to 0$ 时，速度为零。液体对平板的切应力为

$$\tau = \mu \frac{\partial v_{rx}(z,t)}{\partial z}\bigg|_{z=0} = -\mu V_0 \sqrt{\frac{\omega}{2\nu}}(\cos\omega t - \sin\omega t) \quad (5.1.19)$$

将式（5.1.19）重写为

$$\tau = -C_{eff}\dot{G}_x - m_{eff}\ddot{G}_x \quad (5.1.20)$$

其中：

$$\begin{cases} C_{eff} = \mu\sqrt{\frac{\omega}{2\nu}} \\ m_{eff} = \rho\sqrt{\frac{\nu}{2\omega}} \end{cases} \quad (5.1.21)$$

式中：C_{eff} 为单位面积上的有效阻尼系数；m_{eff} 为单位面积上的有效液体质量。从式（5.1.20）可以看出，当平板的振动周期 ω 一定时，液体对平板的切应力包括两部分，第一部分为液体黏滞阻尼力 $-C_{eff}\dot{G}_x$，第二部分为液体惯性力 $-m_{eff}\ddot{G}_x$，表示了固体表面拖拽了一部分液体质量所形成的惯性力，这一作用可以等效地用附连水质量来考虑，这里，附连水质量显然为 m_{eff}。

5.2 如何在线性势流模型中体现液体阻尼效应

在液体的晃动分析中,一个直接的方法是将液体假定为不可压缩的黏性流体,直接求解液体运动的 Navier-Stokes 方程,从而得到晃动的解答,文献(Ibrahim 2005)采用这种直接方法讨论了圆柱形容器中液体(小幅)线性自由晃动与强迫晃动,这种方法的缺点是计算很复杂。更为简便的方法是将液体按势流(无黏性、无旋)考虑,同时再考虑阻尼的影响,由上一节的分析可以发现,直接将边界层理论引入势流理论的晃动分析,实施起来也并不方便。从实际工程应用考虑,我们只需在势流理论(无阻尼理论)的基础上,增加一个阻尼项来考虑阻尼影响。

在第 4 章液体的强迫晃动分析中,如果将直角坐标系 $oxyz$ 的原点建立在静止的液体自由表面上,且 oz 轴垂直向上,则液体的速度势函数 $\Phi(x,y,z,t)$ 及自由表面波高函数 $h(x,y,t)$ 一般情况下可表示为

$$\Phi(x,y,z,t) = \sum_{j=1}^{\infty} \varphi_j(x,y,z)\dot{q}_j(t) \tag{5.2.1}$$

$$h(x,y,t) = \sum_{j=1}^{\infty} \eta_j(x,y)q_j(t) \tag{5.2.2}$$

式中:$\varphi_j(x,y,z)$ 为液体区域内的特征函数;$\eta_j(x,y)$ 为自由表面上的特征函数(或模态函数);$q_j(t)$ 为广义坐标,在强迫晃动分析中,$q_j(t)$ 为待求的未知量。根据势流理论,在小幅晃动的情况下,$q_j(t)$ 可归结为下列微分方程的解:

$$\ddot{q}_j(t) + \omega_j^2 q_j(t) = f_j(t) \quad (j=1,2,3,\cdots) \tag{5.2.3}$$

式中:ω_j 为液体系统的第 j 阶自然圆频率;$f_j(t)$ 为第 j 阶广义力。式(5.2.3)表达了一个无阻尼系统的强迫振动方程,仿照结构动力学的研究方法,当需要考虑液体的阻尼效应时,我们只需在式(5.2.3)上增加一个阻尼项 $2\zeta_j\omega_j\dot{q}_j(t)$,即有

$$\ddot{q}_j(t) + 2\zeta_j\omega_j\dot{q}_j(t) + \omega_j^2 q_j(t) = f_j(t) \quad (j=1,2,3,\cdots) \tag{5.2.4}$$

式中:ζ_j 为第 j 阶模态的阻尼比系数,于是有阻尼的晃动可以由方程(5.2.4)来确定。这样阻尼的问题可以归结为阻尼比系数的确定,由式(5.2.2)可以看出,波高函数 $h(x,y,t)$ 与广义坐标 $q_j(t)$ 联系在一起,对于单纯的第 j 阶模态晃动,波高与广义坐标 $q_j(t)$ 成正比例。在式(5.2.4)中,令 $f_j(t)=0$,求解第 j 阶模态的自由振动方程,可得到自由振动时液体波高的幅值衰减规律为 $\bar{h}_j(t) = \bar{h}_{0j}e^{-\zeta_j\omega_j t}$(其中 $\bar{h}_j(t)$、$\bar{h}_{0j}$ 分别表示 t 时刻与初始时刻的波高幅值)。通过实验方法(参见本书第 3.4.2 节),可得到波高函数的自由衰减曲线。根据图 3.14,在 N 个振动循环内 $t = N\cdot T = N\cdot 2\pi/\omega$,液体晃动第 j 阶模态的阻尼比系数为

$$\zeta_j = \frac{1}{2\pi N}\ln\left[\frac{\overline{h}_{(j)1}}{\overline{h}_{(j)N+1}}\right] \qquad (5.2.5)$$

式中：$\dfrac{\overline{h}_{(j)1}}{\overline{h}_{(j)N+1}}$ 为初始参考时刻与 t 时刻（N 个振动循环后的时刻）的波高幅值比。

本书第 3.4.2 节给出了阻尼比系数的实验获取方法。需要说明的是由实验得到的阻尼系数实际上包括了所有的阻尼效应，其中包括边界层阻尼、体阻尼以及自由表面阻尼效应等。

液体晃动的最大势能（或液体总能量）与波高幅值的平方成正比，根据液体波高幅值衰减比，可以得到液体晃动能量比的衰减规律为

$$E_j(t)/E_{0j} = \left[\overline{h}_j(t)/\overline{h}_{0j}\right]^2 = e^{-2\zeta_j\omega_j t} \qquad (5.2.6)$$

式中：E_{0j}、$E_j(t)$ 分别表示液体初始时刻与 t 时刻的（总）能量，E_{0j} 为常数。根据式（5.2.6），阻尼比系数还可以表示为

$$\zeta_j = -\frac{\dot{E}_j(t)}{2\omega_j E_j(t)} \qquad (5.2.7)$$

于是阻尼比系数可通过理论方法由下式确定（Dodge 2000）：

$$\zeta_j = -\frac{\langle \dot{E}_j \rangle}{2\omega_j E_j} \qquad (5.2.8)$$

式中：$\langle \dot{E}_j \rangle$ 为一个晃动（振动）循环内液体黏性能量耗散率的时间平均值；E_j 为液体总的机械能。

在 5.1.3 节中，边界层流会导致黏性能量耗散，在板单位长度上的液体黏性能量耗散率可由下式计算（Faltinsen & Timokha 2009）：

$$\dot{E}_d = -\int_0^\infty \tau\frac{\partial v_{rx}}{\partial z}\mathrm{d}z = -\mu\int_0^\infty \left(\frac{\partial v_{rx}}{\partial z}\right)^2 \mathrm{d}z \qquad (5.2.9)$$

将式（5.1.18）代入式（5.2.9），可以求得在一个晃动周期 $T = 2\pi/\omega$ 内，黏性能量耗散率的平均值为

$$\langle \dot{E}_d \rangle = \frac{1}{T}\int_0^T \dot{E}_d \mathrm{d}t = -\frac{\mu V_0^2}{2}\sqrt{\frac{\omega}{2\nu}} \qquad (5.2.10)$$

5.3　液体晃动阻尼比估计

5.3.1　Stokes 边界层阻尼

我们在 5.1.2 节与 5.1.3 节中研究了无限长平板的 Stokes 边界层，对于有限尺寸的容器壁边界层，仍可借鉴上述解法。设容器内的液体产生了某一阶模态的自

由晃动，设液体的晃动频率为 ω，容器保持静止不动。当考虑液体黏性时，液体会在容器的湿边界表面形成一层很薄的 Stokes 边界层。在研究边界层内某一点的流动时，由于边界层厚度相对于容器尺寸来说要小很多，边界层附近的容器壁面可近似看成无限大平板。设边界层内液体（垂直于容器壁的）切向速度为 u，在容器表面的局部坐标中，注意到容器的牵连速度为零，考察切向坐标方向上的 Navier-Stokes 方程[方程（5.1.1）]，忽略其高阶的非线性项（对流项与压力项），可以导得切向速度 u 满足的扩散方程（Henderson and Miles 1994）为

$$\frac{\partial \boldsymbol{u}}{\partial t} = \nu \frac{\partial^2 \boldsymbol{u}}{\partial r^2} \quad (r>0) \tag{5.3.1}$$

式中：r 为容器壁表面的（局部）法向坐标，离开容器壁指向液体的方向为正。方程（5.3.1）所满足的边界条件为

$$\boldsymbol{u}|_{r=0} = 0, \quad \boldsymbol{u}|_{r\to\infty} = \boldsymbol{u}_0 e^{i\omega t} \tag{5.3.2}$$

式中：$\boldsymbol{u}_0 e^{i\omega t}$ 为边界层以外的液体晃动速度；$r\to\infty$ 表示离容器壁稍远的区域。方程（5.3.1）的解为

$$\boldsymbol{u} = \boldsymbol{u}_0 e^{i\omega t} \left[1 - e^{-(i+1)\sqrt{\frac{\omega}{2\nu}}r}\right] \tag{5.3.3}$$

注意到上述关于复数的微分方程的解答主要针对其实部。边界层中的切应力分布为

$$\boldsymbol{\tau} = \mu \frac{\partial \boldsymbol{u}}{\partial r} = (i+1)\mu \sqrt{\frac{\omega}{2\nu}} \boldsymbol{u}_0 e^{-(i+1)\sqrt{\frac{\omega}{2\nu}}r} e^{i\omega t} \tag{5.3.4}$$

容器壁边界层内单位面积上一个周期（$T = 2\pi/\omega$）内的平均液体能量耗散率为

$$\langle \dot{E}_{db} \rangle = -\frac{1}{T}\int_0^T R_e\left[\int_0^\infty \boldsymbol{\tau} \frac{\partial \boldsymbol{u}}{\partial r}\mathrm{d}r\right]\mathrm{d}t = -\frac{\mu}{T}\int_0^T \left\{\int_0^\infty R_e\left[\left(\frac{\partial \boldsymbol{u}}{\partial r}\right)^2\right]\mathrm{d}r\right\}\mathrm{d}t = -\frac{\mu}{2}\sqrt{\frac{\omega}{2\nu}}|\boldsymbol{u}_0|^2 \tag{5.3.5}$$

于是整个容器湿边界上的能量耗散率为

$$\langle \dot{\bar{E}}_{db} \rangle = -\iint_{\partial S_w} \frac{\mu}{2}\sqrt{\frac{\omega}{2\nu}}|\boldsymbol{u}_0|^2 \mathrm{d}s \tag{5.3.6}$$

式中：∂S_w 为容器边界层内的湿边界，由于一般情况下 Stokes 边界层很薄，可近似地用容器固壁边界代替湿边界，又由于线性小幅晃动，这里 ∂S_w 可以近似看作静止液体的湿边界。在边界层以外，液体的黏性可忽略不计，其液体的速度幅值 $\boldsymbol{u}_0$ 可用速度势表示为 $\boldsymbol{u}_0 = \nabla\varphi$。在第 3 章的自由晃动分析中，$\varphi$ 表示了速度势的幅值函数，可按第 3 章的势流理论求解，因而液体的最大动能（或总的能量）为

$$E = E_{k\max} = \frac{\rho}{2}\iiint_\Omega |\nabla\varphi|^2 \mathrm{d}V \tag{5.3.7}$$

式中：Ω 为液体空间区域；$\mathrm{d}V$ 为体积微元。忽略边界层厚度的影响，在小幅晃动下，Ω 可以近似看作液体的静止空间区域。根据式（5.2.8），利用式（5.3.6）

及式（5.3.7），容器的边界层阻尼比系数可以由下式估计：

$$\zeta_b = -\frac{\langle \dot{\bar{E}}_{db} \rangle}{2\omega E} = \frac{\frac{1}{2}\sqrt{\frac{\nu}{2\omega}}\iint_{\partial S_w}|\nabla\varphi|^2 \mathrm{d}s}{\iiint_{\Omega}|\nabla\varphi|^2 \mathrm{d}V} \tag{5.3.8}$$

这样容器内 Stokes 边界层阻尼比的计算可归结为理想流体自由晃动的速度势（幅值）计算，而这一问题在第 3 章已得到解决。

需要说明的是，式（5.3.8）适用的条件为假定边界内的液体为层流，若定义液体晃动的雷诺数为

$$R_e = \omega L^2 / \nu \tag{5.3.9}$$

式中：L 为容器的特征长度，对于矩形容器特征长度可以取为 $L = \sqrt{2a \cdot H}$（$2a$、H 分别为静水宽度与深度），对于圆柱形容器可以取为圆柱直径。已有的试验表明：边界层由层流转变为紊流的临界雷诺数大致在 $R_e = 5\times10^5 \sim 3\times10^6$。边界层理论的研究表明，当边界层转变为紊流后，边界层的厚度将增加，液体的边界层阻尼变大。

以下给出矩形容器内的边界层阻尼比估算公式，如图 5.2 的矩形容器，静止液体的尺寸如图所示，坐标原点建立在液体静止表面的中心点上，设容器内的液体产生了一阶（二维）模态的自由晃动，容器保持静止不动。液体的一阶模态运动可由第 3 章式（3.1.1）～式（3.1.6）描述，根据第 3 章的解答，液体速度势及波高函数可以表示为

$$\begin{cases} \Phi(x,z,t) = \varphi(x,z)\cos(\omega_1 t) \\ h(x,t) = -\frac{1}{g}\frac{\partial \Phi}{\partial t}\bigg|_{z=0} = A\sin(k_1 x)\sin(\omega_1 t) \end{cases} \tag{5.3.10}$$

其中速度势的幅值函数为

$$\varphi(x,z) = \frac{gA}{\omega_1}\frac{\cosh[k_1(z+H)]}{\cosh(k_1 H)}\sin(k_1 x) \tag{5.3.11}$$

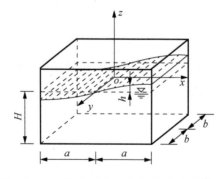

图 5.2 矩形容器内的一阶（二维）模态晃动

式中:$k_1 = \pi/(2a)$;$\omega_1 = \sqrt{gk_1 \tanh(k_1 H)}$ 为一阶自然晃动圆频率;A 为 $x = \pm a$(容器壁处)的波幅。于是

$$\iiint_\Omega |\nabla\varphi|^2 \mathrm{d}V = 2b\int_{-a}^{a}\left\{\int_{-H}^{0}\left[\left(\frac{\partial\varphi(x,z)}{\partial x}\right)^2 + \left(\frac{\partial\varphi(x,z)}{\partial z}\right)^2\right]\mathrm{d}z\right\}\mathrm{d}x = 2gabA^2 \quad (5.3.12)$$

湿边界上的面积分 $\iint_{\partial S_w}|\nabla\varphi|^2 \mathrm{d}s$ 包括三个湿边界:

底边界上($z = -H$):

$$\iint_{\partial S_w}|\nabla\varphi|^2\Big|_{z=-H}\mathrm{d}s = 2b\int_{-a}^{a}|\nabla\varphi|^2\Big|_{z=-H}\mathrm{d}x = 2ab\left[\frac{gAk_1}{\omega_1 \cosh(k_1 H)}\right]^2 \quad (5.3.13a)$$

左右边界上($x = \pm a$):

$$\iint_{\partial S_w}|\nabla\varphi|^2\Big|_{x=\pm a}\mathrm{d}s = 2b\int_{-H}^{0}|\nabla\varphi|^2\Big|_{x=-a}\mathrm{d}z + 2b\int_{-H}^{0}|\nabla\varphi|^2\Big|_{x=a}\mathrm{d}z$$

$$= 4b\left[\frac{gAk_1}{\omega_1\cosh(k_1 H)}\right]^2\left[\frac{\sinh(2k_1 H)}{4k_1} - \frac{H}{2}\right] \quad (5.3.13b)$$

前后边界上($y = \pm b$):

$$\iint_{\partial S_w}|\nabla\varphi|^2\Big|_{y=\pm b}\mathrm{d}s = 2\int_{-a}^{a}\left\{\int_{-H}^{0}\left[\left(\frac{\partial\varphi(x,z)}{\partial x}\right)^2 + \left(\frac{\partial\varphi(x,z)}{\partial z}\right)^2\right]\mathrm{d}z\right\}\mathrm{d}x = 2gaA^2 \quad (5.3.13c)$$

叠加上述三个湿边界的积分结果,将以上结果及式(5.3.12)代入式(5.3.8),得一阶边界层阻尼比系数为

$$\zeta_{b1} = \frac{1}{2}\sqrt{\frac{\nu}{2\omega_1}}\cdot\frac{k_1}{\sinh(k_1 H)\cosh(k_1 H)} + \frac{1}{2a}\sqrt{\frac{\nu}{2\omega_1}}\cdot\frac{\frac{1}{2}\sinh(2k_1 H) - k_1 H}{\sinh(k_1 H)\cosh(k_1 H)} + \frac{1}{2b}\sqrt{\frac{\nu}{2\omega_1}}$$

$$(5.3.14)$$

方程(5.3.14)中第 1~3 项分别表示了底边界、左右边界及前后边界上的阻尼比贡献。式(5.3.14)的结果最早由(Keulegan 1959)导出。以上给出了一阶模态阻尼的理论计算公式,其他模态的阻尼比计算公式可仿照上述方法得到,第 j 阶的边界层阻尼比系数可以表达为

$$\zeta_{bj} = \frac{1}{2}\sqrt{\frac{\nu}{2\omega_j}}\cdot\frac{k_j}{\sinh(k_j H)\cosh(k_j H)} + \frac{1}{2a}\sqrt{\frac{\nu}{2\omega_j}}\cdot\frac{\frac{1}{2}\sinh(2k_j H) - k_j H}{\sinh(k_j H)\cosh(k_j H)}$$

$$+ \frac{1}{2b}\sqrt{\frac{\nu}{2\omega_j}} \quad (j = 1,2,3,\cdots) \quad (5.3.15)$$

式中:$k_j = \dfrac{j\pi}{2a}$;$\omega_j = \sqrt{gk_j \tanh(k_j H)}$。

5.3.2 容器的内部黏性阻尼（体阻尼）

液体做小幅自由晃动时，内部的黏性耗散可以采用下列耗散函数来计算（Faltinsen & Timokha 2009），它的形式为

$$\bar{F} = \frac{\mu}{2} \iiint_\Omega \bar{R}\left(\frac{\partial \varphi}{\partial x}, \frac{\partial \varphi}{\partial y}, \frac{\partial \varphi}{\partial z}\right) dV \tag{5.3.16}$$

式中：

$$\bar{R}\left(\frac{\partial \varphi}{\partial x}, \frac{\partial \varphi}{\partial y}, \frac{\partial \varphi}{\partial z}\right) = 2\left(\frac{\partial^2 \varphi}{\partial x^2}\right)^2 + 2\left(\frac{\partial^2 \varphi}{\partial y^2}\right)^2 + 2\left(\frac{\partial^2 \varphi}{\partial z^2}\right)^2 + 4\left(\frac{\partial^2 \varphi}{\partial x \partial y}\right)^2$$
$$+ 4\left(\frac{\partial^2 \varphi}{\partial x \partial z}\right)^2 + 4\left(\frac{\partial^2 \varphi}{\partial y \partial z}\right)^2 \tag{5.3.17}$$

根据 Lamb 公式（Lamb 1975; Ibrahim 2005），能量耗散率的平均值为

$$\langle \dot{\bar{E}}_{dv} \rangle = -2\bar{F}$$
$$= -\mu \iiint_\Omega \left[2\left(\frac{\partial^2 \varphi}{\partial x^2}\right)^2 + 2\left(\frac{\partial^2 \varphi}{\partial y^2}\right)^2 + 2\left(\frac{\partial^2 \varphi}{\partial z^2}\right)^2 + 4\left(\frac{\partial^2 \varphi}{\partial x \partial y}\right)^2 + 4\left(\frac{\partial^2 \varphi}{\partial x \partial z}\right)^2 + 4\left(\frac{\partial^2 \varphi}{\partial y \partial z}\right)^2 \right] dV \tag{5.3.18}$$

于是体阻尼比估算公式为

$$\zeta_v = -\frac{\langle \dot{\bar{E}}_{dv} \rangle}{2\omega E} = \frac{\mu}{\rho \omega} \cdot \frac{\iiint_\Omega \bar{R}\left(\frac{\partial \varphi}{\partial x}, \frac{\partial \varphi}{\partial y}, \frac{\partial \varphi}{\partial z}\right) dV}{\iiint_\Omega |\nabla \varphi|^2 dV} \tag{5.3.19}$$

以下给出矩形容器内二维晃动液体的体阻尼比估算公式，对于二维晃动：

$$\bar{R}\left(\frac{\partial \varphi}{\partial x}, \frac{\partial \varphi}{\partial z}\right) = 2\left(\frac{\partial^2 \varphi}{\partial x^2}\right)^2 + 4\left(\frac{\partial^2 \varphi}{\partial x \partial z}\right)^2 + 2\left(\frac{\partial^2 \varphi}{\partial z^2}\right)^2 \tag{5.3.20}$$

将式（5.3.11）代入式（5.3.20）及式（5.3.19），得矩形容器内二维晃动第 j 阶体阻尼比系数为

$$\zeta_{vj} = \frac{2\nu k_j^2}{\omega_j} \tag{5.3.21}$$

5.3.3 矩形容器内二维晃动阻尼比系数算例

以第 3 章的试验模型为算例，设水深 $H=120\text{mm}$，容器宽 $2a=200\text{mm}$，容器厚度 $2b=20\text{mm}$，取摄氏 20℃时的水体运动黏度为 $1\times 10^{-6}\text{m}^2/\text{s}$。

将计算得到的一阶阻尼比系数列于表 5.1，计算表明：①在边界层阻尼中，第

三项（前后边界）起主要作用，这是因为本例前后边界的面积比其他边界的面积要大得多，液体能量在前后边界上的黏性摩擦损耗的能量比其他边界要大得多；②体阻尼相比于边界层阻尼要小得多，体阻尼可忽略不计，但对于更高模态而言，体阻尼将起到越来越大的作用，对于水利与土木工程而言，通常我们只关注前几阶模态的贡献，因此体阻尼一般可不予考虑；③理论阻尼比试验值要小许多，究其原因有：本算例的雷诺数为 2.91×10^5，已接近于临界雷诺数，表明边界层流动处于亚临界区，此时边界层中有层流成分，也有紊流成分，因此理论的层流模型难以完全符合流体的真实流动状况，且理论阻尼并未包含自由表面张力以及毛细作用等（Henderson & Miles 1994）影响，对于本例而言，容器较小，其表面张力以及毛细作用可能更为显著。关于表面张力以及毛细作用对阻尼的影响可参见文献（王为 2009）。

表 5.1 矩形容器内的一阶阻尼比系数（%）

理论自然频率 ω_1 / (rad/s)	边界层阻尼比 ζ_{bl}	体阻尼比 ζ_{v1}	理论阻尼比 $\zeta_{bl}+\zeta_{v1}$	阻尼比试验值
12.124	1.114	0.004	1.112	2.01

在工程上，也可采用数值方法计算各种形状容器内的阻尼比系数，有关的研究可参见文献（王为等 2005；李俊峰等 2005；王为等 2006；杨魏等 2009）。一般而言，液体阻尼的影响因素极为复杂，采用理论方法精确计算液体晃动阻尼是一件极其困难的事情，因此工程实践中通常更多采用试验方法来确定液体晃动阻尼。

5.3.4 几种容器内液体晃动阻尼比经验公式

在一般液体动力晃动响应中，其一阶晃动模态的贡献最大，因此一阶晃动的阻尼比系数最为重要。容器内液体晃动的阻尼比一般依赖于液体深度、液体运动黏度系数、容器形状及尺寸。圆柱形容器是工程上常用的一类容器，Abramson（1966）给出了圆柱形容器内一阶反对称晃动（对应于第 3 章图 3.20 的晃动模态）阻尼比经验公式：

$$\zeta_1 = \frac{2.89}{\pi}\sqrt{\frac{\nu}{R^{3/2}g^{1/2}}}\left[1+\frac{0.318}{\sinh(1.84H/R)}\left(\frac{1-H/R}{\cosh(1.84H/R)}+1\right)\right] \quad (5.3.22)$$

式中：R 为圆柱形容器的内半径；H 为液深。当液体较深时（$H/R>1$），式（5.3.22）可简化为

$$\zeta_1 = \frac{2.89}{\pi}\sqrt{\frac{\nu}{R^{3/2}g^{1/2}}} \quad (5.3.23)$$

对于其他形状的容器，其一阶反对称晃动阻尼比公式可以统一表达为（Ibrahim 2005）

$$\zeta_1 = C_1 \left(\frac{\nu}{d^{3/2}\sqrt{g}} \right)^{n_1} \tag{5.3.24}$$

式中：d 为容器的特征尺寸，矩形容器取为液宽（$2a$），球形或圆柱容器取为半径（R）；常数 C_1、n_1 由表 5.2 确定。

表 5.2　方程（5.3.24）中的常数取值

容器形状	条件	C_1	n_1
圆柱形	$H/R \geqslant 1$	0.79	0.5
	0.5	1.11	0.5
	0.1	3.36	0.5
矩形	$H/(2a) \geqslant 1$	1.0	0.5
球形	3/4 充满	0.66	0.359
	1/2 充满	0.39	0.359
	1/4 充满	0.32	0.359

5.4　增加晃动阻尼的措施（防晃装置）

当容器内液体发生共振时，液体对容器结构的液动力将变得很大，为了避免结构破坏或抑制液体晃动幅度，可以采用提高液体晃动阻尼的方法，阻尼将有效减小液体的波高及液动力。增加阻尼的一个常用方法是在容器内增设如图 5.3 所示的挡板。采用分析方法来确定挡板的阻尼效应不是一件容易的事情，大多数的情况是采用试验方法确定，也有根据理论的粗略分析与试验结果提出半经验的阻尼比计算公式，关于这一方面的研究可参见文献（Ibrahim 2005）的综述。

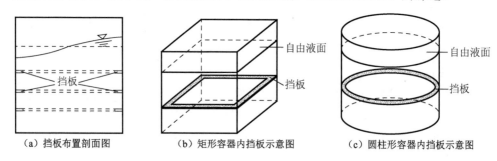

图 5.3　容器内增设挡板以增加阻尼

在工程中还有其他种类的阻尼措施，如设置液面浮子器、带滤网的隔板，增加液体的黏度以及在液面上添加悬浮粒子等方法，具体内容可参见文献（Dodge 2000；Ibrahim 2005）。

第6章 液体的参数晃动

在第4章中,我们讨论了水平激励下贮液容器内液体的强迫晃动问题。当给贮液容器施加竖向加速度激励时,液体的运动微分方程将发生根本性的变化,这时方程右边的强迫激励项消失,外部激励在运动微分方程的系数中反映,液体的运动方程成为变系数的微分方程,即系统的参数(这里表现为刚度系数)随外激励发生改变,这种激励称为参数激励。当参数激励为某种特殊的周期函数时,这时液体自由表面将会产生一种共振现象,这种共振称之为参数共振(或参数振动),液体的参数共振也称之为参数晃动,参数晃动(振动)的机制不同于一般的强迫共振机制。

参数晃动现象最早由英国著名科学家 Farady(Faraday 1831)在实验中发现的,当贮液容器做竖向周期性振动时,他观察到液体发生一种共振,这时容器振动的频率是自由液面晃动频率的二倍(普通共振时,水平激励频率与液体晃动频率近似相等),这种参数共振所激发的液体表面波称之为"Faraday 波"。Benjamin & Ursell (1954)研究了圆柱形容器内液体的参数晃动问题,得到了参数晃动的 Mathieu 方程,从理论上解释了参数晃动的不稳定机制;Dodge et al.(1965)与 Abramson (1966)研究了火箭燃料参数晃动以及对飞行器的影响;更多关于参数晃动的综述可参见文献 Miles and Henderson(1990)、Ibrahim(2005)及 Faltinsen & Timokha(2009);关于参数晃动最近的研究可参见 Kumar(1996)、Wright et al.(2000)、Frandsen(2004)、Horsley et al.(2013)、Li & Wang(2016)以及 Li et al.(2016)。

其他许多工程领域也存在参数振动现象,例如:弹性系统在周期荷载下的动力稳定问题就是一个参数振动问题,尽管各个工程领域的系统并不相同,但其参数振动的控制方程相同,其振动机制也相同,因此本章的研究方法也适用于其他工程领域的参数振动问题。

由于二维参数晃动能更直观地反映参数晃动的特征,我们将在本章建立二维参数晃动的基本方程,研究参数晃动不稳定机制,同时给出一些参数晃动实验结果,最后讨论非线性稳态参数晃动问题。本章将主要介绍文献 Li & Wang(2016)及 Li et al.(2016)的一些研究结果。

6.1 二维线性参数晃动方程

如图 6.1 为一个任意截面形状的二维容器,直角坐标系 oxz 固定在容器上,位置如图所示,图中显示的符号 Ω、∂S_f 与 ∂S_w 分别表示液体区域、自由表面及湿边界,液体静止表面的宽度为 $2a$,容器受到竖向加速度 $a_v(t)$ 的作用。

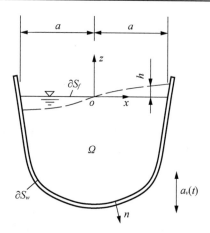

图 6.1 任意截面形状的二维容器

设液体运动满足势流的假设,且不考虑自由表面张力的影响,根据本书第 2 章 2.2.1 节,在相对坐标 oxz 下,液体的小幅晃动可由下列方程描述(Li & Wang 2016):

$$\nabla^2 \Phi(x,z,t) = 0 \quad (x,z) \in \Omega \tag{6.1.1}$$

$$\left.\frac{\partial \Phi(x,z,t)}{\partial n}\right|_{\partial S_w} = 0 \tag{6.1.2}$$

$$\left[\frac{\partial \Phi(x,z,t)}{\partial z} - \frac{\partial h(x,t)}{\partial t}\right]_{z=0} = 0 \tag{6.1.3}$$

$$\left\{\frac{\partial \Phi(x,z,t)}{\partial t} + [g + a_v(t)]h(x,t)\right\}_{z=0} = 0 \tag{6.1.4}$$

式中:$\Phi(x,z,t)$ 为相对速度势函数(以下简称速度势函数);n 为湿边界外法线向量;$\partial/\partial n$ 为沿法线方向的导数。同第 4 章,为了求解以上方程(6.1.1)~(6.1.4),速度势函数的解可以设为

$$\Phi(x,z,t) = \sum_{j=1}^{\infty} \dot{q}_j(t) \cdot \varphi_j(x,z) \tag{6.1.5}$$

将式(6.1.5)代入式(6.1.1)及式(6.1.2),得到特征函数 $\varphi_j(x,z)$ 所满足的方程为

$$\begin{cases} \nabla^2 \varphi_j(x,z) = 0 \quad (x,z) \in \Omega \\ \left.\dfrac{\partial \varphi_j(x,z)}{\partial n}\right|_{\partial S_w} = 0 \end{cases} \quad (j=1,2,3,\cdots) \tag{6.1.6}$$

根据方程(6.1.3),波高函数可表示为

$$h(x,t) = \int_0^t \left.\frac{\partial \Phi(x,z,t)}{\partial z}\right|_{z=0} \mathrm{d}t + h(x,0) \tag{6.1.7}$$

式中：$h(x,0)$ 为波高的初始值，将式（6.1.7）代入式（6.1.4），得

$$\left.\frac{\partial \Phi(x,z,t)}{\partial t}\right|_{z=0} + [g+a_v(t)]\left[\int_0^t \left.\frac{\partial \Phi(x,z,t)}{\partial z}\right|_{z=0} \mathrm{d}t + h(x,0)\right] = 0 \quad (6.1.8)$$

将式（6.1.5）代入方程（6.1.8）得

$$\sum_{j=1}^{\infty} \varphi_j(x,z)\big|_{z=0} \cdot \left\{\ddot{q}_j(t) + g\frac{\partial \varphi_j(x,z)/\partial z\big|_{z=0}}{\varphi_j(x,z)\big|_{z=0}}\left[1+\frac{a_v(t)}{g}\right][q_j(t)-q_j(0)]\right\}$$

$$= -[g+a_v(t)]h(x,0) \quad (6.1.9)$$

若假定初始自由液面为静止的，即初始条件为 $q_j(0) = 0$ $(j=1,2,3,\cdots)$，$h(x,t)|_{t=0} = h(x,0) = 0$，但液体表面初始扰动速度不为零，即广义坐标的速度 $\dot{q}_j(0)(j=1,2,3,\cdots)$ 不为零。令 $a_v(t) = Y_0 \cos \omega t$，则方程（6.1.9）变为

$$\ddot{q}_j(t) + \omega_j^2[1+\mu\cos\omega t]q_j(t) = 0 \quad (j=1,2,3,\cdots) \quad (6.1.10)$$

式中：

$$\omega_j^2 = g\frac{\partial \varphi_j(x,z)/\partial z\big|_{z=0}}{\varphi_j(x,z)\big|_{z=0}} \quad (j=1,2,3,\cdots) \quad (6.1.11)$$

$$\mu = Y_0/g \quad (6.1.12)$$

式中：ω_j 为液体的第 j 阶自然频率；μ 为激励系数。在方程（6.1.11）中，自然频率 ω_j 为 x 的函数，需要说明的是特征函数 $\varphi_j(x,z)$ 可分离变量表达为 $\varphi_j(x,z) = \varphi_{1j}(x) \cdot \varphi_{2j}(z)$，这样自然频率 ω_j 实际上并不依赖于 x。如果考虑液体晃动的黏性阻尼，那么方程（6.1.10）变为

$$\ddot{q}_j(t) + 2\zeta_j\omega_j\dot{q}_j(t) + \omega_j^2[1+\mu\cos\omega t]q_j(t) = 0 \quad (j=1,2,3,\cdots) \quad (6.1.13)$$

式中：ζ_j 为第 j 阶模态的阻尼比系数。式（6.1.10）[或式（6.1.13）]为参数振动中著名的 Mathieu（马休）方程。式（6.1.10）[或式（6.1.13）]中广义坐标 $q_j(t)$ 前面的系数随时间而改变，相当于单自由度振动体系的弹簧参数（系数）随时间发生改变，这就是所谓的参数激振，由此所产生的系统振动称之为参数振动。根据第 3、4 章的研究，重力为液体自由表面晃动的恢复力，重力总是将高出平衡位置的液体表面拉向平衡位置，重力的作用相当于单自由度弹簧振子中的弹簧；从 Mathieu 方程可以看出，在液面恢复力中，除了重力（常数恢复力）外还增加了一个周期性的恢复力，正是这个周期性的恢复力导致了液体发生参数晃动。以上参数晃动是基于小晃动假设得到的，得到的方程为变系数的线性微分方程，线性的参数振动方程控制了系统的初始小变形运动，所以 Mathieu 方程可以用来研究动力系统在初始微小挠动下的动力稳定性问题。

参数振动问题一般归属于非线性振动的研究范畴，本章不打算讨论参数振动

问题的经典解法,这些问题在已有的许多专著(例如 Nayfeh & Mook 1995;Nayfeh 1981;王海期 1992 等)中得到很好的阐述,本章将直接给出经典解法的分析结果,希望了解经典解法细节的读者可参考上述专著。

6.2 参数晃动稳定性分析

现有参数振动理论表明(Nayfeh & Mook 1995;王海期 1992):采用解析方法难以得到 Mathieu 方程(6.1.10)[或方程(6.1.13)]的封闭解析解,对于给定的激励 $a_V(t) = Y_0 \cos\omega t$,在非零的初始条件下,方程会出现两类完全不同的解答,第一类解答为:在某些特定的频率范围内,方程(6.1.10)[或方程(6.1.13)]的解发散,即广义坐标 $q_j(t)$ 随时间变得越来越大趋向无穷,出现一种共振现象,与普通共振所不同的是,这里广义坐标 $q_j(t)$ 幅值随时间呈指数增长(普通共振的幅值随时间呈线性增长),对应的液体自由表面的晃动波幅越来越大,引起自由表面的大幅晃动,这种由小变大的运动过程称为动力失稳或参数共振(参数晃动),这种参数共振可能给某些液体-结构系统(例如升空中的液体火箭系统)带来灾难性的后果,因此研究 Mathieu 方程稳定性问题是参数晃动最重要的课题之一,具体来说就是要确定不稳定运动发生的条件,找出发生不稳定运动所对应的激励参数 (Y_0, ω) 分布范围,即不稳定区域。第二类解答为:在以上不稳定区域以外的解答,这时参数激励将不会引起液体自由表面的失稳晃动,液面保持(初始状态的)自由振动或衰减振动。

对于无阻尼 Mathieu 方程(6.1.10),若给定第 j 阶自然频率为 ω_j 及外激励频率为 ω,设频率比为 $r = \omega/\omega_j$,采用摄动方法(Nayfeh 1981; Xie 2006),可以得到不稳定区域如图 6.2 和图 6.3 所示(见阴影部分),对于一个固定的激励系数 μ,激励频率 ω 的不稳定区域包括三个部分,对应三种不稳定模式:①当频率比在 2 附近时(即外激励频率 $\omega \approx 2\omega_j$),将发生第 j 阶模态的次谐波(sub-harmonic)共振;②当频率比在 1 附近时($\omega \approx \omega_j$),将发生第 j 阶模态的谐波(harmonic)共振;③当频率比在 2/3=0.667 附近时($\omega \approx 2\omega_j/3$),将发生第 j 阶模态的超谐波(super-harmonic)共振。上述三种不稳定模式,其液体的自然频率均为 ω_j,自由表面的晃动取第 j 阶模态形状。以上三种共振模式的不稳定边界分别为(Xie 2006)

$$r = \begin{cases} 2 - \mu/2 - \mu^2/32 \\ 2 + \mu/2 - \mu^2/32 \end{cases} \quad (\text{次谐波}) \qquad (6.2.1)$$

$$r = \begin{cases} 1 - 5/24\mu^2 \\ 1 + 5/24\mu^2 \end{cases} \quad (\text{谐波}) \qquad (6.2.2)$$

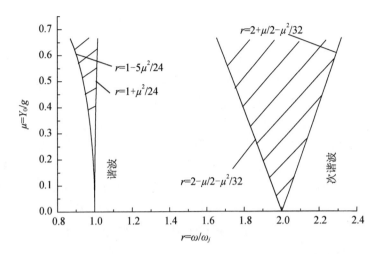

图 6.2 次谐波与谐波不稳定区域（阴影部分为不稳定区域）

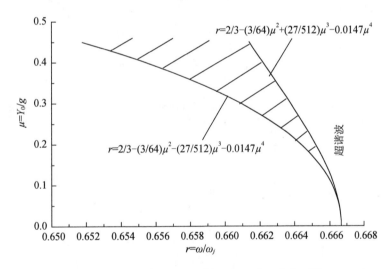

图 6.3 超谐波不稳定区域（阴影部分为不稳定区域）

$$r = \begin{cases} 2/3 - 3/64\mu^2 - 27/512\mu^3 - 0.0147\mu^4 \\ 2/3 - 3/64\mu^2 + 27/512\mu^3 - 0.0147\mu^4 \end{cases} \text{（超谐波）} \quad (6.2.3)$$

以上三种不稳定模式中，最容易发生的参数共振为次谐波（sub-harmonic）共振。次谐波共振是三种参数共振中最危险的一种，也称为主参数共振，一般的研究都重点考虑主参数共振的不稳定区域（或不稳定边界）。对于有阻尼 Mathieu 方程（6.1.13），通过摄动法的稳定性分析，第 j 阶模态的主参数晃动不稳定边界由下列方程近似确定（Ibrahim 2005）：

$$\begin{vmatrix} 1-\dfrac{Y_0}{2g}-\dfrac{\omega^2}{4\omega_j^2} & -\zeta_j\dfrac{\omega}{\omega_j} \\ \zeta_j\dfrac{\omega}{\omega_j} & 1+\dfrac{Y_0}{2g}-\dfrac{\omega^2}{4\omega_j^2} \end{vmatrix}=0 \qquad (6.2.4)$$

从以上方程可以看出,只要已知液体第 j 阶模态频率与阻尼比系数(这一问题已在第 3 章得到解决),就可完全确定主参数晃动的不稳定边界。

算例:在第 3 章 3.4 节中,三个不同形状容器内液体尺寸如图 6.4 所示,通过液体晃动的模态试验得到了三个模型的前 4 阶模态频率与阻尼比系数,现将这些数据整理列于表 6.1。根据表 6.1 的各阶频率与阻尼比系数,将它们分别代入方程(6.2.4),可得到理论不稳定边界曲线如图 6.5～图 6.7 实线所示,图中将横坐标定义为无量纲的量 $X=\omega(a/g)^{1/2}$(矩形),$X=\omega(R/g)^{1/2}$(U 形与圆形),其中 ω 为激励频率。由图可以看出,相对于图 6.2 中的无阻尼不稳定区域,有阻尼的不稳定区域缩小了一些。

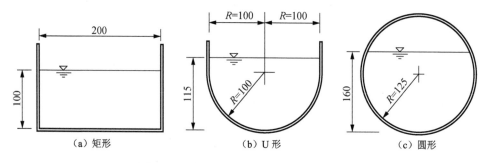

图 6.4 三个试验模型(长度单位:mm)

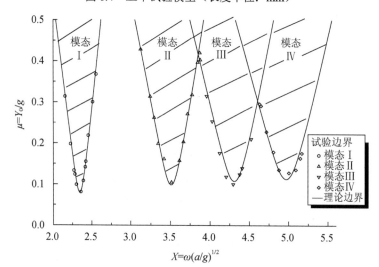

图 6.5 矩形模型(a=100mm)前 4 阶模态参数晃动不稳定边界(阴影部分为不稳定区域)

表 6.1　三个容器内液体前 4 阶模态频率与阻尼比测量值（Li & Wang 2016）

容器形状	模态Ⅰ		模态Ⅱ		模态Ⅲ		模态Ⅳ	
	频率/Hz	阻尼比/%	频率/Hz	阻尼比/%	频率/Hz	阻尼比/%	频率/Hz	阻尼比/%
矩形	1.85	1.99	2.77	2.45	3.40	2.68	3.92	2.81
U 形	1.85	2.10	2.74	2.20	3.38	2.26	3.90	2.37
圆形	1.73	2.53	2.53	2.74	3.09	2.14	3.58	2.40

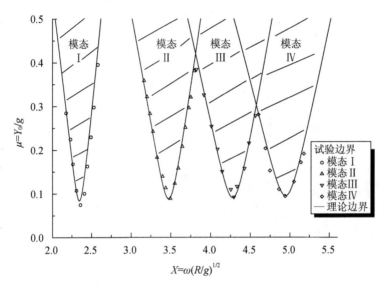

图 6.6　U 形模型（$R=100$mm）前 4 阶模态参数晃动不稳定边界（阴影部分为不稳定区域）

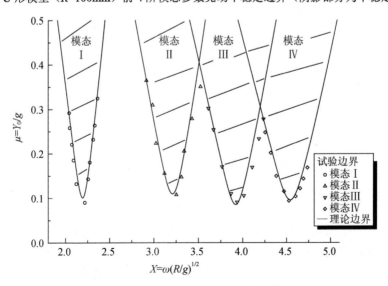

图 6.7　圆形模型（$R=125$mm）前 4 阶模态参数晃动不稳定边界（阴影部分为不稳定区域）

6.3 参数晃动不稳定边界的试验结果

本节实验装置与模型同第 3.4.1 节（图 3.11 和 3.12）。在本节的试验中，竖向加速度由加速度计采集，通过动态信号分析仪进行分析后再由计算机记录下来，一个典型的加速度激励曲线如图 6.8 所示，激励的幅值与频率可通过这个曲线确定；晃动的波高可由固定在容器上的激光位移传感器测量，一个典型的液面波高失稳实测曲线如图 6.9 所示，不稳定响应的频率可采用 FFT 变换确定。

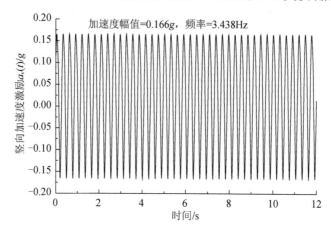

图 6.8 一个典型的加速度激励 $a_v(t)$ 记录

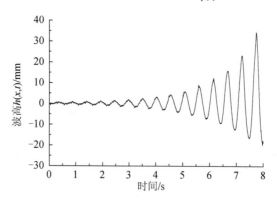

图 6.9 一个典型的液面波高失稳过程

对于每一个试验模型而言，每次固定一个激励幅值，然后在理论不稳定边界附近，仔细地改变（增大或减小）激振频率，直到如图 6.9 所示的波高失稳过程出现或消失，由此找到失稳的过渡点（失稳边界），发生参数共振时，液体表面呈现非常漂亮的波形，图 6.10～图 6.12 显示了三个试验模型中前四个模态的参数晃动表面波形，从试验得到的不稳定边界如图 6.5～图 6.7（空心点）所示，由图可以看出，理论不稳定边界与试验值吻合良好，因此方程（6.2.4）能很好地预测液体参数晃动不稳定边界，线性阻尼比系数能很好地模拟液体阻尼对不稳定区域的影响。

（a）模态Ⅰ　　　　　（b）模态Ⅱ　　　　　（c）模态Ⅲ　　　　　（d）模态Ⅳ

图 6.10　矩形容器前 4 阶模态的次谐波共振液面形状

（a）模态Ⅰ　　　　　（b）模态Ⅱ　　　　　（c）模态Ⅲ　　　　　（d）模态Ⅳ

图 6.11　U 形容器前 4 阶模态的次谐波共振液面形状

   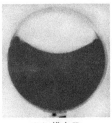      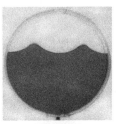

（a）模态Ⅰ　　　　　（b）模态Ⅱ　　　　　（c）模态Ⅲ　　　　　（d）模态Ⅳ

图 6.12　圆形容器前 4 阶模态的次谐波共振液面形状

综合理论分析与试验结果，液体参数失稳的条件为：①参数激励的幅值与频率应落在不稳定区域内；②对于理论计算而言，需要存在对应晃动模态的初始扰动，才会产生相应模态的失稳运动，完全的静止初始状态（初始位移、速度均为零）不可能产生失稳运动；对于实际情况而言（如参数晃动试验），液体表面的微小初始扰动总是存在的，一般会包含所有的模态（一种白噪声状态），参数共振实际上是外加激励将初始扰动中的某一特定微小幅度的模态运动进行放大，从而出现越来越大的不稳定运动。

6.4 参数晃动失稳的能量分析

参数振动传统理论给出的（单色调）不稳定图只能回答系统稳定或不稳定的问题，然而从已有的参数晃动实验中（Lomen & Fontenot 1967；Woodward & Bauer 1970；Li & Wang 2016）可以发现：以上三种不稳定模式中，最容易发生的参数共振（失稳）为次谐波（sub-harmonic）共振，这种共振模式在实验中很容易观察到，谐波（harmonic）与超谐波（super-harmonic）共振很难发生，即使对于经常观察到的次谐波共振，它们在不同参数激励下的不稳定行为也很不相同，因此传统的不稳定图似乎难以全面表达参数失稳的特征。因此有必要采用合适的指标来定量描述参数晃动的不稳定行为，Li & Wang（2016）及 Li et al.（2016）最近从能量分析的角度，提出了一个能量增长指数（EGE）及其对应的无量纲能量增长系数（EGC）来分析参数失稳的特征，以下介绍相关的能量分析方法。

6.4.1 液体参数晃动的能量增长指数（EGE）与能量增长系数（EGC）

液体小幅（线性）晃动的机械能可以表达为

$$E(t) = T(t) + V(t) \tag{6.4.1}$$

式中：$T(t)$ 及 $V(t)$ 分别为液体系统的动能与势能，对于二维晃动而言，它们可以分别表达为（Li & Wang 2016）

$$T(t) = \iint_\Omega \frac{\rho}{2} \left\{ \left[\frac{\partial \Phi(x,z,t)}{\partial x}\right]^2 + \left[\frac{\partial \Phi(x,z,t)}{\partial z}\right]^2 \right\} \mathrm{d}x \mathrm{d}z \tag{6.4.2}$$

$$V(t) = \int_{\partial S_f} \frac{\rho g}{2} h^2(x,t) \mathrm{d}s \tag{6.4.3}$$

对于第 j 阶纯模态的参数晃动，根据式（6.1.5）及式（6.1.7），有

$$\begin{cases} \Phi(x,z,t) = \dot{q}_j(t) \cdot \varphi_j(x,z) \\ h(x,t) = \int_0^t \left.\frac{\partial \Phi(x,z,t)}{\partial z}\right|_{z=0} \mathrm{d}t = q_j(t) \cdot \left.\frac{\partial \varphi_j(x,z)}{\partial z}\right|_{z=0} \end{cases} \tag{6.4.4}$$

将式（6.4.4）代入式（6.4.2）、式（6.4.3）及式（6.4.1），得液体的晃动能量为

$$E_j(t) = I_{1j}\left[\dot{q}_j(t)\right]^2 + I_{2j}\left[q_j(t)\right]^2 \tag{6.4.5}$$

式中：

$$\begin{cases} I_{1j} = \iint_\Omega \frac{\rho}{2}\left\{\left[\frac{\partial \varphi_j(x,z)}{\partial x}\right]^2 + \left[\frac{\partial \varphi_j(x,z)}{\partial z}\right]^2\right\}\mathrm{d}x\mathrm{d}z \\ I_{2j} = \int_{-a}^{a} \frac{\rho g}{2}\left[\frac{\partial \varphi_j(x,z)}{\partial z}\bigg|_{z=0}\right]^2 \mathrm{d}x \end{cases} \quad (6.4.6)$$

需要说明的是，上面的推导中应用了初始条件 $q_j(t)|_{t=0} = 0$ 及 $h(x,t)|_{t=0} = 0$，对于任意截面的二维容器，常数 I_{1j} 与 I_{2j} 可通过对特征函数 $\varphi_j(x,z)$ 的积分得到。于是可以采用 Runge-Kutta 数值方法，通过求解 Mathieu 方程（6.1.10）或（6.1.13）可以得到广义坐标 $q_j(t)$ 及其时间导数 $\dot{q}_j(t)$ 的时间历程，将结果再代入方程（6.4.5）就可得到液体晃动能量 $E_j(t)$ 的时间历程，若设液体系统的初始能量为 $E_j(t)|_{t=0} = E_{j0}$，那么 E_{j0} 决定于液体的初始（扰动）条件。数值计算的结果表明，当参数振动发生时，液体系统的能量总体上随时间呈指数增加，图 6.13 显示了液体系统的一个典型能量函数 $\ln\left[E_j(t)/E_{j0}\right]$ 增长曲线，由图可以看出，时程曲线表现为一个骨架曲线上叠加一个小的周期性波动（摄动），骨架曲线在初始时间段（$0 \leq t \leq t_1$）有一个非线性过渡段，之后（$t > t_1$）就是一个线性的增长段，在线性段，能量比函数 $E_j(t)/E_{j0}$ 近似呈指数增长，于是能量比的增长指数可以由线性段的骨架直线斜率来近似表示（图 6.13）为

$$\lambda_j = \tan\theta = \frac{1}{t_2 - t_1}\left[\ln\frac{E_j(t_2)}{E_{j0}} - \ln\frac{E_j(t_1)}{E_{j0}}\right] = \frac{1}{t_2 - t_1}\left[\ln\frac{E_j(t_2)}{E_j(t_1)}\right] \quad (6.4.7)$$

这里，时间 t_1 与 t_2 可根据具体的能量增长曲线通过目视来近似确定，参数 λ 定义为参数共振时系统的能量增长指数（以下简称为 EGE）。EGE 在不稳定的初始阶段随时间发生改变，但在后期的一段时间内保持为一个常数，在此过程中，液体不稳定晃动的幅度仍然在线性范围内。显然 EGE 与液体的初始扰动无关，它刻画了不稳定过程中液体系统的能量增长速度，因而采用 EGE 来度量液体的不稳定强度将是一个合理的选择，EGE 值越大，液体体系的能量增加越快，系统失去稳定的风险越大。

当液体表面出现第 j 阶模态的参数晃动时，对应的模态频率为 ω_j，则能量增长指数 EGE 可以表示为

$$\lambda_j = \eta_j \omega_j \quad (6.4.8)$$

式中：η_j 定义为能量增长系数（以下简称为 EGC），显然 EGC 为一个无量纲的系数。EGE 与 EGC 可通过以下步骤确定：①求解 Mathieu 方程（6.1.10）或（6.1.13）的时程解；②依据式（6.4.5）计算能量函数 $\ln\left[E_j(t)/E_{j0}\right]$ 的时程响应；③计算线性段骨架直线的斜率（图 6.13），从而得到 λ_j 及 $\eta_j = \lambda_j/\omega_j$。

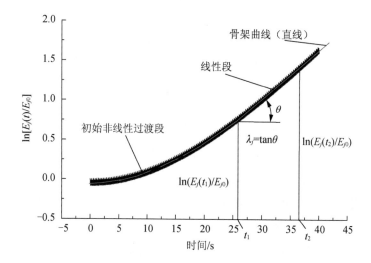

图 6.13 液体系统的一个典型能量函数 $\ln\left[E_j(t)/E_{j0}\right]$ 增长曲线

6.4.2 基于 Floquet 理论的 EGE 与 EGC 分析

考虑一般有阻尼的 Mathieu 方程（6.1.13），引入下列的变量替换：

$$q_j(t) = e^{-\zeta_j \omega_j t} Q_j(t) \tag{6.4.9}$$

将式（6.4.9）代入方程（6.1.13）得

$$\ddot{Q}_j(t) + \omega_j^2\left[(1-\zeta_j^2) + \mu\cos\omega t\right]Q_j(t) = 0 \tag{6.4.10}$$

令

$$t = \frac{2}{\omega}\tau \tag{6.4.11}$$

那么方程（6.1.13）就可变为 Mathieu 方程的标准形式（Nayfeh 1981）：

$$\ddot{Q}_j(\tau) + \left(\alpha_j + \beta_j\cos 2\tau\right)Q_j(\tau) = 0 \tag{6.4.12}$$

式中：

$$\begin{cases} \alpha_j = \dfrac{4}{r_j^2}(1-\zeta_j^2) \\ \beta_j = \dfrac{4\mu}{r_j^2} \end{cases} \tag{6.4.13}$$

其中：

$$r_j = \frac{\omega}{\omega_j} \tag{6.4.14}$$

根据 Floquet 微分方程理论，方程（6.4.12）的解具有下列形式（Nayfeh 1981; Pena-Ramirez et al. 2012）：

$$Q_j(\tau) = a_1 e^{\gamma_j \tau}\phi(\tau) + a_2 e^{-\gamma_j \tau}\phi(-\tau) \tag{6.4.15}$$

式中：a_1、a_2 为常数；$\phi(\tau)$ 为有界的周期函数；γ_j 为标准 Mathieu 方程（6.4.12）的特征指数（或 Floquet 指数），Floquet 理论并未给出特征指数的具体解析表达式。根据以上式（6.4.9）、式（6.4.11）及式（6.4.14），可以导得非标准 Mathieu 方程（6.1.13）的解为

$$q_j(t) = a_1 e^{\rho_j t}\phi(t) + a_2 e^{-\rho_j t}\phi(-t) \tag{6.4.16}$$

式中：

$$\rho_j = \left(\frac{\gamma_j}{2} r_j - \zeta_j\right)\omega_j \tag{6.4.17}$$

这里指数 ρ_j 可定义为 Mathieu 方程（6.1.13）的特征指数，当 ρ_j 为实的正数时，即 $\rho_j = \left(\dfrac{\gamma_j}{2} r_j - \zeta_j\right)\omega_j > 0$ 时，解答处于不稳定区域，广义坐标 $q_j(t)$ 将随时间 t 呈指数增长，当 t 足够大时（即 $t > t_1$，见图 6.13），$a_2 e^{-\rho_j t}\phi(-t) \to 0$，于是我们有

$$\begin{cases} q_j(t) = a_1 e^{\rho_j t}\phi(t) \\ \dot{q}_j(t) = e^{\rho_j t}\left[a_1\dot{\phi}(t) + a_1\rho_j\phi(t)\right] \end{cases} \quad (t > t_1) \tag{6.4.18}$$

将式（6.4.18）代入式（6.4.5），能量函数为

$$E_j(t) = I_{1j}\left[\dot{q}_j(t)\right]^2 + I_{2j}\left[q_j(t)\right]^2 = e^{2\rho_j t}\Phi(t) \quad (t > t_1) \tag{6.4.19}$$

式中：

$$\Phi(t) = I_{1j}\left[a_1\dot{\phi}(t) + a_1\rho_j\phi(t)\right]^2 + I_{2j}\left[a_1\phi(t)\right]^2 \quad (t > t_1) \tag{6.4.20}$$

能量比 $E_j(t)/E_{j0}$ 的对数函数可以写为

$$\ln\frac{E_j(t)}{E_{j0}} = 2\rho_j t + \ln\frac{\Phi(t)}{E_{j0}} \quad (t > t_1) \tag{6.4.21}$$

这里 $\ln\left[\Phi(t)/E_{j0}\right]$ 为一个有界的周期函数，从图 6.13 与式（6.4.21）可以看出，方程（6.4.21）中右边的第一项表示了函数 $\ln\left[E_j(t)/E_{j0}\right]$ 在线性段的骨架直线，第二项表示了一个小的周期扰动（摄动），因而 Mathieu 方程（6.1.13）的能量增长指数（EGE）可以解析地表示为

$$\lambda_j = 2\rho_j \tag{6.4.22}$$

上式表示了 EGE（λ_j）与其特征指数的关系，并且对应的 EGC 为

$$\eta_j = \frac{2\rho_j}{\omega_j} = \gamma_j r_j - 2\zeta_j \tag{6.4.23}$$

现有参数振动理论在某些特殊点的附近（例如在 $r_j \approx 2$ 附近）给出了特征指数的近似表达式，但现有理论并未给出整个不稳定区域中的特征指数完整表达式。文献（Nayfeh 1981）提供了一个数值方法求解特征指数，在以下的章节中，我们将不求解特征指数，而是通过数值方法直接求解整个不稳定区域中的 EGE 及 EGC。

6.4.3 基于 EGE 的稳定性判别准则

对于 Mathieu 方程（6.1.13）所控制的参数激振系统，从能量分析的角度，我们可以采用 EGE 作为判定系统稳定性的一个指标。当 EGE 大于零时，系统能量将随时间 t 以指数形式增加，系统将失去稳定；当 EGE 小于零时，系统能量将是减少的，系统趋向于静止或稳定；当 EGE 等于零时，系统能量既不增加也不减少，系统处于临界状态。因此系统稳定性可以由下式判别（Li et al. 2016）：

$$\lambda_j = \eta_j \omega_j = \begin{cases} \dfrac{1}{t_2-t_1}\left(\ln\dfrac{E_j(t_2)}{E_j(t_1)}\right) < 0 & \text{稳定} \\ \dfrac{1}{t_2-t_1}\left(\ln\dfrac{E_j(t_2)}{E_j(t_1)}\right) = 0 & \text{不稳定边界} \\ \dfrac{1}{t_2-t_1}\left(\ln\dfrac{E_j(t_2)}{E_j(t_1)}\right) > 0 & \text{不稳定} \end{cases} \quad (6.4.24)$$

在现有参数振动理论中（Nayfeh 1981），特征指数可以用来判别参数激振系统的稳定性，从（6.4.22）式可以看出，EGE 实际上等价于特征指数，因此本节的稳定判别准则与传统 Floquet 理论一致。

若保持激励系数 μ 不变，仅改变激励频率 ω，那么就可得到一系列的能量函数 $\ln[E_j(t)/E_{j0}]$ 曲线如图 6.14（a）和（b）所示，从图中可以看出存在两个 EGE（斜率）近似为零的曲线，EGE 零点所对应的两个频率点为不稳定边界的左右两个点，根据图 6.14（c）EGE 零点（$\lambda_j \approx 0$）与不稳定边界之间的关系，就可得到不稳定边界曲线。

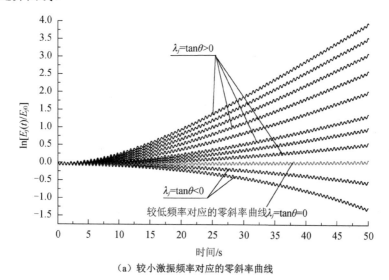

（a）较小激振频率对应的零斜率曲线

图 6.14 能量函数（EGE）零斜率曲线与不稳定边界之间的关系

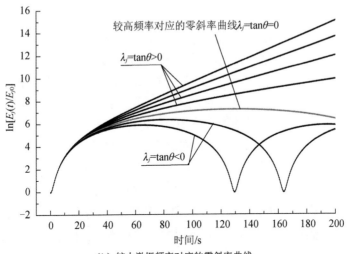

(b）较大激振频率对应的零斜率曲线

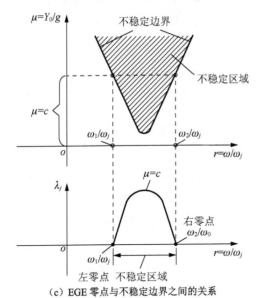

(c）EGE 零点与不稳定边界之间的关系

图 6.14 能量函数（EGE）零斜率曲线与不稳定边界之间的关系（续）

6.4.4 近似 EGC 与 EGE 的解析公式

以上 6.4.2 节的分析表明，EGE 与 EGC 仅与 Mathieu 方程（6.1.13）有关，而与系统的常数 I_{1j}、I_{2j} 以及初始条件无关。根据比拟原理，凡是满足 Mathieu 方程（6.1.13）的动力系统，它们均有相同的 EGC 与 EGE。基于这个原理，文献（Li et al. 2016）选择了单摆这个最简单的参数激励系统，这个系统的运动方程与

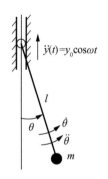

图 6.15 单摆的参数振动

Mathieu 方程（6.1.13）相同，因此计算得到的无量纲 EGC 适合所有满足 Mathieu 方程的参数振动系统。这里将直接引用文献（Li et al. 2016）对于单摆参数振动 EGC 的计算结果，以揭示 EGC 的解结构。

图 6.15 为一个单摆系统，一个无质量的杆，一端连接质量为 m 的质点，另一端与一个铰连接，设铰承受一个竖向的加速度 $\ddot{y}(t) = y_0 \cos \omega t$ 的作用，若将坐标系固定在铰上面，那么在这个非惯性坐标下，摆转动的有阻尼小幅振动方程可以写为（Li et al. 2016）：

$$\ddot{\theta} + 2\zeta\omega_0\dot{\theta} + \omega_0^2(1 + \mu\cos\omega t)\theta = 0 \qquad (6.4.25)$$

式中：θ、$\dot{\theta}$ 与 $\ddot{\theta}$ 分别为杆的角位移、角速度与角加速度；$\mu = y_0/g$ 与 ω 分别为激励系数与激励频率；$\omega_0 = \sqrt{g/l}$ 为单摆的自然频率，l 为摆长；ζ 为线性阻尼比系数。显然单摆运动方程与 Mathieu 方程（6.1.13）完全相同。根据文献（Li et al. 2016），单摆在非惯性坐标下的机械能可以表示为

$$E(t) = \frac{1}{2}ml^2\dot{\theta}^2 + \frac{1}{2}mgl\theta^2 \qquad (6.4.26)$$

对于方程（6.4.25）的无阻尼情形（$\zeta = 0$），可设摆长及质点质量分别 $l = 1.0$ m，$m = 1.0$ kg，则自然频率 $\omega_0 = \sqrt{g/l} = 3.1305$ rad/s，摆的初始条件设为 $\theta(t)|_{t=0} = 0.0$，$\dot{\theta}(t)|_{t=0} = 0.0005$ rad/s。通过 Runge-Kutta 方法求解方程（6.4.25）角位移 $\theta(t)$ 与速度 $\dot{\theta}(t)$ 的时程响应，将时程解代入式（6.4.26），从而可得到能量函数 $\ln[E(t)/E_0]$ 随时间的变化曲线，进一步可以得到 EGE 与 EGC。图 6.16～图 6.18 分别显示了单摆系统次谐波、谐波及超谐波三种共振模式所对应的 EGC 随激励系数 μ 与频率比 $r = \omega/\omega_0$ 变化的分布曲线，图中的空心圆圈表示了以上数值计算结果。由图所显示的结果不难发现，当激励系数 $\mu \leqslant 0.4$ 时，次谐波共振 EGC 曲线为（半）圆曲线，谐波与超谐波共振 EGC 曲线为（半）椭圆曲线。采用拟合方法可以分别得到次谐波共振响应 EGC 的公式为（Li et al. 2016）

$$\eta_{sub} = \frac{\mu}{2}\sqrt{1 - \left(\frac{r - 2 + \mu^2/32}{\mu/2}\right)^2} \qquad (\mu \leqslant 0.4) \qquad (6.4.27)$$

谐波共振响应 EGC 的公式为

$$\eta_{har} = \frac{\mu^2}{4}\sqrt{1 - \left(\frac{r - 1 + \mu^2/12}{\mu^2/8}\right)^2} \qquad (\mu \leqslant 0.4) \qquad (6.4.28)$$

超谐波共振响应 EGC 的公式为

$$\eta_{super} = 0.16105\mu^3 \sqrt{1 - \left(\frac{r - 2/3 + 3\mu^2/64 + 0.0147\mu^4}{27\mu^3/512}\right)^2} \quad (\mu \leqslant 0.4) \quad (6.4.29)$$

式（6.4.27）～式（6.4.29）的 EGC 计算结果如图 6.16～图 6.18 中实线所示，由图可以看出，以上数值计算结果与式（6.4.27）～式（6.4.29）的结果非常吻合，根据以上 EGC 零点所得到不稳定边界与图 6.2 和图 6.3 的不稳定边界精确吻合。

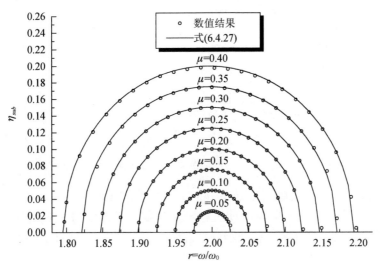

图 6.16　次谐波共振 EGC（η_{sub}）随激励系数 μ 与频率比 $r = \omega/\omega_0$ 变化的分布曲线

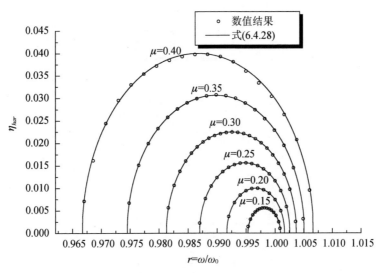

图 6.17　谐波共振 EGC（η_{har}）随激励系数 μ 与频率比 $r = \omega/\omega_0$ 变化的分布曲线

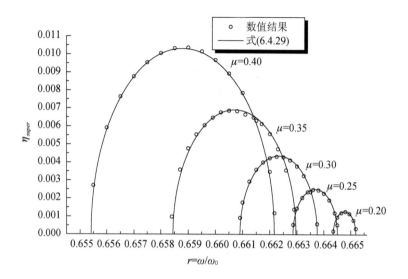

图 6.18 超谐波共振 EGC（η_{super}）随激励系数 μ 与频率比 $r=\omega/\omega_0$ 变化的分布曲线

需要说明的是，文献（Li & Wang 2016）根据液体参数晃动方程（6.1.10）与（6.4.5），通过对液体参数晃动进行能量计算，所得到的 EGC 表达式与以上式（6.4.27）～式（6.4.29）完全相同，表明式（6.4.27）～式（6.4.29）具有普遍的适用性。

对于方程（6.4.25）的有阻尼情形（$\zeta \neq 0$），依据上述相同的方法，可以得到 EGC 随激励系数 μ 与频率比 $r=\omega/\omega_0$ 变化的分布曲线（见图 6.19 中空心圆的结

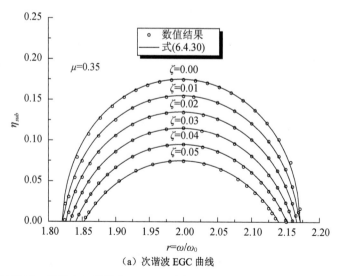

(a) 次谐波 EGC 曲线

图 6.19 次谐波、谐波与超谐波共振 EGC 随频率比 $r=\omega/\omega_0$ 与阻尼比系数 ζ 变化的分布曲线（激励系数 $\mu=0.35$）

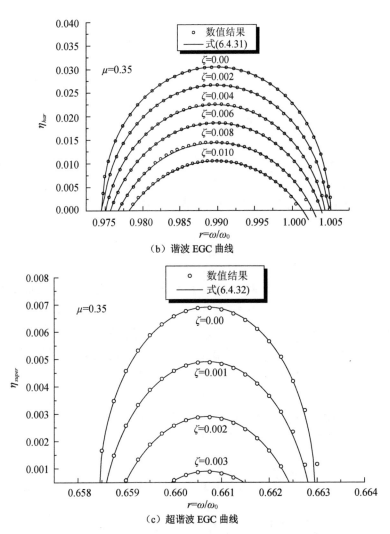

(b）谐波 EGC 曲线

(c）超谐波 EGC 曲线

图 6.19 次谐波、谐波与超谐波共振 EGC 随频率比 $r=\omega/\omega_0$ 与阻尼比系数 ζ 变化的分布曲线（激励系数 $\mu=0.35$）（续）

果），为了节省篇幅，这里仅给出了激励系数为 $\mu=0.35$ 的 EGC 结果。可以发现次谐波曲线仍为圆曲线，谐波与超谐波共振 EGC 曲线仍为椭圆曲线，与图 6.16～图 6.18 无阻尼曲线所不同的是，有阻尼曲线随着阻尼比系数的增加而整体向下移动，通过进一步拟合分析发现，每一条有阻尼曲线在无阻尼的基础上向下移动了 2ζ 距离，计算分析发现具有其他激励系数（$\mu\neq 0.35$）的有阻尼 EGC 曲线也具有上述相同的特征。这一结果与 6.4.2 节中由 Floquet 理论所得到的结果式（6.4.23）相符合。于是可以分别导得有阻尼次谐波、谐波与超谐波共振的 EGC 公式为

$$\eta_{sub} = \frac{\mu}{2}\sqrt{1-\left(\frac{r-2+\mu^2/32}{\mu/2}\right)^2} - 2\zeta \quad (\mu \leqslant 0.4) \qquad (6.4.30)$$

$$\eta_{har} = \frac{\mu^2}{4}\sqrt{1-\left(\frac{r-1+\mu^2/12}{\mu^2/8}\right)^2} - 2\zeta \quad (\mu \leqslant 0.4) \qquad (6.4.31)$$

$$\eta_{super} = 0.16105\mu^3\sqrt{1-\left(\frac{r-2/3+3\mu^2/64+0.0147\mu^4}{27\mu^3/512}\right)^2} - 2\zeta \quad (\mu \leqslant 0.4) \qquad (6.4.32)$$

将以上式（6.4.30）～式（6.4.32）计算得到的曲线也分别列于图 6.19（a）～（c）中（见其中的实线所示），由图可以看出公式解与数值解的结果吻合良好。

于是对应有阻尼 Mathieu 方程（6.4.25）的 EGE 可以写为

$$\begin{cases} \lambda_{sub} = \eta_{sub}\omega_0 \\ \lambda_{har} = \eta_{har}\omega_0 \quad (\mu \leqslant 0.4) \\ \lambda_{super} = \eta_{super}\omega_0 \end{cases} \qquad (6.4.33)$$

在方程（6.4.33）中，自然频率 ω_0 刻画了系统的质量与刚度分布，而无量纲系数 EGC（η）则刻画了 Mathieu 方程（6.4.25）[或方程（6.1.13）]的一般特性，EGC 公式（6.4.30）～（6.4.32）揭示了参数失稳一个隐藏的规律，它们适用于所有满足 Mathieu 方程（6.4.25）的参数激振系统，尽管许多参数激振系统（例如液体系统、单摆以及结构等）看似很不相同，但它们却都受到 Mathieu 方程（6.4.25）的控制，都拥有相同的无量纲 EGC（Li et al. 2016）。

根据参数晃动（振动）稳定性判别准则式（6.4.24），以上三个共振模式有阻尼的不稳定边界可通过 $\eta_{sub}=0$，$\eta_{har}=0$ 及 $\eta_{super}=0$ 分别求得。

$$r = 2 \pm \frac{\mu}{2}\sqrt{1-\left(\frac{4\zeta}{\mu}\right)^2} - \frac{\mu^2}{32} \quad (\text{次谐波}) \qquad (6.4.34)$$

$$r = 1 \pm \frac{\mu^2}{8}\sqrt{1-\left(\frac{8\zeta}{\mu^2}\right)^2} - \frac{\mu^2}{12} \quad (\text{谐波}) \qquad (6.4.35)$$

$$r = \frac{2}{3} - \frac{3}{64}\mu^2 \pm \frac{27}{512}\mu^3\sqrt{1-\left(\frac{12.4185\cdot\zeta}{\mu^3}\right)^2} - 0.0147\mu^4 \quad (\text{超谐波}) \qquad (6.4.36)$$

以上给出的不稳定边界与传统摄动理论给出的过渡曲线（Nayfeh 1981; Xie 2006）非常吻合。

在 6.4.2 节中给出了特征指数 σ_j 与 EGE（λ_j）之间的关系式，现有的文献尚未给出特征指数的解析表达式，根据式（6.4.22），Mathieu 方程（6.1.13）的特征指数 σ_j 可以利用上述的 EGE 公式表示为

$$\sigma_j = \frac{\lambda_j}{2} = \begin{cases} \dfrac{\mu\omega_j}{4}\sqrt{1-\left(\dfrac{\omega/\omega_j-2+\mu^2/32}{\mu/2}\right)^2}-\zeta_j\omega_j & \text{(次谐波)} \\ \dfrac{\mu^2\omega_j}{8}\sqrt{1-\left(\dfrac{\omega/\omega_j-1+\mu^2/12}{\mu^2/8}\right)^2}-\zeta_j\omega_j & \text{(谐波)} \\ 0.0805\mu^3\omega_j\sqrt{1-\left(\dfrac{\omega/\omega_j-2/3+3\mu^2/64+0.0147\mu^4}{27\mu^3/512}\right)^2}-\zeta_j\omega_j & \text{(超谐波)} \end{cases} \quad (\mu \leqslant 0.4)$$

(6.4.37)

6.4.5 基于 EGE 与 EGC 的参数失稳讨论

以上 EGC 与 EGE 的近似解析公式可以很方便地用于分析参数晃动的稳定性特征，从而可以避免液体系统复杂的能量计算。如前所述，EGE 可以用来度量系统的参数不稳定强度。从方程（6.4.30）～（6.4.32）可以看出，对于相同的激励系数 μ、自然频率 ω_0 以及阻尼比 ζ，次谐波的 EGE 值最大，谐波 EGE 值次之，超谐波 EGE 值最小，因此在三个不稳定模式中，次谐波共振的不稳定强度最大。从液体参数晃动的试验中（Li & Wang 2016）可以观察到：拥有最大 EGE 的次谐波不稳定运动能更多更快地从外界获得能量来源，在争夺能量的竞争中具有绝对的优势，它是最容易发生的一种不稳定运动，这就解释了为什么次谐波共振在实验中被经常观察到，而谐波与超谐波共振难以观察到。

在不稳定区域中，次谐波共振的 EGE（或 EGC）在 $r=2$ 附近具有峰值，而在不稳定边界附近接近于零，这个结果与试验现象（Li & Wang 2016）相符。试验发现：次谐波共振在 $r=2$ 附近最容易发生，且液体晃动幅度增长最快，但在不稳定边界附近，次谐波共振比较难以发生，通常需要施加一个人工扰动才能发生共振，并且其振幅增加速度相对缓慢。

从方程（6.4.37）可以看出，当频率比 $r=\omega/\omega_j$ 与激励系数 μ 固定时，EGE（λ_j）随自然频率 ω_j 的增加而线性增加，这意味着高阶参数共振更容易发生。试验显示（Li & Wang 2016）高阶模态（具有较高的自然频率）的不稳定运动很容易被激发出来，不需要任何的人工扰动；而低阶模态（具有较低的自然频率）的不稳定运动较难产生，有时需要施加人工扰动才会出现。

参数振动的稳定条件可以由 EGC 表示为

$$\eta_{\max} = \max\{\eta\} \leqslant 0 \tag{6.4.38}$$

依据方程（6.4.30）～（6.4.32），式（6.4.38）可以进一步写为

$$\begin{cases} \eta_{\max,sub} = \dfrac{\mu}{2} - 2\zeta \leqslant 0 \\ \eta_{\max,har} = \dfrac{\mu^2}{4} - 2\zeta \leqslant 0 \quad (\mu \leqslant 0.4) \\ \eta_{\max,super} = 0.16105\mu^3 - 2\zeta \leqslant 0 \end{cases} \quad (6.4.39)$$

于是，三个不稳定模式的临界阻尼比可由下式近似确定：

$$\begin{cases} \zeta_{cr,sub} \approx 0.25\mu \\ \zeta_{cr,har} \approx 0.125\mu^2 \quad (\mu \leqslant 0.4) \\ \zeta_{cr,super} \approx 0.0805\mu^3 \end{cases} \quad (6.4.40)$$

从图 6.19 可知，阻尼比 ζ 使 EGC 曲线向下移动，当系统实际的阻尼比 $\zeta > \zeta_{cr,sub}$（或 $\zeta > \zeta_{cr,har}$，$\zeta > \zeta_{cr,super}$）时，EGC 曲线将下移到横坐标以下（即 EGC 曲线将消失），不稳定区域也就不复存在，这表明系统将是稳定的。

需要提及的是在已有晃动实验中（Lomen & Fontenot 1967; Woodward & Bauer 1970; Li & Wang 2016）都没有观察到所谓的超谐波共振，其原因是这些实验中的激励系数 μ 没有足够的大。从理论上讲，只有当 $\eta_{\max,super} = 0.16105\mu^3 - 2\zeta > 0$，或 $\mu > 2.316 \cdot \sqrt[3]{\zeta}$ 才会出现超谐波共振，举例来说，如果 $\zeta = 0.005$（一个非常小的阻尼比系数）时，那么只有当 μ 大于 0.396 时，才会出现不稳定区域。对于一个真实的（非保守）物理系统，因为超谐波共振 EGE 非常小，以至于从外界进入系统的能量太小，通常可能会小于系统所耗散的能量，所以激发系统的超谐波共振将变得非常困难。由于这个缘故，超谐波共振实际上还没有真正在实验室中被观察到，从工程应用的角度看，超谐波共振可以不予考虑。

6.4.6 EGE 与 EGC 的应用实例

1. 彩色不稳定图

传统的参数振动不稳定图为单色调的，若采用 EGE 来描述参数振动的不稳定性，我们可以得到一个彩色的不稳定图，从中可以得到更多的关于不稳定的信息。以下仅考虑次谐波共振，根据式（6.4.30）及式（6.4.33），第 j 个模态次谐波共振的 EGE 可以表示为

$$\lambda_{j(sub)} = \eta_{j(sub)}\omega_j = \dfrac{\mu\omega_j}{2}\sqrt{1 - \left(\dfrac{r_j - 2 + \mu^2/32}{\mu/2}\right)^2} - 2\zeta_j\omega_j \quad (\mu \leqslant 0.4) \quad (6.4.41)$$

根据方程（6.4.34），对应的不稳定边界为

$$r_j = 2 \pm \dfrac{\mu}{2}\sqrt{1 - \left(\dfrac{4\zeta_j}{\mu}\right)^2} - \dfrac{\mu^2}{32} \quad (6.4.42)$$

以 6.3 节中的三个试验模型为例，三个模型的前 4 个模态频率 $\omega_j\,(j=1,2,3,4)$ 与阻尼比系数 $\zeta_j\,(j=1,2,3,4)$ 如表 6.1 所示，次谐波共振的不稳定强度以及不稳定边界可分别由式（6.4.41）与式（6.4.42）计算，根据 EGE 值，三个模型的前四阶模态的不稳定边界及相对不稳定强度可根据 EGE 的数值及彩色的不稳定图来刻画，如图 6.20~图 6.22 所示（彩图见书末）。由图可以看出，根据 EGE 零点所给出的不稳定边界与试验值非常吻合，彩色不稳定图不仅能给出不稳定边界，还可以给出不稳定的相对强度，从中可以容易地估计参数振动的风险，图中 EGE 值越大，其不稳定强度越大，失稳的风险也就越高。

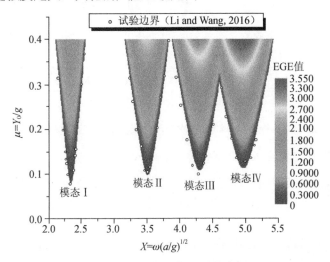

图 6.20　矩形模型前 4 阶模态次谐波共振的不稳定强度与不稳定边界

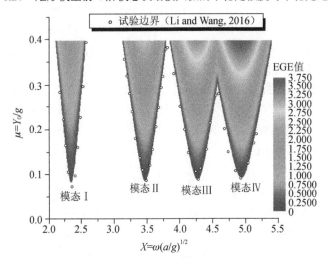

图 6.21　U 形模型前 4 阶模态次谐波共振的不稳定强度与不稳定边界

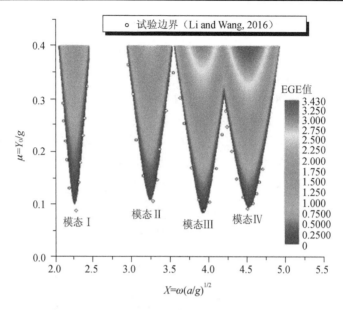

图 6.22　圆形模型前 4 阶模态次谐波共振的不稳定强度与不稳定边界

2. 次谐波与谐波共振模式的竞争（Li & Wang 2016）

以第 3 章 3.4 节中矩形容器内的参数共振实例来说明次谐波与谐波共振模式的竞争问题。矩形容器内静止水深为 0.06m，水宽度为 0.2m，则前三阶晃动自然频率分别为 $\omega_1 = 10.647$ rad/s，$\omega_2 = 17.146$ rad/s 及 $\omega_3 = 21.415$ rad/s，注意到 $\omega_3 \approx 2\omega_1$，当竖向激励加速度取为 $a_v(t) = 0.158g \cdot \cos(21.88t)$ 时，即有：激励系数 $\mu = 0.158$，激励频率 $\omega = 21.88$ rad/s（$\omega \approx \omega_3 \approx 2\omega_1$），显然该激励参数落在第三阶模态的谐波不稳定区域内（$\omega \approx \omega_3$），同时也落在第一阶模态的次谐波不稳定区域内（$\omega \approx 2\omega_1$），液体会发生参数晃动。从理论上讲，不稳定运动可能是谐波或次谐波共振，实际出现的是哪一个共振？传统的不稳定图难以给出理论预测，若借助 EGE 的结果（或 EGE 的彩色图），就能很容易回答这个问题。

通常情况下，阻尼比系数需要通过试验确定，在未知阻尼比系数时，可近似按无阻尼（$\zeta = 0$）的情况来估计 EGE。根据式（6.4.37），取 $j = 1$，$\omega_1 = 10.647$ rad/s，$\mu = 0.158$，$\omega = 21.88$ rad/s，计算次谐波共振的 EGE 为 $\lambda_{sub} = 0.8324$（模态 1）；取 $j = 3$，$\omega_3 = 21.415$（rad/s），$\mu = 0.158$，$\omega = 21.88$（rad/s），计算谐波共振的 EGE 为 $\lambda_{har} = 0.0996$（模态 3），显然 λ_{sub} 远大于 λ_{har}，所以在谐波与次谐波共振的竞争中，次谐波共振处于绝对优势。因为次谐波共振模式能从外界吸收更多的能量，这种振动模式将率先被激发出来，所以我们可以预测实际的不稳定运动将是次谐波共振。这一理论预测被实验所证实，如图 6.23 所示，实际所发生的确为第一阶模态共振，在容器右壁附近（$x=80$mm）所测得的波高反应如图 6.24 所示，液体晃动的响应频率为 11.0 rad/s，大约为激励频率 21.88 rad/s 的一半，这说明不稳定运动是次谐波共振。

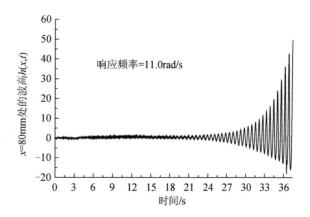

图 6.23　一阶模态的次谐波　　　　图 6.24　容器右壁附近（x=80mm）
　　　　　（$\omega \approx 2\omega_1$）共振　　　　　　　　　的波高共振反应

关于 EGE 与 EGC 在其他参数激振系统中的应用实例可参见文献（Li et al. 2016）。

6.5　非线性稳态参数晃动（极限环运动）

以上 6.1～6.4 节主要讨论了液体参数晃动失稳的控制方程（线性 Mathieu 方程）、稳定性的判别以及不稳定特征的能量分析等，液体晃动的稳定性分析是在液体平衡位置附近展开的，这时液体晃动幅度比较小，因此稳定性的分析属于线性参数晃动的研究范畴。

当参数共振发生以后，液体的晃动幅度会越来越大。试验研究发现，液体的晃动幅度不会无限增大，而是最终稳定在一个有限振幅范围，这种稳态的参数晃动也称之为极限环运动。图 6.25 为一个典型的液面波高失稳以后的非线性稳态响应试验记录（矩形容器内水深 H=120mm，容器半宽 a=100mm，Li & Wang 2016），从液面稳态响应曲线可以看出，液面的稳态晃动幅度很大，已接近水深的一半，为非线性晃动，响应的另一个特征是液面波峰幅值明显大于波谷幅值。

从理论分析的角度看，在求解 6.1～6.4 节中的 Mathieu 方程时，所得到的液体表面共振反应幅值会随时间无限增大，这与试验结果相矛盾，其原因为：在建立 Mathieu 方程的过程中，假定液面晃动幅值较小，这时忽略了方程中位移的非线性项，因此所得到的 Mathieu 方程为线性方程；然而当发生参数共振时，液面的幅值会越来越大，其位移的非线性项将起到越来越重要的作用，这时非线性项不可忽略。因此在研究大幅参数晃动时，以上得到的 Mathieu（线性）方程将不再适用，而应该建立相应的非线性运动方程。

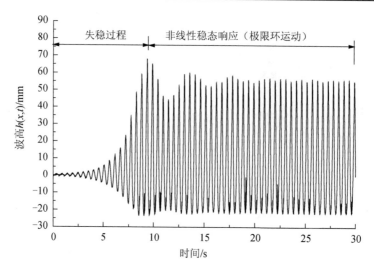

图 6.25 一个典型的液面波高失稳后的非线性稳态响应试验记录
（矩形容器内水深 $h=120\mathrm{mm}$，容器半宽 $a=100\mathrm{mm}$）

在本书第 4 章 4.4 节中，我们采用多模态方法，保留运动方程中的非线性项，建立了二维矩形容器内的非线性晃动方程（4.4.12）～（4.4.14）。以下用一个实例说明如何采用多模态方法模拟非线性参数晃动。设一个矩形容器内静止水截面尺寸为 $2a=8\mathrm{m}$，$H=6.0\mathrm{m}$，容器内流体的一阶自然晃动频率为 $\omega_1=1.94\,\mathrm{rad/s}$，设竖向加速度激励为 $a_v(t)=\ddot{G}_z(t)=0.1\times\cos(2\times1.94t)\,\mathrm{m/s^2}$ [水平加速度 $\ddot{G}_x(t)=0$]，这里竖向激振频率等于 2 倍的一阶自然晃动频率，在该谐波激励下，流体会产生一阶模态的参数共振，其控制方程（4.4.12）～（4.4.14）变为

$$\ddot{\beta}_1+2\zeta_1\omega_1\dot{\beta}_1+\omega_1^2\beta_1+\left[d_1(\ddot{\beta}_1\beta_2+\dot{\beta}_1\dot{\beta}_2)+d_2(\ddot{\beta}_1\beta_1^2+\dot{\beta}_1^2\beta_1)+d_3\ddot{\beta}_2\beta_1\right]=-Q_1\beta_1\ddot{G}_z(t) \tag{6.5.1}$$

$$\ddot{\beta}_2+2\zeta_2\omega_2\dot{\beta}_2+\omega_2^2\beta_2+\left(d_4\ddot{\beta}_1\beta_1+d_5\dot{\beta}_1^2\right)=-Q_2\beta_2\ddot{G}_z(t) \tag{6.5.2}$$

$$\ddot{\beta}_3+2\zeta_3\omega_3\dot{\beta}_3+\omega_3^2\beta_3+\left(d_6\ddot{\beta}_1\beta_2+d_7\ddot{\beta}_1\beta_1^2+d_8\ddot{\beta}_2\beta_1+d_9\dot{\beta}_1\dot{\beta}_2+d_{10}\dot{\beta}_1^2\beta_1\right)=-Q_3\beta_3\ddot{G}_z(t) \tag{6.5.3}$$

采用式（4.4.3）计算波高参数共振反应，即

$$h(x,t)=\sum_{i=1}^{3}\beta_i(t)\cos\left[\frac{i\pi}{2a}(x+a)\right] \tag{6.5.4}$$

以上方程中的系数计算可参见第 4 章 4.4 节，方程（6.5.1）～（6.5.3）中，其中括号 $[\cdot]$ 内的项为非线性项。

图 6.26（a）为无阻尼情形下（$\zeta_1=\zeta_2=\zeta_3=0$）的波高 $h(a,t)$ 共振反应曲线，由图可以看出，在共振初始阶段，流体的晃动幅值呈指数迅速增长，当达到最大

值时，振幅不再增大，出现了时大时小的所谓"拍"现象，需要说明的是，当晃动幅值较大时，方程中的非线性项将起到越来越大的作用，非线性项抑制了晃动幅度的无限增大，从而出现了有限幅的稳态响应；图 6.26（b）为有阻尼情形下（$\zeta_1=\zeta_2=\zeta_3=0.01$）的流体波高的共振反应曲线，由图可以看出，晃动的"拍"现象消失，说明阻尼将"拍"现象给"抹平"了，由于实际液体总是有一定阻尼的，图 6.26（b）的晃动现象与实验中（Li & Wang 2016）观察到的参数晃动现象相符。

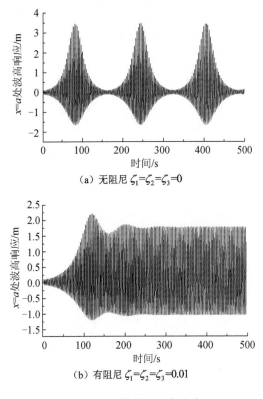

(a) 无阻尼 $\zeta_1=\zeta_2=\zeta_3=0$

(b) 有阻尼 $\zeta_1=\zeta_2=\zeta_3=0.01$

图 6.26　参数共振稳态响应

由于非线性参数晃动问题的复杂性，目前还存在一些理论问题需要进一步研究，因此本章没有将多模态的计算结果与本章试验结果进行比较，存在的主要理论问题有：

1）根据第 4 章的研究，以上方程（6.5.1）～（6.5.3）是在渐进分析基础上得到的，即假定：$\beta_1 = O(\varepsilon^{1/3})$，$\beta_2 = O(\varepsilon^{2/3})$，$\beta_3 = O(\varepsilon)$，对于一阶模态参数晃动而言，第一阶模态是控制性的模态，对于液体响应贡献最大，这时可采用方程（6.5.1）～（6.5.3）进行问题的求解。当需要模拟其他高阶模态的参数晃动时，第一阶模态将不再是控制性的模态，方程（6.5.1）～（6.5.3）不再适用，这时需要建立新的模态系统运动方程。

2）方程（6.5.1）～（6.5.3）中的阻尼采用了线性阻尼比系数，这个系数是在小幅晃动下得到的，在大幅非线性晃动的情况下，线性阻尼比难以正确描述非线性的阻尼效应，需要对其进行修正，这一问题很复杂，需要进一步研究。

3）在线性参数振动方程（6.1.13）中，各个模态运动之间并不耦合，但从非线性参数晃动方程（6.5.1）～（6.5.3）可以看出，非线性参数晃动涉及模态之间的相互耦合，正是这一耦合效应导致了如图6.25[或图6.26（b）]所示的液面波峰幅值明显大于波谷幅值，这一耦合机制需要进一步研究。

第 7 章 液体晃动的数值模拟方法

常用的液体晃动数值分析方法有边界元法、有限元法、有限体积法（VOF）、光滑粒子流动力学（SPH）方法以及 ALE 有限元法等。本章将主要介绍前四种方法的基本原理，同时利用相关的（商业）软件，介绍晃动问题的模拟方法，说明各种方法的适用范围与优缺点。

7.1 晃动的边界元模拟方法

本节以二维矩形截面容器（水槽）的晃动为例（Nakayama & Washizu 1981；李遇春、楼梦麟 2000a,b）来说明边界元法的计算原理与应用。如图 7.1 所示矩形截面水槽，其符号说明同第 4 章图 4.8，根据第 4 章的推导，将流体在 xoz 坐标下晃动的一般控制（非线性）方程归纳如下：

$$\nabla^2 \Phi = 0 \quad (x,z) \in \Omega \tag{7.1.1}$$

$$\frac{\partial \Phi}{\partial n} = 0 \quad \text{（在刚性湿边界 } \partial S_w \text{ 上）} \tag{7.1.2}$$

$$\frac{\partial \Phi}{\partial z} = \frac{\partial h}{\partial t} + \frac{\partial h}{\partial x} \cdot \frac{\partial \Phi}{\partial x} \quad \text{（在自由表面 } \partial S_f \text{ 上）} \tag{7.1.3}$$

$$\frac{\partial \Phi}{\partial t} + \frac{1}{2}(\nabla \Phi)^2 + (g + \ddot{G}_z)h + \ddot{G}_x x = 0 \quad \text{（在自由表面 } \partial S_f \text{ 上）} \tag{7.1.4}$$

流体区域 Ω 内压力方程为

$$\frac{\partial \Phi}{\partial t} + \frac{1}{2}(\nabla \Phi)^2 + z(g + \ddot{G}_z) + x\ddot{G}_x + \frac{p}{\rho} = 0 \tag{7.1.5}$$

以上方程中的符号说明同第 4 章。

二维 Laplace 方程（7.1.1）可通过基本解 $\ln(1/r)$ 及 Green 公式化为如下的边界积分：

$$\alpha_P \Phi_P + \oint_{\partial S} \Phi(Q) \frac{\partial}{\partial n}\left(\ln \frac{1}{r}\right) \mathrm{d}s(Q) - \oint_{\partial S} \frac{\partial \Phi}{\partial n} \ln \frac{1}{r} \mathrm{d}s(Q) = 0 \tag{7.1.6}$$

式中：$\partial S = \partial S_w + \partial S_f$，下标 P 表示源点；Q 为场点；α_P 为过 P 点毗邻两切线的夹角；Φ_P 为 P 点的速度势；r 为 P 点与 Q 点的距离。

方程（7.1.3）经简单的变换后可表为

$$\frac{\partial h}{\partial t} \cos \beta = \frac{\partial \Phi}{\partial n} \tag{7.1.7}$$

式中：β为自由表面外法向与z轴正向的夹角，逆时针方向为正（图7.2）。将边界条件式（7.1.2）及式（7.1.7）代入方程（7.1.6）得

$$\alpha_P \Phi_P + \oint_{\partial S} \Phi \frac{\partial}{\partial n}\left(\ln\frac{1}{r}\right) ds - \int_{\partial S_f} \frac{\partial h}{\partial t} \cos\beta \cdot \ln\frac{1}{r} ds = 0 \qquad (7.1.8)$$

注意到$\cos\beta$与h有关，方程（7.1.8）对于波高函数h是非线性的。

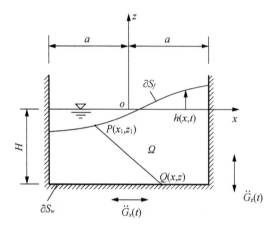

图7.1　矩形容器（水槽）内液体的有限幅（非线性）晃动

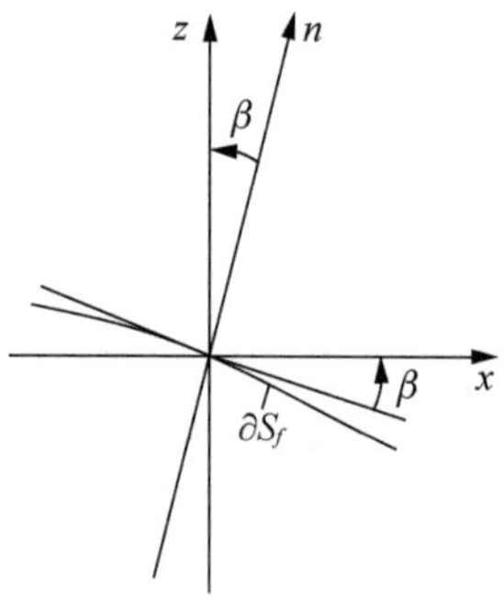

图7.2　β角逆时针方向为正

动力学边界条件式（7.1.4）是非线性的，应用Galerkin方法（加权余量法）引入权函数$W(s)$得方程（7.1.4）的弱解形式：

$$\int_{\partial S_f} W(s)\left[\frac{\partial \Phi}{\partial t} + \frac{1}{2}(\nabla \Phi)^2 + (g+\ddot{G}_z)h + \ddot{G}_x x\right] ds = 0 \qquad (7.1.9)$$

将边界∂S化分成许多线性单元如图7.3所示，自由液面S_1上取$m+1$个节点，刚性边界S_2上分为三个边界S_{21}、S_{22}、S_{23}，其中S_{21}、S_{22}上n_1个节点，S_{23}上n_2个节点，节点编号按逆时针方向，注意到角点（$m+1+n_1$）及（$m+n_1+n_2+2$）取为单节点，因为角点两个方向的$\partial \Phi / \partial n = 0$，即$\partial \Phi / \partial n$在角点处连续，所以角点处用单节点即可，在第$j$个单元中：

$$h = \{N\}_j^T \{\bar{h}\}_j \qquad (7.1.10)$$

$$\Phi = \{N\}_j^T \{\bar{\Phi}\}_j \qquad (7.1.11)$$

其中

$$\{\bar{h}\}_j^T = \begin{bmatrix} h_j & h_{j+1} \end{bmatrix} \qquad (7.1.12)$$

$$\{\bar{\Phi}\}_j^T = \begin{bmatrix} \Phi_j & \Phi_{j+1} \end{bmatrix} \qquad (7.1.13)$$

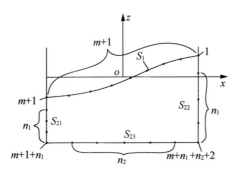

图 7.3 边界单元划分

单元形函数

$$\{N\}_j^T = \frac{1}{l_j}[l_j - s \quad s] \tag{7.1.14}$$

式中：l_j 为第 j 个单元的长度。于是第一个边界积分方程（7.1.8）为

$$\alpha_i \Phi_i + \sum_{S_j}^{S} \{A\}_j^T \{\overline{\Phi}\}_j - \sum_{S_j}^{S_1} \cos\beta_j \{B\}_j^T \{\dot{\overline{h}}\}_j = 0 \quad (i=1,2,\cdots,N) \tag{7.1.15}$$

其中：$(\cdot) = \frac{\partial}{\partial t}(\ )$，$N = m + 2n_1 + n_2 + 1$。

$$\{A\}_j^T = \int_0^{l_j} \{N\}_j^T \frac{\partial}{\partial n}\left(\ln\frac{1}{r}\right) ds \tag{7.1.16}$$

$$\{B\}_j^T = \int_0^{l_j} \{N\}_j^T \ln\frac{1}{r} ds \tag{7.1.17}$$

对于第二个边界积分方程（7.1.9），若选取权函数 $W(s)$ 与边界单元形函数 $\{N\}_j$ 相同，可对式（7.1.9）进行类似有限元的 Galerkin 离散（Chung 著，张二骏等译 1980），得自由表面上的边界单元矩阵方程为

$$l_j[F]\{\dot{\overline{\Phi}}\}_j + \frac{l_j}{2}\cos^2\beta_j[R]_j\{\dot{\overline{h}}\}_j + \frac{1}{2l_j}\{V\}\{\overline{\Phi}\}_j^T[E]\{\overline{\Phi}\}_j + (g+\ddot{G}_z)\{\overline{h}\}_j + \ddot{G}_x\{\overline{x}\}_j = \{0\}$$

$$(j=1,2,\cdots,m) \tag{7.1.18}$$

式中：

$$[E] = \begin{bmatrix} 1 & -1 \\ -1 & 1 \end{bmatrix}$$

$$[F] = \begin{bmatrix} 1/3 & 1/6 \\ 1/6 & 1/3 \end{bmatrix}$$

$$[R]_j = \frac{1}{12}\begin{bmatrix} 3\dot{h}_j + \dot{h}_{j+1} & \dot{h}_j + \dot{h}_{j+1} \\ \dot{h}_j + \dot{h}_{j+1} & \dot{h}_j + 3\dot{h}_{j+1} \end{bmatrix}$$

$$\{V\}^{\mathrm{T}} = \frac{1}{2}[1 \quad 1]$$

$$\{\bar{x}\}_j^{\mathrm{T}} = \{x_j \quad x_{j+1}\}$$

为了求解方程（7.1.15）及（7.1.18），采用时间增量法，设时间增量为Δt，则在时刻t_o，$t_o+\Delta t$所对应的流体运动量为Φ_j^0、h_j^0及Φ_j、h_j，定义增量$\Delta\Phi_j$及Δh_j，有

$$\Phi_j = \Phi_j^0 + \Delta\Phi_j \tag{7.1.19}$$

$$h_j = h_j^0 + \Delta h_j \tag{7.1.20}$$

设时刻t_o时的单元长度为l_j^0，方向余弦为$\cos\beta_j^0$，经Δt时间后单元长度及方向余弦为

$$l_j = l_j^0 + \{L\}_j^{\mathrm{T}}\{\Delta\bar{h}\}_j \tag{7.1.21}$$

$$\cos\beta_j = \cos\beta_j^0\left(1 - \frac{1}{l_j^0}\{L\}_j^{\mathrm{T}}\{\Delta\bar{h}\}_j\right) \tag{7.1.22}$$

式中：

$$\{L\}_j^{\mathrm{T}} = \frac{1}{l_j^0}\left[h_j^0 - h_{j+1}^0 \quad -h_j^0 + h_{j+1}^0\right], \quad \{\Delta\bar{h}\}_j = \left[\Delta h_j \quad \Delta h_{j+1}\right]$$

假定$\partial\Phi_j/\partial t$及$\partial h_j/\partial t$在时间间隔$\Delta t$内按线性变化，按"梯形法则"，$\partial\Phi_j/\partial t$及$\partial h_j/\partial t$在时刻$t_o+\Delta t$可表为

$$\frac{\partial\Phi_j}{\partial t} = \frac{2}{\Delta t}\Delta\Phi_j - \left(\frac{\partial\Phi_j}{\partial t}\right)_0 \tag{7.1.23}$$

$$\frac{\partial h_j}{\partial t} = \frac{2}{\Delta t}\Delta h_j - \left(\frac{\partial h_j}{\partial t}\right)_0 \tag{7.1.24}$$

上式中$\left(\partial\Phi_j/\partial t\right)_0$及$\left(\partial h_j/\partial t\right)_0$表示$t_o$时刻的值。必需指出的是，式（7.1.16）与式（7.1.17）影响系数向量$\{A\}_j^{\mathrm{T}}$及$\{B\}_j^{\mathrm{T}}$在$t_o+\Delta t$时的值与未知量h_j、h_{j+1}有关，实际计算时可近似地按t_o时的值取用。

将时间离散公式（7.1.19）～（7.1.24）代入方程（7.1.15）、（7.1.18）中，并对式（7.1.18）单元方程进行"组装"后分别得

$$[G_1]\{\Delta\Phi\} + [G_2]\{\Delta h\} = \{R_1\} \tag{7.1.25}$$

$$[G_3]\{\Delta\Phi_I\} + [G_4]\{\Delta h\} = \{R_2\} \tag{7.1.26}$$

式中：$\{\Delta\Phi\}^{\mathrm{T}} = [\Delta\Phi_1 \quad \Delta\Phi_2 \quad \cdots \quad \Delta\Phi_N]$；$\{\Delta\Phi_I\}^{\mathrm{T}} = [\Delta\Phi_1 \quad \Delta\Phi_2 \quad \cdots \quad \Delta\Phi_{m+1}]$；$\{\Delta h\}^{\mathrm{T}} = [\Delta h_1 \quad \Delta h_2 \quad \cdots \quad \Delta h_{m+1}]$；$[G_1]$、$[G_2]$、$[G_3]$、$[G_4]$分别为$N\times N$、$N\times(m+1)$、$(m+1)\times(m+1)$及$(m+1)\times(m+1)$的矩阵；$\{R_1\}$及$\{R_2\}$分别为$N\times 1$及$(m+1)\times 1$

的向量，它们皆为 t_o 时的值。为节省篇幅，其具体表达式从略不写。对于每一个时间步，不断求解方程（7.1.25）和（7.1.26），就可得到边界上的速度势 $\Phi_j(j=1, 2, \cdots, N)$ 及自由面上的波高 $h_j(j=1, 2, \cdots, m+1)$ 随时间的变化历程。

由压力方程（7.1.5）可得作用在纵向长度为 b 的流固交接面 S_{21} 及 S_{22} 上的水平力为

$$F_l^1 = \int_{S_{21}} b \cdot p \Big|_{x=-a} \cdot \mathrm{d}s = -b\rho_L \int_{S_{21}} \left[\frac{\partial \Phi}{\partial t} + \frac{1}{2}\left(\frac{\partial \Phi}{\partial s}\right)^2 - a\ddot{G}_x + (g+\ddot{G}_z)z \right] \mathrm{d}s \quad (7.1.27)$$

$$F_l^2 = \int_{S_{22}} b \cdot p \Big|_{x=a} \cdot \mathrm{d}s = -b\rho_L \int_{S_{22}} \left[\frac{\partial \Phi}{\partial t} + \frac{1}{2}\left(\frac{\partial \Phi}{\partial s}\right)^2 + a\ddot{G}_x + (g+\ddot{G}_z)z \right] \mathrm{d}s \quad (7.1.28)$$

于是作用在水槽上 b 长度范围内的总水平力为

$$F_l = F_l^2 - F_l^1 \quad (7.1.29)$$

通过求解方程（7.1.25）、（7.1.26）可得到边界上每个时刻的流体运动量，将这些运动量代入方程（7.1.27）～（7.1.29）即可求得流体对水槽的水平力 F_l 随时间的变化历程。

流体晃动时对容器底部角点 $(-a,-H)$ 的翻转力矩（取逆时针方向为正）为

$$M = \int_{S_{21}} b \cdot p \Big|_{x=-a} (z+H)\mathrm{d}s - \int_{S_{22}} b \cdot p \Big|_{x=a} (z+H)\mathrm{d}s - \int_{S_{23}} b \cdot p \Big|_{z=-H} (x+a)\mathrm{d}s \quad (7.1.30)$$

利用方程（7.1.30）可求得流体对水槽的翻转力矩 M 的时间历程。

数值算例1：水平谐波激励下流体的共振反应

取水槽内静止水截面尺寸为 $2a=8.0$m，$H=6.0$m，槽内流体的一阶晃动频率为 $\omega_1=1.94$rad/s。输入激励为谐波 $\ddot{G}_x = 0.1 \times \sin(1.94t)$ m/s^2，在该谐波激励下，流体会产生共振反应。图7.4为流体右壁上波高 $h(a, t)$ 的共振反应曲线，当晃动幅度较大时，呈现出非线性所具有的特征，表现为波峰幅值明显大于波谷幅值，流体晃动的周期略有加长。

数值算例2：水平地震作用下流体的晃动及对水槽的作用

设槽内静止水截面尺寸为 $2a=3.2$m，$H=3.0$m，水槽长度=9.0m，流体的横向一阶晃动周期为2.03s。地震输入为 Mexico City（Comp: S00E, 1985）长周期加速度记录（图7.5），卓越周期约为2.0s，最大峰值加速度为37.4gal。图7.6为该地震作用下流体右壁波高 $h(a,t)$ 前30s的反应历程，图7.7为流体对水槽的水平剪力时间历程。由于地动卓越周期与流体一阶晃动周期极为接近,流体的晃动反应显示出明显的共振效应,尽管输入的加速度幅值并不大,但流体仍产生了较为剧烈的晃动。

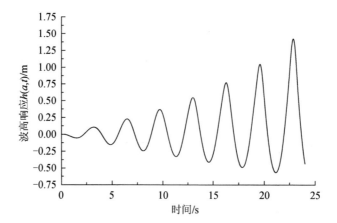

图 7.4　水平谐波激励下的波高 $h(a,t)$ 共振响应曲线

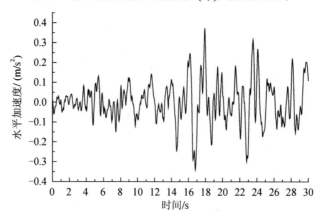

图 7.5　Mexico City（Comp:S00E, 1985）加速度记录

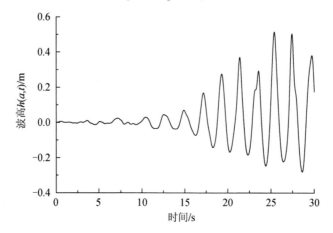

图 7.6　Mexico City（Comp: S00E, 1985）地震作用下波高 $h(a,t)$ 响应

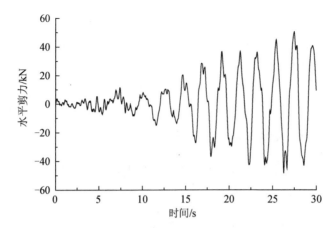

图 7.7 Mexico City（Comp: S00E, 1985）地震作用下流体对水槽的水平剪力时程

本节边界元法可用来描述二维流体在外激励下的有限幅晃动过程，计算流体对结构的作用，具有单元数目少、计算量小的优点，适用于各种不同的几何形状，使用方便、灵活，特别适用于研究二维容器内液体的晃动动力学机制。边界元的缺点为计算公式会在某些部位存在奇点，例如在矩形水槽下面两个角点处计算公式会出现分母为零的现象，对个别奇点需要进行单独计算处理；当激励过大时，引起自由表面变形过大，计算网格出现畸形，计算容易溢出。

7.2 晃动的有限元模拟方法

对于流体-结构相互作用体系，液体与结构的运动可分别采用有限元的方法进行模拟。关于结构的有限元模拟方法，已有许多专著对这个问题有详细介绍（例如：王勖成 2003）。在液体-结构接触面上，可以根据接触面上位移或压力协调关系，从而建立流体与结构的耦联关系。本节主要介绍液体晃动有限元模拟的基本理论，借助 Ansys 商业软件，重点介绍一种常用的液体晃动有限元模拟方法。

对于液体的晃动模拟，有两类有限元法计算格式（Everstine 1997）：一种以液体压力（或液体速度势）为待求未知量，但由于结构通常采用位移模式，使得结构-流体交接面上位移与压力协调关系不易处理，所得到的质量和刚度矩阵为非对称矩阵。另一种有限元模式（Chen & Taylor 1990）以流体位移为待求未知量，利用流体运动方程与结构弹性体运动方程的相似性（Everstine 1981），可得到与结构有限元格式相一致的流体有限元计算模式，流体与结构均为位移计算格式，使得流-固交接边界易于处理，容易应用标准的有限元程序，得到的流-固耦合体系质量和刚度矩阵为对称矩阵，适合于处理复杂结构-流体的相互作用问题；对于存在自由液面的液体晃动（以及晃动与结构的相互作用）问题，位移计算格式能更直观地反映自由液面的晃动现象,在液体的晃动分析中通常采用位移格式;但位移格式待求未知量的个数多于压力模式,占用的计算机内存较多,且容易产生伪模态,目前的个人计算机内存可配得足够的大,可满足绝大多数的工程计算问题;至于伪模态可通过数值处理方法(Chen & Taylor 1990)加以克服。由于本书主要讨论液体的晃动问题,以下主要介绍基于位移格式的有限元方法。

7.2.1 无黏性液体运动的位移控制方程

设所考虑的液体为可压缩、无黏性、无旋的流体,液体在小幅运动下,根据第2章式(2.1.6),在不考虑质量力的情况下,流体运动线性化后的 Euler 方程为

$$\begin{cases} \dfrac{\partial p}{\partial x} + \rho \dfrac{\partial v_x}{\partial t} = 0 \\ \dfrac{\partial p}{\partial y} + \rho \dfrac{\partial v_y}{\partial t} = 0 \\ \dfrac{\partial p}{\partial z} + \rho \dfrac{\partial v_z}{\partial t} = 0 \end{cases} \quad (7.2.1)$$

式中:p 为液动压力;v_x、v_y、v_z 为液体速度分量。设液体质点相对于静平衡位置沿 x、y、z 三个方向的位移分量分别为 u_x、u_y、u_z,根据小扰动条件有

$$v_x = \frac{\partial u_x}{\partial t}, \quad v_y = \frac{\partial u_y}{\partial t}, \quad v_z = \frac{\partial u_z}{\partial t} \quad (7.2.2)$$

设液体的体积压缩模量为 K(物理意义是指单位体积的液体,其体积被压缩一个单位量所需要的压力值),根据体应力(液动压力 p)与体应变的关系有

$$\frac{\partial u_x}{\partial x} + \frac{\partial u_y}{\partial y} + \frac{\partial u_z}{\partial z} = -\frac{p}{K} \quad (7.2.3)$$

将式(7.2.3)对时间求一次导数,得

$$K\left(\frac{\partial v_x}{\partial x} + \frac{\partial v_y}{\partial y} + \frac{\partial v_z}{\partial z}\right) = -\frac{\partial p}{\partial t} \quad (7.2.4)$$

于是,液体物理方程为

$$\frac{\partial p}{\partial t} + \rho c^2 \left(\frac{\partial v_x}{\partial x} + \frac{\partial v_y}{\partial y} + \frac{\partial v_z}{\partial z}\right) = 0 \quad (7.2.5)$$

式中:$c = \sqrt{K/\rho}$ 为液体中声波的速度。对物理方程(7.2.5)两端求时间的一次导数,得

$$\frac{\partial^2 p}{\partial t^2} + \rho c^2 \left(\frac{\partial^2 v_x}{\partial t \partial x} + \frac{\partial^2 v_y}{\partial t \partial y} + \frac{\partial^2 v_z}{\partial t \partial z}\right) = 0 \quad (7.2.6)$$

将式(7.2.1)各分式两端分别对 x、y 和 z 求一次偏导,再相加得

$$\nabla^2 p = \frac{\partial^2 p}{\partial x^2} + \frac{\partial^2 p}{\partial y^2} + \frac{\partial^2 p}{\partial z^2} = -\rho\left(\frac{\partial^2 v_x}{\partial t \partial x} + \frac{\partial^2 v_y}{\partial t \partial y} + \frac{\partial^2 v_z}{\partial t \partial z}\right) \quad (7.2.7)$$

比较式（7.2.6）与式（7.2.7），得

$$\nabla^2 p = \frac{1}{c^2}\frac{\partial^2 p}{\partial t^2} \quad (7.2.8)$$

上式为液动压力所满足的波动方程。将式（7.2.2）代入式（7.2.5），有

$$\frac{\partial p}{\partial t} = -\rho c^2 \left(\frac{\partial^2 u_x}{\partial t \partial x} + \frac{\partial^2 u_y}{\partial t \partial y} + \frac{\partial^2 u_z}{\partial t \partial z}\right) \quad (7.2.9)$$

将式（7.2.9）两边对时间 t 积分并略去常数项得

$$p = -\rho c^2 \left(\frac{\partial u_x}{\partial x} + \frac{\partial u_y}{\partial y} + \frac{\partial u_z}{\partial z}\right) \quad (7.2.10)$$

将式（7.2.10）两边对 x 求一次偏导，并利用式（7.2.1）及式（7.2.2），有

$$\frac{\partial^2 u_x}{\partial t^2} = c^2 \left(\frac{\partial^2 u_x}{\partial x^2} + \frac{\partial^2 u_y}{\partial x \partial y} + \frac{\partial^2 u_z}{\partial x \partial z}\right) \quad (7.2.11)$$

将式（7.2.10）两边分别对 y、z 求一次偏导，同理有

$$\frac{\partial^2 u_y}{\partial t^2} = c^2 \left(\frac{\partial^2 u_x}{\partial x \partial y} + \frac{\partial^2 u_y}{\partial y^2} + \frac{\partial^2 u_z}{\partial y \partial z}\right) \quad (7.2.12)$$

$$\frac{\partial^2 u_z}{\partial t^2} = c^2 \left(\frac{\partial^2 u_x}{\partial x \partial z} + \frac{\partial^2 u_y}{\partial y \partial z} + \frac{\partial^2 u_z}{\partial z^2}\right) \quad (7.2.13)$$

方程（7.2.11）~（7.2.13）为以位移表示的液体运动方程。液体运动的边界条件如下：

流体自由表面 ∂S_f 上，有 $p=0$，即根据式（7.2.10），用位移表示为

$$\left(\frac{\partial u_x}{\partial x} + \frac{\partial u_y}{\partial y} + \frac{\partial u_z}{\partial z}\right)\Bigg|_{\partial S_f} = 0 \quad (7.2.14)$$

在流体-结构交接面上的法向位移协调条件为

$$(u_x - w_x)\cos\alpha + (u_y - w_y)\cos\beta + (u_z - w_z)\cos\gamma = 0 \quad (7.2.15)$$

及法向压力协调条件为

$$\begin{bmatrix} \sigma_x + p & \tau_{xy} & \tau_{xz} \\ \tau_{xy} & \sigma_y + p & \tau_{yz} \\ \tau_{xz} & \tau_{yz} & \sigma_z + p \end{bmatrix}\begin{pmatrix} \cos\alpha \\ \cos\beta \\ \cos\gamma \end{pmatrix} = \begin{pmatrix} 0 \\ 0 \\ 0 \end{pmatrix} \quad (7.2.16)$$

式中：w_x、w_y、w_z 分别为结构在交接面上的位移分量；σ_x、σ_y、σ_z、τ_{xy}、τ_{xz}、τ_{yz} 为结构在交接面上的应力分量；$\cos\alpha$、$\cos\beta$、$\cos\gamma$ 为在结构表面（交接面）外法线向量方向的余弦。

7.2.2 流体与结构运动的相似性

设结构（弹性）体中任一点的位移分量为 w_x、w_y 及 w_z，若忽略体力，则结构弹性体以位移表示的动力学方程为（徐芝纶 1985）：

$$\begin{cases} \dfrac{3K_s}{2(1+\mu)}\left(\dfrac{\partial^2 w_x}{\partial x^2}+\dfrac{\partial^2 w_y}{\partial x \partial y}+\dfrac{\partial^2 w_z}{\partial x \partial z}\right)+G\nabla^2 w_x = \rho_s \dfrac{\partial^2 w_x}{\partial t^2} \\ \dfrac{3K_s}{2(1+\mu)}\left(\dfrac{\partial^2 w_x}{\partial x \partial y}+\dfrac{\partial^2 w_y}{\partial y^2}+\dfrac{\partial^2 w_z}{\partial y \partial z}\right)+G\nabla^2 w_y = \rho_s \dfrac{\partial^2 w_y}{\partial t^2} \\ \dfrac{3K_s}{2(1+\mu)}\left(\dfrac{\partial^2 w_x}{\partial x \partial z}+\dfrac{\partial^2 w_y}{\partial y \partial z}+\dfrac{\partial^2 w_z}{\partial z^2}\right)+G\nabla^2 w_z = \rho_s \dfrac{\partial^2 w_z}{\partial t^2} \end{cases} \quad (7.2.17)$$

式中：K_s、G、μ 和 ρ_s 分别为弹性体体积弹性模量、剪切模量、泊松比及质量密度。在式（7.2.17）中，若命 $G=0$，则方程（7.2.17）变为

$$\begin{cases} \dfrac{\partial^2 w_x}{\partial t^2} = \dfrac{3K_s}{2\rho_s(1+\mu)}\left(\dfrac{\partial^2 w_x}{\partial x^2}+\dfrac{\partial^2 w_y}{\partial x \partial y}+\dfrac{\partial^2 w_z}{\partial x \partial z}\right) \\ \dfrac{\partial^2 w_y}{\partial t^2} = \dfrac{3K_s}{2\rho_s(1+\mu)}\left(\dfrac{\partial^2 w_x}{\partial x \partial y}+\dfrac{\partial^2 w_y}{\partial y^2}+\dfrac{\partial^2 w_z}{\partial y \partial z}\right) \\ \dfrac{\partial^2 w_z}{\partial t^2} = \dfrac{3K_s}{2\rho_s(1+\mu)}\left(\dfrac{\partial^2 w_x}{\partial x \partial z}+\dfrac{\partial^2 w_y}{\partial y \partial z}+\dfrac{\partial^2 w_z}{\partial z^2}\right) \end{cases} \quad (7.2.18)$$

将液体运动方程（7.2.11）～（7.2.13）与结构运动方程（7.2.18）进行比较发现，液体运动方程与结构运动方程在形式上完全相同，依据这种相似性，只需将弹性体参数 $\dfrac{3K_s}{2\rho_s(1+\mu)}$ 替换为流体参数 c^2，则弹性体运动方程就变为液体的位移运动方程，即液体的位移运动可以间接通过弹性体运动方程加以描述。

7.2.3 流体位移有限元模式

应用上述结构与流体运动方程的相似性，流体有限元方程可直接由弹性固体有限元构造得到，因此现有结构弹性体标准有限元计算程序可直接用于计算流体。这样整个流-固耦合系统具有统一的有限元计算格式，流体与结构交接面上的协调关系将变得易于处理。工程中常用的 Ansys 商业软件（Kohnke 2001），采用上述运动方程的相似性，提供了一个流体分析单元[Fluid80（三维）]对液体晃动做有限元分析，其中有几个问题说明如下：

1）上述方程的相似性中，用到条件 $G=0$，即流体的剪切模量为零，表明流体单元之间，以及流体单元与弹性体单元之间并不传递剪力，仅仅只传递法向压

力,这一点符合理想流体(无黏性)的力学特征,这样流体-结构交接面上的法向压力协调条件式(7.2.16)将自动满足。实际计算中为了保证计算的稳定性,剪切模量 G 不能为零,只需取一个非常小的正数,保证计算过程不溢出即可。

2)用于形成流体刚度矩阵的物理方程为

$$\begin{cases} \varepsilon_{bulk} = p/K \\ \gamma_{xy} = \tau_{xy}/G \\ \gamma_{xz} = \tau_{xz}/G \\ \gamma_{yz} = \tau_{yz}/G \end{cases} \quad (7.2.19)$$

式(7.2.19)中第一个方程与方程(7.2.3)等价,其中 ε_{bulk} 为流体的体应变,对于水体,其体积压缩模量可近似地取为 $K=2.067\times10^9 \text{Pa}$;其中 τ_{xy}、τ_{yz}、τ_{xz} 与 γ_{xy}、γ_{yz}、γ_{xz} 分别表示流体的剪应力与剪应变,剪切模量可取为一个小的正数,例如可取 $G = K\times10^{-9}$。

3)液体晃动时,自由表面在重力的作用下,总是趋向于其平衡位置,为了模拟流体自由表面恢复力效应,可在自由表面上加弹簧,现以 U 形管中液体晃动来说明重力弹簧的施加方法,对照图 7.8 的 U 形管,假设流体表面离开平衡位置为 Δh,则其对平衡位置产生的压力为

$$F_D = \rho g A \Delta h \quad (7.2.20)$$

式中:A 为 U 形管的截面面积;g 为重力加速度。于是自由表面恢复力弹簧刚度系数为

$$k_s = \frac{F_D}{\Delta h} = \rho g A \quad (7.2.21)$$

在进行液体晃动分析时,弹簧刚度系数 k_s 中截面面积 A 可根据流体单元在自由表面上的表面面积来确定,自由表面的弹簧施加在流体自由表面的单元节点上。

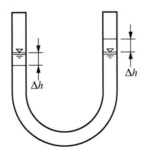

图 7.8 U 形管用于模拟流体自由表面恢复力弹簧系数

4)流体质量矩阵可采用集中质量法形成。

5)流体运动方程是针对无黏性的理想流体得到的,对于水体而言,其黏性很小,可按无黏性的流体考虑,此时流体的阻尼矩阵为零,结构的抗震计算偏于安

全。若计算中需要考虑水体的阻尼作用时,即要考虑水体的黏性效应时,可按以下的物理方程建立流体单元的阻尼矩阵:

$$\begin{cases} \dot{\gamma}_{xy} = \tau_{xy}/\mu \\ \dot{\gamma}_{xz} = \tau_{xz}/\mu \\ \dot{\gamma}_{yz} = \tau_{yz}/\mu \end{cases} \quad (7.2.22)$$

式中:$\dot{\gamma}$ 为液体应变对时间 t 的导数;μ 为流体的动力黏度系数,对于水体可取 $\mu = 0.001135 \text{kg}/(\text{m} \cdot \text{s})$。

6)流-固耦合交界面的处理:交界面上同一位置,一般应设置两个节点,一个用于流体、另一个用于结构弹性体,交界面两个节点法向处的位移强制保持协调一致,即满足方程(7.2.15),而两个节点的切向位移不做约束,允许相对滑动,即为可滑动边界条件。

7.2.4 液体-结构耦合系统运动方程

采用统一的位移模式有限元计算格式,结构(固体)部分按照常规的位移模式进行处理,液体按上述位移模式建模,流体和固体的交界面位移按式(7.2.15)进行耦合。最终,流体-固体耦合系统总体模型动力平衡方程可以写为

$$([M_s]+[M_L])\{\ddot{X}(t)\}+[C]\{\dot{X}(t)\}+([K_s]+[K_L])\{X(t)\}=\{F(t)\} \quad (7.2.23)$$

式中:$\{\ddot{X}(t)\}$、$\{\dot{X}(t)\}$ 及 $\{X(t)\}$ 分别为总体模型的节点加速度、速度和位移向量;$[M_s]$ 和 $[M_L]$ 分别为结构及液体系统的质量矩阵;$[K_s]$ 和 $[K_L]$ 分别为结构及液体系统的刚度矩阵;$[C]$ 为系统阻尼矩阵,可另外构造;$\{F(t)\}$ 为作用于结构之上的动力荷载,如风荷载、地震作用等。

在进行模态分析时,系统特征方程则为

$$([K_s]+[K_L])\{\phi\}=\omega^2([M_s]+[M_L])\{\phi\} \quad (7.2.24)$$

求解上式,可以得到第 i 阶的自然频率 ω_i^2 与振型向量 $\{\phi_i\}$,为了降低模型计算规模,通常还可采用凝聚缩减方法将模型的全部自由度缩减为以少量主自由度表示的系统方程,然后进行求解。在 Ansys 程序中,可通过选取主自由度的方法进行缩减。

7.2.5 数值算例*

取矩形水槽内静止水截面宽度为 8.0m,高度为 6.0m,长度为 2.0m(图 7.9),流体质量密度为 $\rho = 1000 \text{kg/m}^3$,采用上一节的边界元法,将水体假设为不可压缩的流体,得到槽内水体横向第一阶晃动频率为 0.3087Hz。采用本节位移格式的有限元法,流体的黏性系数取为零,流体体积压缩模量按实际取为 $K = 2.067 \times 10^9 \text{Pa}$,水体的边界采用滑动边界,计算得到的槽内水体横向第一阶晃动模态见图 7.9,晃

---

*:本节内容参考了文献(李遇春等 2003)。

动频率为 0.3041Hz，有限元与边界元的结果，相对误差仅为 1.5%，两者结果非常接近。

若设水槽槽身长度为 12.0m，图 7.10 表示了流体在 EL Centro（N-S）地震波作用下（峰值加速度为 3.417m/s²）对水槽槽身水平剪力的时间历程，图中分别采用了两种计算方法，可以看出，有限元法与边界元法两个结果在总的时间域上相当一致，其最大反应值亦极为接近，边界元解为 $|F_l|_{max}$ =1298.0kN，有限元解为 $|F_l|_{max}$ =1311.7kN。关于 U 型渡槽的液-固耦合有限元算例可参见本书 8.3.4 节。

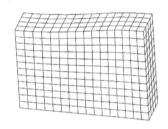

图 7.9 矩形水槽内水体有限元模型及横向第一阶晃动模态

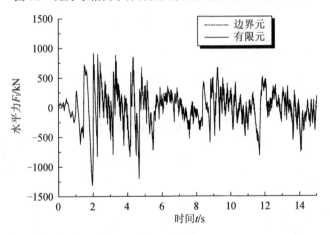

图 7.10 水体在 EL Centro（N-S）地震波作用下对矩形水槽横向水平剪力的时间历程

本节有限元法可用来模拟三维复杂形状容器内液体在外激励下的晃动及其与结构的相互作用问题，本方法使用方便、灵活，特别适用于工程中大规模液体与结构相互作用动力问题；但本方法只适合于小幅液体晃动问题，无法模拟大幅的非线性晃动问题。

7.3 有限体积法

有限体积法是模拟液体流动（晃动）最有效的数值方法之一，目前许多流体计算商业软件（如 Fluent 软件）采纳了有限体积法，有限体积法与 VOF 法用于模拟液体大幅非线性晃动问题,采用有限体积法模拟液体区域,采用 VOF 方法追踪液体与空气的交接面,本节主要介绍有限体积法与 VOF 法的基本原理,借助 Fluent 商业软件,应用有限体积法给出液体大幅晃动的几个算例。

7.3.1 有限体积法的基本原理

液体运动的连续性方程与动量方程可以分别表示为(Versteeg & Malalasekera 1995)

$$\frac{\partial \rho}{\partial t} + \nabla \cdot (\rho \boldsymbol{U}) = 0 \tag{7.3.1}$$

$$\frac{\partial}{\partial t}(\rho \boldsymbol{U}) + \nabla \cdot (\rho \boldsymbol{U}\boldsymbol{U}) = -\nabla p + \mu \nabla^2 \boldsymbol{U} + \boldsymbol{S}_M \tag{7.3.2}$$

式中:$\boldsymbol{U}$ 为液体的速度向量;p 为液体压力;ρ 及 μ 分别为液体的质量密度及动力黏度;$\boldsymbol{S}_M$ 为源项。有限体积法将流动的液体在求解域内离散为有限数量的小控制区域,引入一个广义的变量 ϕ,则方程(7.3.1)与(7.3.2)可以写为下列的通用变量方程:

$$\frac{\partial}{\partial t}(\rho \phi) + \nabla \cdot (\rho \boldsymbol{U} \phi) = \nabla \cdot [\varGamma_\phi \operatorname{grad} \phi] + S_\phi \tag{7.3.3}$$

式中:$\varGamma_\phi$ 为扩散系数;S_ϕ 为广义源项。对于液体的晃动问题而言,将 ϕ 取为不同的变量,并取扩散系数和源项为适当的表达式,就可得到连续性方程与动量方程,如表 7.1 所列。

表 7.1 通用变量方程中各参量的取值

守恒方程	ϕ	$\varGamma_\phi$	S_ϕ
质量守恒方程(连续性方程)	1	0	0
x-方向动量方程	v_x	μ	$-(\partial p/\partial x) - \rho \ddot{G}_x$
y-方向动量方程	v_y	μ	$-(\partial p/\partial y) - \rho \ddot{G}_y$
z-方向动量方程	v_z	μ	$-(\partial p/\partial z) - \rho g - \rho \ddot{G}_z$

注:v_x、v_y、v_z 分别为 x、y、z 三个方向上的液体相对容器的速度;$\ddot{G}_x$、$\ddot{G}_y$、$\ddot{G}_z$ 分别为容器沿 x、y、z 三个方向的激振(牵连)加速度。

有限体积法与有限元法一样,也需要对求解区域进行离散,将其划分为有限大小的离散网格(图 7.11),每个网格按一定方式形成一个包围该节点的控制体积 V,将方程(7.3.3)在每一个控制体积中积分,得

$$\int_V \frac{\partial}{\partial t}(\rho \phi) \mathrm{d}V + \int_V \nabla \cdot (\rho \boldsymbol{U} \phi) \mathrm{d}V = \int_V \nabla \cdot (\varGamma_\phi \operatorname{grad} \phi) \mathrm{d}V + \int_V S_\phi \mathrm{d}V \tag{7.3.4}$$

事实上,上式可以看成对方程(7.3.3)应用了 Galerkin 方法(加权余量法),其中权函数 $W=1$。应用 Gauss 散度定理,方程(7.3.4)可以重写为

$$\frac{\partial}{\partial t}\left(\int_V \rho\phi dV\right) = \int_A \boldsymbol{n}\cdot[\Gamma_\phi \operatorname{grad}\phi]dA - \int_A \boldsymbol{n}\cdot(\rho\boldsymbol{U}\phi)dA + \int_V S_\phi dV \qquad (7.3.5)$$

式中：A 为包围体积 V 的封闭表面；$\boldsymbol{n}$ 为表面 A 的外法向单位向量；dA 为表面面积元。方程（7.3.5）实际上表示了流动变量 ϕ 在控制体积 V 内的守恒关系，可采用文字表述为

$$\begin{bmatrix}\phi\text{随时间}\\ \text{的变化率}\end{bmatrix} = \begin{bmatrix}\phi\text{由于边界对流}\\ \text{引起的增量}\end{bmatrix} + \begin{bmatrix}\phi\text{由于边界扩散}\\ \text{引起的增加量}\end{bmatrix} + \begin{bmatrix}\phi\text{由于内源}\\ \text{引起的增量}\end{bmatrix} \qquad (7.3.6)$$

从物理意义上讲，方程（7.3.6）为准确的物理守恒定理，由于每个控制区域 V 内满足守恒定理，在整个液体求解区域也自然满足守恒定理。若将方程（7.3.4）看成 Galerkin 法的应用，通常情况下 Galerkin 法所得到的解为弱解，但由于方程（7.3.5）[方程（7.3.4）的另一种形式]为精确的守恒定理，由方程（7.3.4）得到的解实际上为强解。

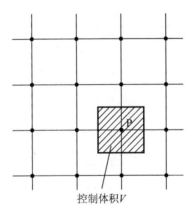

图 7.11 液体离散网格与控制体积 V

7.3.2 自由液面的 VOF 方法

液体自由表面可以看成液体与空气二相流的交界面，VOF 方法就是用来模拟两相流交界面运动变化的一种方法。VOF 的概念最早由 Hirt and Nichols（1981）首次提出，VOF 方法的基本原理是通过研究网格单元中流体和网格体积比函数 F 构造和追踪自由面。若 $F=1$，则说明该单元全部为液体所占据；若 $F=0$，则该单元全部为空气所占据；当 $0<F<1$ 时，则该单元称为交界面单元；于是假定流场中任意点 (x,y,z)，定义函数 $F(x,y,z,t)$ 为

$$F(x,y,z,t) = \begin{cases} 0, & \text{空气相} \\ 0\sim 1, & \text{自由表面} \\ 1, & \text{液体相} \end{cases} \qquad (7.3.7)$$

函数 $F(x,y,z,t)$ 满足下列守恒形式的传输方程：

$$\frac{\partial F}{\partial t} + (\boldsymbol{U} \cdot \nabla)F = 0 \qquad (7.3.8)$$

VOF 方法的主要任务是离散并求解方程 (7.3.8), 许多学者, 例如 Hirt & Nichols (1981), Noh & Woodward (1976), Ubbink (1997) 与 Youngs (1982) 提出了几种求解方法, 通过求解方程, 可以得到每个时间步的 F 值, 结合自由液面重构算法 (Hirt & Nichols 1981; Youngs 1982) 得到自由面的位置, 单元内两相流体的密度与动力黏度可由下式确定 (Gopala & van Wachem 2008):

$$\begin{cases} \rho = F\rho_{\text{liquid}} + (1-F)\rho_{\text{air}} \\ \mu = F\mu_{\text{liquid}} + (1-F)\mu_{\text{air}} \end{cases} \qquad (7.3.9)$$

式中: ρ_{liquid} 与 ρ_{air} 分别为液体与空气的密度; μ_{liquid} 与 μ_{air} 分别为液体与空气的动力黏度。假定交界面上二相流的速度是连续的, 将式 (7.3.9) 代入方程 (7.3.1) 与 (7.3.2), 采用有限体积法求解可得到速度与压力。

Fluent 商业软件采用以上有限体积法与 VOF 法来模拟自由表面流问题, 以下采用 Fluent 程序求解几个液体非线性晃动问题。在以下模拟中, 容器顶边界设为压力出口 ($p=0$), 见图 7.12, 采用 VOF 方法追踪自由界面, 界面的重构采用分段线性重构方法, 计算网格均为结构化的四边形网格, 考虑到边界层和自由液面波动的影响, 在壁面附近和自由液面区域加密网格, 这样设置是为了更准确地考虑边界层和自由表面黏性的影响, 运用 Fluent 提供的用户自定义函数 (UDF), 使用 C 语言编写代码添加流体的加速度激励函数 [$\ddot{G}_x(t)$, 或 $\ddot{G}_y(t)$, 或 $\ddot{G}_z(t)$], 从而实现流体晃动的激振, 忽略液体表面张力效应, 计算模型与参数设置见表 7.2。

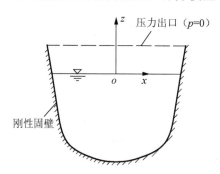

图 7.12 计算模型的压力出口设置

表 7.2 Fluent 程序中计算模型与参数设置

模型与参数	设 置
求解器类型	基于压力
模型	多相流, VOF
压力空间离散	PRESTO
黏性模型	RNG k-ε

续表

模型与参数	设置
自由表面追踪方法	Geo-Reconstruct
液体黏度/[kg/m·s]	0.001
液体密度/（kg/m³）	998.2
空气黏度/[kg/m·s]	1.789×10⁻⁵
空气密度/（kg/m³）	1.225
重力加速度/（m/s²）	−9.81
时间步长/s	0.005

7.3.3 数值算例

1. 算例1：水平谐波激励下流体的共振反应

取二维矩形水箱内静止水截面尺寸为 $2a$=8.0m，H=6.0m，液体的一阶晃动频率为 ω_1=1.94 rad/s，设水平加速度激励为 $\ddot{G}_x(t)=0.1\times\sin(1.94t)\,\text{m/s}^2$，在该谐波激励下，液体会产生共振反应。图7.13为流体右壁上波高 $h(a,t)$ 的共振反应曲线，图7.14给出了几个时刻点的自由表面波形，由图可以看出，在共振初始阶段，晃动幅度从零开始逐步增大，当晃动幅度较大时，非线性项将起到越来越大的作用，非线性项及液体晃动阻尼抑制了晃动幅度的无限增大，最后呈现一个有限幅的稳态振动，波峰幅值明显大于波谷幅值，流体晃动的周期略有加长。

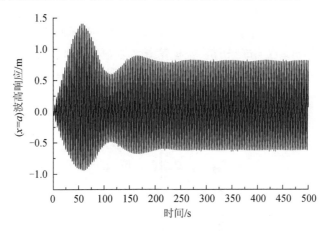

图7.13 液体右壁上波高 $h(a,t)$ 的共振反应曲线

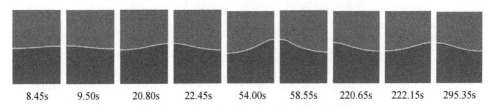

图7.14 一阶共振时晃动自由表面随时间变化的波形图

2. 算例2：水平强震激励下流体的反应

矩形容器同算例1，当采用 EL Centro(N-S)地震波（峰值加速度为3.417m/s²）作为水平加速度 $\ddot{G}_x(t)$ 时，图7.15为波高 $h(a,t)$ 的地震响应曲线，从图中可以看出有限体积法（Fluent程序）与第4章中的多模态法得到的结果吻合良好。

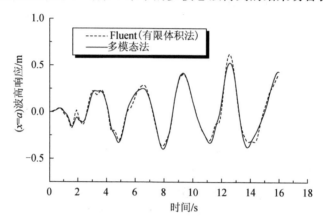

图7.15 EL Centro（N-S）地震作用时的波高地震响应

3. 算例3：竖向谐波激励下流体的参数共振反应

根据文献（王庄2014）的参数晃动模型试验，设二维矩形容器尺寸如图7.16所示，容器的厚度 $2b=20$mm，二维晃动的一阶模态频率为 $f_1=1.891$Hz，设竖向激励加速度为 $\ddot{G}_z(t)=G_0\sin(2\pi ft)$。根据第6章参数晃动理论，当竖向正弦加速度的频率在 $f=2f_1$ 附近时（在不稳定区域内），液体会发生一阶模态的参数共振；当激励参数为 $f=3.78$Hz，$G_0=0.12g$（g 为重力加速度）时，图7.17显示了一阶参数共振波高在 $x=-85$mm 处响应，这一结果与参数晃动试验（Li &

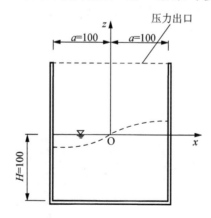

图7.16 矩形容器计算模型（单位：mm）

Wang 2015,王庄 2014)结果一致。图 7.18 给出了不稳定区域内一阶参数晃动的稳态响应幅值随频率比变化的曲线,由图可以看出,有限体积法的模拟结果与试验值吻合良好。

Fluent 程序(有限体积法)中自动考虑了液体晃动的非线性、黏性阻尼效应等,其结果与实际更为接近,同时程序中应用了 VOF 跟踪自由液面,且能进行长时间的非线性稳态响应计算,因此有限体积法及 VOF 方法可能是晃动分析的最好方法。

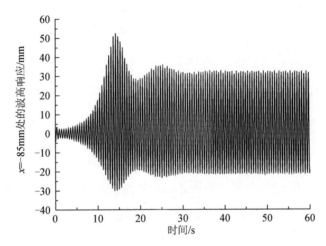

图 7.17 一阶参数共振波高响应曲线

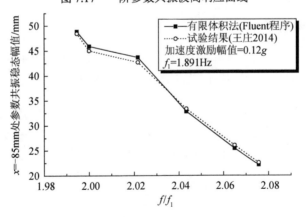

图 7.18 不稳定区域内一阶参数晃动的稳态响应幅频曲线

7.4 SPH 无网格方法

以上 7.1~7.3 节为有网格的数值方法,当液体强烈晃动时,自由表面容易出现碎波现象,这时有网格的方法难以描述波的破碎问题。SPH 方法(smoothed particle hydrodynamics，光滑粒子流动力学）是一种无网格粒子方法，能较好描述自由表面的碎波现象。SPH 方法最初主要是用于解决天体物理中流体质团在无边界情况下的三维空间任意流动的计算问题，该方法首先由 Lucy（1977）和 Gingold & Monaghan（1977）提出。SPH 方法的基本思想是将连续的流体用相互作用的粒子组来描述，各个粒子上承载各种物理量，包括质量、速度等，通过求解质点组的动力学方程（Lagrange 形式的运动方程）和跟踪每个质点的运动轨道，来获得液体系统的解答。本节将简要介绍 SPH 方法的基本原理，借助已有的 SPH 开源程序（https://wiki.manchester.ac.uk/sphysics/index.php/Main_Page），在此基础上根据待求的晃动问题，对源程序进行修改，最后得到问题的解答。

7.4.1 液体晃动方程的 Lagrange 描述

对于晃动问题而言，SPH 方法主要用于求解下列连续性方程与动量方程：

$$\frac{\mathrm{d}\rho}{\mathrm{d}t} = -\rho \nabla \cdot \boldsymbol{U} \tag{7.4.1}$$

$$\frac{\mathrm{d}\boldsymbol{U}}{\mathrm{d}t} = -\frac{1}{\rho}\nabla p + \ddot{\boldsymbol{G}}_x + \ddot{\boldsymbol{G}}_y + (\boldsymbol{g} + \ddot{\boldsymbol{G}}_z) + \theta \tag{7.4.2}$$

式中：$\ddot{\boldsymbol{G}}_x$、$\ddot{\boldsymbol{G}}_y$ 与 $\ddot{\boldsymbol{G}}_z$ 分别为贮液容器的三个加速度分量，也是液体晃动的激励源；θ 为扩散项，它与液体的黏性有关；方程中其他符号的意义同 7.3 节。注意到方程（7.4.1）与（7.4.2）是以 Lagrange 形式给出的，因此在 SPH 法中，不需要计算对流项。

7.4.2 SPH 计算格式

在 SPH 模拟中，一个函数 $A(\boldsymbol{r})$ 可以由一个积分插值来近似：

$$A(\boldsymbol{r}) = \int_\Omega A(\boldsymbol{r}')W(\boldsymbol{r}-\boldsymbol{r}',h)\mathrm{d}\boldsymbol{r}' \tag{7.4.3}$$

式中：$\boldsymbol{r}$ 为一个位置向量；$W(\boldsymbol{r}-\boldsymbol{r}',h)$ 为光滑的核函数；Ω 为影响区域；h 为光滑长度。在粒子近似中，方程（7.4.3）的积分形式可以转化为影响区域内离散粒子的和，因而在 i 点处的物理量 $A(\boldsymbol{r}_i)$ 及其导数可以写为下列形式：

$$A(\boldsymbol{r}_i) = \sum_j m_j \frac{A(\boldsymbol{r}_j)}{\rho_j} W(\boldsymbol{r}_i - \boldsymbol{r}_j, h) \tag{7.4.4}$$

$$\nabla A(\boldsymbol{r}_i) = \sum_j m_j \frac{A(\boldsymbol{r}_j)}{\rho_j} \nabla W(\boldsymbol{r}_i - \boldsymbol{r}_j, h) \tag{7.4.5}$$

式中：j 为影响域内粒子的编号，求和要遍历影响域内的所有粒子。将式（7.4.4）与式（7.4.5）的函数近似引入控制方程（7.4.1）与（7.4.2），得到晃动动力学的 SPH 计算格式：

$$\frac{d\rho_i}{dt} = \sum_j m_j \boldsymbol{U}_{ij} \nabla_i W_{ij} \qquad (7.4.6)$$

$$\frac{d\boldsymbol{U}_i}{dt} = -\sum_j m_j \left(\frac{P_i}{\rho_i^2} + \frac{P_j}{\rho_j^2} + \Pi_{ij} \right) \nabla_i W_{ij} + \sum_j \boldsymbol{f}_{ij} + \ddot{\boldsymbol{G}}_x + \ddot{\boldsymbol{G}}_y + (\boldsymbol{g} + \ddot{\boldsymbol{G}}_z) \qquad (7.4.7)$$

式中：$\boldsymbol{U}_{ij} = \boldsymbol{U}_i - \boldsymbol{U}_j$ 为粒子 i 与 j 的相对速度；$\nabla_i W_{ij}$ 为核函数 $W(\boldsymbol{r}_i - \boldsymbol{r}_j, h)$ 的梯度函数；$\boldsymbol{f}_{ij}$ 为边界上作用在粒子 i 上的单位质量排斥力（这个排斥力来源于容器壁边界）；Π_{ij} 为扩散项（人工黏性项），本节采用 Monaghan（1992）提出的人工黏性项：

$$\Pi_{ij} = \begin{cases} \dfrac{-\alpha \overline{c_{ij}} \mu_{ij}}{\overline{\rho_{ij}}}, & \boldsymbol{U}_{ij} \cdot \boldsymbol{r}_{ij} < 0 \\ 0, & \boldsymbol{U}_{ij} \cdot \boldsymbol{r}_{ij} \geqslant 0 \end{cases} \qquad (7.4.8)$$

式中：

$$\begin{cases} \mu_{ij} = \dfrac{h \boldsymbol{U}_{ij} \cdot \boldsymbol{r}_{ij}}{\boldsymbol{r}_{ij}^2 + \eta^2} \\ \overline{c_{ij}} = \dfrac{1}{2}(c_i + c_j) \\ \overline{\rho_{ij}} = \dfrac{1}{2}(\rho_i + \rho_j) \\ \eta^2 = 0.01 h^2 \end{cases} \qquad (7.4.9)$$

式中：c_i 为质点 i 处的声速；α 为一个黏性参数，根据不同的问题（Souto Iglesias et al. 2004），其取值范围 $0.0 \sim 0.10$，这里取值 $\alpha = 0.005$，黏性项既可以用来表示液体的黏性，也可以阻止粒子相互贯穿，同时还可以保持数值计算的稳定，黏性项的其它表达式可参见 Cleary（1998）。

在本节晃动问题模拟中，光滑核函数拟采用下列五次样条函数：

$$W(R, h) = \alpha_d \times \begin{cases} (3-R)^5 - 6(2-R)^5 + 15(1-R)^5, & 0 \leqslant R < 1 \\ (3-R)^5 - 6(2-R)^5, & 1 \leqslant R < 2 \\ (3-R)^5, & 2 \leqslant R < 3 \\ 0, & R > 3 \end{cases} \qquad (7.4.10)$$

式中：$R = |\boldsymbol{r}_a - \boldsymbol{r}_b|/h$ 为粒子 i 与 j 的相对距离；参数 α_d 的值在一维、二维和三维情况下分别取值为 $120/h$，$7/(478\pi h^2)$ 和 $3/(359\pi h^3)$。

7.4.3 时间积分格式

SPH 法的时间步进方法有很多种，本节采用 Leap-Frog（跳蛙法），计算格式如下：

$$\begin{cases} U^{t+\frac{1}{2}\Delta t} = U^t + \frac{1}{2}\Delta t \left(\frac{dU}{dt}\right)^{t-\frac{1}{2}\Delta t} \\ r^{t+\frac{1}{2}\Delta t} = r^t + \frac{1}{2}\Delta t U^{t-\frac{1}{2}\Delta t} \end{cases} \quad (7.4.11)$$

在临时位置处计算粒子受力，获得加速度，然后根据此时的加速度更新粒子的速度与位移：

$$U^{t+\Delta t} = U^t + \frac{1}{2}\Delta t \left(\frac{dU}{dt}\right)^{t+\frac{1}{2}\Delta t} \quad (7.4.12)$$

$$r^{t+\Delta t} = r^t + \frac{1}{2}\Delta t U^{t+\Delta t} \quad (7.4.13)$$

为了防止粒子穿透，增加计算的稳定性，Monaghan（1992）提出了一个粒子速度的修正方法，对式（7.4.13）做如下修改：

$$r^{t+\Delta t} = r^t + \frac{1}{2}\Delta t U^{t+\Delta t} + \varepsilon \sum_j \frac{m_j}{\overline{\rho}_{ij}} U_{ji} W_{ij} \quad (7.4.14)$$

式中：$\overline{\rho}_{ij} = 0.5(\rho_i + \rho_j)$；$\varepsilon$ 为常数，其值变化范围 $0\sim1$，通常可取 $\varepsilon = 0.5$。

7.4.4 状态方程

在 SPH 法中可以把水体看作是微可压缩流体进行模拟，采用状态方程求解压力更加方便。Monaghan（1994）和 Batchelor（1974）提出了密度与压力关系的公式，即状态方程如下：

$$P = B\left[\left(\frac{\rho}{\rho_0}\right)^\gamma - 1\right] \quad (7.4.15)$$

式中：$B = c_0^2 \rho_0 / \gamma$，$\gamma = 7$，$\rho_0 = 1000 \text{kg/m}^3$ 为参考密度（通常采用流体表面的密度值），$c_0 = c(\rho_0)$ 为参考密度下的声速。

7.4.5 边界条件

自由液面：由于自由面附近的粒子缺失，其密度减小，于是可规定当粒子密度满足 $\rho_i < \beta\rho_0$（β 为参数，可取 $\beta = 0.97$）时，粒子可视为自由面粒子，这时采用零压力边界条件。

固壁边界条件：在边界上或邻近边界处的粒子只受到边界内粒子的影响作用，而在边界外没有粒子，故而边界外不对粒子产生影响。这种单边影响作用会导致求解结果错误，因为在固定边界表面，虽然粒子速度为零，但是其他变量，例如密度,则不一定为零。为了克服这一问题,目前采用的方法是在固定边界表面布置一组虚粒子。目前有多种虚粒子的方法,本节采用动态边界粒子的方法,Dalrymple & Knio(2000)首先提出动态边界粒子,Crespo et al.(2007)进一步发展了这种边界条件。这些粒子具有流体粒子同样的性质,因此使边界粒子满足流体粒子一样的连续方程、状态方程和能量方程,同时它们需满足固壁不可滑移的条件,采用这种粒子作为边界粒子时,由于与流体粒子采用同样的循环计算,节省了大量的计算时间。

7.4.6 数值算例*

1. 算例1: 共振响应

如图7.19(a)所示二维矩形截面容器,其宽度为$L=1.0$m,高度$H=1.0$m,液深为$D=0.4$m,液体一阶反对称模态频率为$\omega_1=5.119$rad/s,一阶对称模态频率为$\omega_2=7.80$rad/s。数值模型的坐标原点设置在容器内左下角,坐标系如图所示,采用交错布点的形式初始布置流体粒子,并设流体初始速度为零。图7.19(b)所示为SPH计算模型:每个粒子的位置可以表示为$\boldsymbol{R}=ld x \boldsymbol{i}+md y \boldsymbol{j}$,$l$和$m$为整数,$\boldsymbol{i}$和$\boldsymbol{j}$为$x$、$y$方向的单位向量,$dx=dz=0.01$m,初始的流体粒子密度为$1000$kg/m^3,初始压力按照静水压力计算,容器固壁边界粒子的速度始终为0,粒子光滑长度取为$h=0.013$m,整个计算区域离散得到的水体粒子7880个,边界粒子603个。

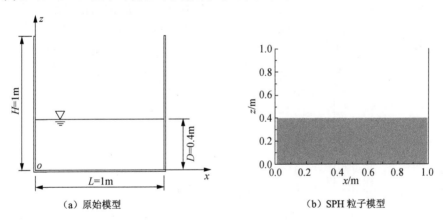

(a) 原始模型　　(b) SPH粒子模型

图7.19 液体计算模型

设二维矩形容器水平加速度为$\ddot{G}_x=a_0\sin(\omega t)$,其中$a_0=0.15$m/s^2,$\omega=\omega_1=5.119$rad/s,这时液体会发生共振响应。图7.20为SPH法和解析法得到的左侧壁处自由液面的波高共振曲线,由图可见,在晃动的初始阶段,流体晃动的幅度较

---

*: 本节内容参考了文献(Wang et al. 2013)。

小，表现为线性运动，此时波峰和波谷幅值基本相当，SPH 方法计算得到的波动曲线与线性解析解吻合较好，随着时间的推进，这两个结果出现了明显的不一致，因为线性解没有考虑晃动的非线性，当波动的幅度越来越大时，线性解明显低估了波峰幅值，SPH 结果呈现了流体晃动的非线性特性，即波峰幅值大于波谷幅值。

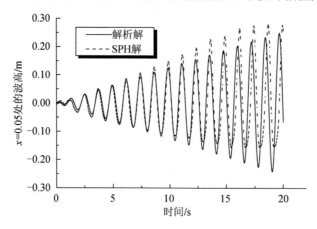

图 7.20　波高共振响应曲线

2. 算例 2：强震激励下的响应

矩形容器模型同算例 1，水平加速度输入采用 EL Centro（N-S）地震波（峰值加速度 3.417m/s，输入时长为 20s，图 7.21 给出了左壁波高曲线的波高响应，图 7.22 给出了 t=6.20s 到 t=7.46s 期间 8 个时刻点的粒子分布（自由表面）情况，当 t=6.20s，6.74s，6.92s 时，可以明显地看到自由表面波浪的破碎，有网格的方法将无法模拟这一现象。

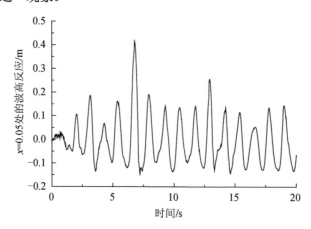

图 7.21　EL Centro（N-S）地震激励下的波高反应

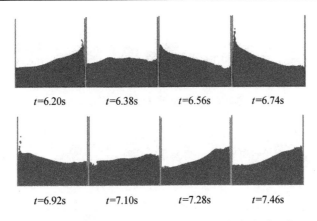

图 7.22 不同时刻计算域中的粒子分布（自由表面形状）

3. 算例 3：参数晃动（Faraday 波）

计算模型同算例 1，施加竖向加速度激励为：$\ddot{G}_z = 3.5 \cdot \sin(\omega t)$ m/s^{-1}，其中 $\omega = 2\omega_1 = 10.238$ rad/s，激励频率为二倍的一阶反对称模态频率，图 7.23（a）为计算所得到一阶反对称参数共振的波高曲线，流体的响应频率为 $\omega_1 = 0.5 \times 10.238$ rad/s $= 5.119$ rad/s，图 7.24 为 $t=19.40 \sim 20.66$s 一阶反对称 Faraday 波（流体粒子分布图）。

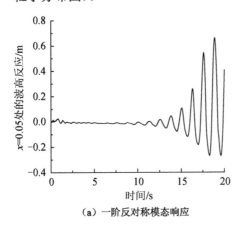
（a）一阶反对称模态响应

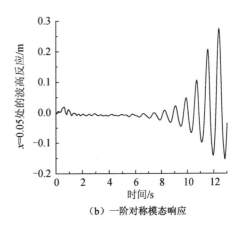
（b）一阶对称模态响应

图 7.23 参数共振的波高响应

当竖向加速度激励为：$\ddot{G}_z = 3.5 \cdot \sin(\omega t)$ m/s^{-2}，其中 $\omega = 2\omega_2 = 15.60$ rad/s，激励频率为二倍的一阶对称模态频率，图 7.23（b）为计算所得到一阶对称参数共振的波高曲线，流体的响应频率为 $\omega_2 = 0.5 \times 15.60$ rad/s $= 7.80$ rad/s。图 7.24 为 $t=19.40 \sim 20.66$s 一阶反对称模态 Faraday 波。图 7.25 为 $t=11.54 \sim 12.31$s 一阶对称模态的 Faraday 波（流体粒子分布图）。以上参数晃动的模拟结果与第 6 章的结果相吻合。关于非矩形容器内的参数晃动的 SPH 模拟可参见文献（王庄等 2013）。

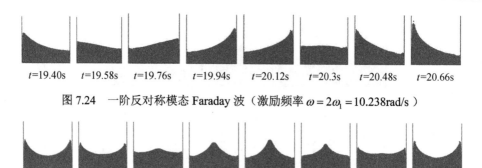

图 7.24　一阶反对称模态 Faraday 波（激励频率 $\omega = 2\omega_1 = 10.238\text{rad/s}$）

图 7.25　一阶对称模态 Faraday 波（激励频率 $\omega = 2\omega_1 = 15.60\text{rad/s}$）

在描述强非线性问题时，SPH 方法与传统的基于网格的方法相比具有独特的优势，特别适合描述大幅晃动问题中的流体碎波、飞溅等过程，显示了比有网格方法更为优越的模拟能力，且 SPH 方法适用于各种不同的几何形状，可用于研究复杂的流体晃动问题，揭示强非线性物理现象。但 SPH 法作为一种数学方法，也存在一些弱点，SPH 法中固体边界为人工边界条件，而非自然的物理边界条件，其中的许多参数选取带有人为因素，现有的 SPH 方法还难以模拟长时间的稳态共振响应，且 SPH 方法的计算量十分庞大，所耗时间很长，计算成本高。

第 8 章 液体晃动的等效力学模型

工程中常常涉及贮液结构物的动力计算问题,例如:水利、土木工程中的水塔、渡槽、核反应堆等结构物的地震反应计算,它们都会涉及容器内流体的晃动计算以及与结构的相互作用分析。对于结构工程师而言,他们往往只关注地震作用时液体的运动如何影响结构响应,对于液体本身的运动并不感兴趣,为了避免复杂的流体晃动计算,工程师需要寻求一种简化的流体晃动等效力学(或机械)模型。当弹性容器固有频率与液体晃动固有频率相差较大时,此时容器壁的微小振动对于液体的晃动影响很小,这时可以将容器近似看成刚性的,液体晃动的等效原则为:①流体的原始系统与等效系统具有相同的自然晃动(振动)频率;②在液体动力响应的所有时间历程上,这种等效的力学模型与真实的流体具有完全相同或近似相同的(对结构的)作用效应,所谓的作用效应包括液体对结构的合力与合力矩。对于结构工程师而言,液体的等效力学模型将大大简化液体-结构的耦合计算,使液固耦合系统的动力响应分析变得相对容易。本章将介绍刚性容器内流体晃动等效模型的构建方法及其工程应用实例。理论与实验表明,只要外激励不大,这种等效的力学模型能很好地反映实际情形。

8.1 二维矩形容器内液体晃动等效力学模型

早在 1952 年,Graham 与 Rodriguez(1952)采用线性势流理论,首先提出了矩形容器内流体晃动的等效力学模型,将图 8.1(a)矩形容器内的流体等效为图 8.1(b)的一个固定质量 (M_0, h_0) 及一系列的弹簧振子 $(M_n, K_n, h_n)(n=1,2,3,\cdots)$,这样的等效系统与真实的流体具有同样的作用效应(对容器具有相同的作用力与力矩),Graham 与 Rodriguez 导出了等效模型的精确计算公式,其结果在许多工程领域得到了广泛应用(可参见文献 Dodge 2000;Ibrahim et al. 2001;Ibrahim 2005)。Housner(1957)基于物理直观分析,得到了流体等效模型的简化计算公式,Housner 将等效系统中的固定质量 M_0 与晃动质量 $M_n(n=1,2,3,\cdots)$ 分别称之为脉冲及对流质量,Housner 认为其模型对于 Graham & Rodriguez(1952)的精确解而言是一个好的近似,由于 Housner 模型能给出合理的近似解,且计算公式简单,避免了文献(Graham & Rodriguez 1952)中无穷级数的计算,因而 Housner 模型受到了工程师们的欢迎,在土木、水利工程中得到了广泛使用。然而最新的研究(Li & Wang 2012;Li et al. 2012)显示,早期的传统理论并非完美无缺,Li 与 Wang(2012)指出:Graham 与 Rodriguez 在公式推导过程中出现了一些错误,他们并没有给出对流质量位置($h_1, h_2, \cdots, h_n$)[图 8.1(b)]的正确计算公式;Housner 理论是基于物理直观得到的,而物理直观并非一个精确的物理定理,因而其解答本质上是近似的，Housner 模型能很好地估计对流质量及其位置，然而其脉冲质量及其位置的计算结果与精确解相比，具有较大的误差，结果不能令人满意。刘云贺等（2002）采用数值分析与 Housner 模型进行了抗震计算比较分析，指出在某些情况下，采用 Housner 模型会偏于不安全。基于传统理论存在的瑕疵，Li 与 Wang（2012）采用线性势流理论与比拟方法，给出了补充的完整精确解，同时 Li et al.（2012）采用半解析/半数值的方法给出了等效模型的拟合解答。以下将介绍 Li 与 Wang（2012）所给出的精确解答。

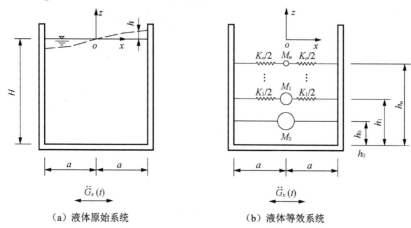

(a) 液体原始系统　　　　(b) 液体等效系统

图 8.1　矩形容器中液体晃动的等效力学模型

8.1.1　液体与等效模型的运动方程

考虑如图 8.1 的矩形刚性容器，承受水平地动加速度 $\ddot{G}_x(t)$ 的作用，矩形容器内静止液体尺寸如图 8.1（a）所示，本章所讨论的液体系统与第 4 章完全相同，根据第 4 章的推导，现将小幅晃动液体的运动方程归纳为

$$\begin{cases} \dfrac{\partial^2 \Phi(x,z,t)}{\partial x^2} + \dfrac{\partial^2 \Phi(x,z,t)}{\partial z^2} = 0 \\[2mm] \left.\dfrac{\partial \Phi(x,z,t)}{\partial x}\right|_{x=\pm a} = 0 \\[2mm] \left.\dfrac{\partial \Phi(x,z,t)}{\partial z}\right|_{z=-H} = 0 \\[2mm] \left.\dfrac{\partial \Phi(x,z,t)}{\partial z}\right|_{z=0} = \left.\dfrac{\partial h(x,t)}{\partial t}\right|_{z=0} \\[2mm] \left[\dfrac{\partial \Phi(x,z,t)}{\partial t} + gh(x,t)\right]_{z=0} + x\ddot{G}_x(t) = 0 \\[2mm] p(x,z,t) = -\rho \dfrac{\partial \Phi(x,z,t)}{\partial t} - x\rho \ddot{G}_x(t) \end{cases} \qquad (8.1.1)$$

上式中所有符号的意义与第 4 章完全相同，根据第 4 章的推导，其中液动压力 $p(x,z,t)$ 可由式（4.1.23）确定，即

$$p(x,z,t) = -\sum_{j=1}^{\infty}\frac{2(-1)^j \rho}{ak_j^2 \cosh(k_j H)}\left\{\ddot{G}_x(t) - \omega_j\int_0^t \ddot{G}_x(\tau)\sin\left[\omega_j(t-\tau)\right]d\tau\right\}\sin k_j x \cdot \cosh\left[k_j(z+H)\right] - \rho x\ddot{G}_x(t)$$

（8.1.2）

对于原始液体系统而言，在加速度 $\ddot{G}_x(t)$ 作用下，液体作用在刚性容器上的液动水平反力及力矩可分别写为

$$F_{L,\text{original}} = \int_{-H}^{0}\left[p(x,z,t)\big|_{x=a} - p(x,z,t)\big|_{x=-a}\right]dz \qquad (8.1.3)$$

$$M_{L,\text{original}} = \int_{-H}^{0}\left[p(x,z,t)\big|_{x=a} - p(x,z,t)\big|_{x=-a}\right](z+H)dz + \int_{-a}^{a}p(x,z,t)\big|_{z=-H}x dx \qquad (8.1.4)$$

根据比拟方法，将液体系统等效为（比拟为）一个固定质量 M_0 及一系列的弹簧振子 (M_n, K_n) $(n=1,2,3,\cdots)$，如图 8.1（b）所示，其中每一个弹簧振子对应一个液体的反对称晃动模态，弹簧振子的固有频率等于液体的晃动模态频率，图中符号 $(h_0, h_1, \cdots, h_n)$ 分别表示固定质量及弹簧振子的位置，根据结构动力学理论（Chopra 2007），在加速度 $\ddot{G}_x(t)$ 作用下，固定质量 M_0 及一系列的弹簧振子对刚性容器上的水平反力及反力矩可分别写为

$$F_{L,\text{equivalent}} = -M_0\ddot{G}_x(t) - \sum_{n=1}^{\infty}M_n\omega_n\int_0^t \ddot{G}_x(\tau)\sin\omega_n(t-\tau)d\tau \qquad (8.1.5)$$

$$M_{L,\text{equivalent}} = -M_0\ddot{G}_x(t)h_0 - \sum_{n=1}^{\infty}M_n\omega_n h_n\int_0^t \ddot{G}_x(\tau)\sin\omega_n(t-\tau)d\tau \qquad (8.1.6)$$

8.1.2 液体等效力学模型公式

根据比拟原则，实际液体与其等效系统对容器的反力及反力矩应相等，因此有下列关系：

$$F_{L,\text{original}} = F_{L,\text{equivalent}} \qquad (8.1.7)$$

$$M_{L,\text{original}} = M_{L,\text{equivalent}} \qquad (8.1.8)$$

首先将式（8.1.2）代入式（8.1.3）、式（8.1.4）可以分别得到水平力与力矩的表达式，然后再将它们及式（8.1.5）、式（8.1.6）分别代入式（8.1.7）及式（8.1.8），并且注意到方程（8.1.7）及（8.1.8）的两边均存在两个时间函数项 $\ddot{G}_x(t)$ 及 $\int_0^t \ddot{G}_x(\tau)\sin\omega_n(t-\tau)d\tau$，方程两边时间函数项的系数应相等，通过比较两边时间函

数项的系数，可以得到等效系统的各个参数为

$$\frac{M_n}{M} = \frac{2\left(\dfrac{H}{a}\right)^2 \tanh(k_n H)}{(k_n H)^3} \quad (n=1,2,3,\cdots) \tag{8.1.9}$$

$$\frac{h_n}{H} = 1 + \frac{2 - \cosh(k_n H)}{k_n H \sinh(k_n H)} \quad (n=1,2,3,\cdots) \tag{8.1.10}$$

$$\frac{M_0}{M} = 1 - \sum_{n=1}^{\infty} \frac{M_n}{M} = 1 - \sum_{n=1}^{\infty} \frac{2\left(\dfrac{H}{a}\right)^2 \tanh(k_n H)}{(k_n H)^3} \tag{8.1.11}$$

$$\frac{h_0}{H} = \frac{\dfrac{1}{2} + \dfrac{1}{3}\left(\dfrac{a}{H}\right)^2 - 2\left(\dfrac{H}{a}\right)^2 \sum_{n=1}^{\infty} \dfrac{2 + k_n H \sinh(k_n H) - \cosh(k_n H)}{(k_n H)^4 \cosh(k_n H)}}{1 - \sum_{n=1}^{\infty} \dfrac{2\left(\dfrac{H}{a}\right)^2 \tanh(k_n H)}{(k_n H)^3}} \tag{8.1.12}$$

$$K_n = M_n \omega_n^2 = \frac{2Mg}{H}\left(\frac{H}{a}\right)^2 \left[\frac{\tanh(k_n H)}{k_n H}\right]^2 \quad (n=1,2,3,\cdots) \tag{8.1.13}$$

其中：

$$k_n = \frac{(2n-1)\pi}{2a} \quad (n=1,2,3,\cdots) \tag{8.1.14}$$

式中：$M = 2\rho a H$ 为（1m 的单位厚度）液体的总质量；$\omega_n = \sqrt{K_n / M_n}$ 为液体的第 n 阶反对称晃动模态圆频率。需要说明的是：Graham 与 Rodriguez（1952）给出的弹簧振子的位置参数公式有误，这里的式（8.1.10）为补充的正确解答，除了式（8.1.10）以外，以上其他公式均与 Graham & Rodriguez（1952）导出的结果相同。

图 8.2~图 8.5 分别显示了等效模型参数 M_1/M, h_1/H, M_0/M 及 h_0/H 随 H/a 的变化曲线，从图 8.2 和图 8.3 可以看出，Housner（1957）给出的对流质量比 M_1/M 及其位置比 h_1/H 与式（8.1.9）和式（8.1.10）以及拟合解答（Li et al. 2012）吻合良好，从图 8.3 可以看出，Graham 与 Rodriguez（1952）并未给出正确的对流质量位置；从图 8.4 和式 8.5 可以看出，Housner（1957）给出的脉冲质量比 M_0/M 及其位置比 h_0/H 与式（8.1.11）和式（8.1.12）以及拟合解答存在一些差异，M_0/M 与 h_0/H 相对于精确解的最大误差分别达到 10.5%及 14.8%。必须指出的是，当液体较深时，脉冲质量（固定质量，或不参与晃动的质量）占据了液体总质量的绝大部分，因此脉冲质量及其位置的误差将对结构动力反应产生比较大的影响。

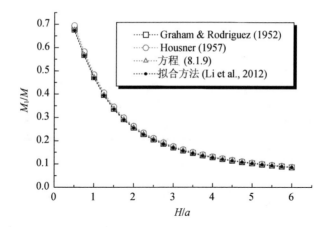

图 8.2 M_1/M 随 H/a 的变化曲线

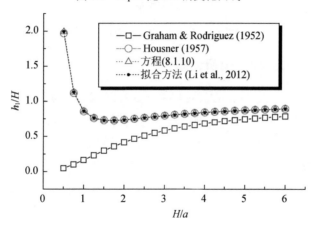

图 8.3 h_1/H 随 H/a 的变化曲线

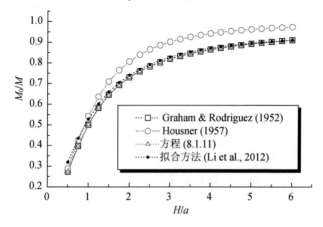

图 8.4 M_0/M 随 H/a 的变化曲线

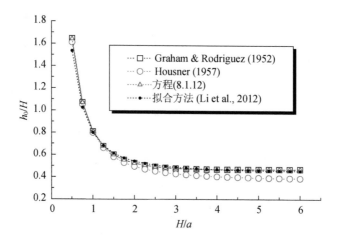

图 8.5 h_0/H 随 H/a 的变化曲线

8.1.3 推荐的等效力学模型计算公式

从式（8.1.11）和式（8.1.12）可以看出，在计算 M_0/M 及 h_0/H 时需要计算无穷级数，给实际工程计算带来不便，若采用近似的 Housner 模型，则部分计算结果误差较大。那么能否做到计算公式既能像精确解那样有足够的精确度，同时又能像 Housner 模型那样计算简便？李遇春与来明（2013）采用非线性曲线拟合方法简化了式（8.1.11）与式（8.1.12），给出了矩形容器中 M_0/M 及 h_0/H 的拟合公式，其建议的拟合公式为

$$\frac{M_0}{M} = 0.563 \left(\frac{H}{a}\right)^{1.078} \tanh\left(1.437 \frac{a}{H}\right) \qquad (8.1.15)$$

$$\frac{h_0}{H} = -0.342 + \frac{1.038 \cdot \left(\frac{a}{H}\right)^{0.927}}{\tanh\left(1.481 \frac{a}{H}\right)} \qquad (8.1.16)$$

从图 8.6 和图 8.7 可以看出，拟合公式（8.1.15）和（8.1.16）与精确公式（8.1.11）和（8.1.12）非常吻合，拟合公式（8.1.15）和（8.1.16）是令人满意的替代公式，完全满足工程计算的精度要求。综合不同研究者提出的矩形容器内液体等效力学模型的几种计算公式，本书推荐的等效力学模型公式为式（8.1.9）、式（8.1.10）、式（8.1.13）、式（8.1.15）和式（8.1.16）。

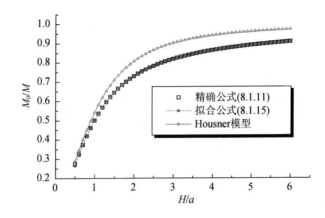

图 8.6 M_0/M 随 H/a 的变化曲线

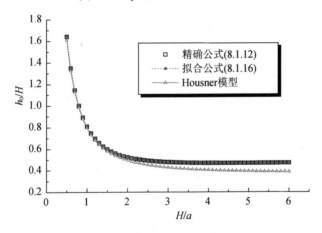

图 8.7 h_0/H 随 H/a 的变化曲线

8.2 半解析/半数值方法求解等效力学模型 （以矩形容器为例）

对于非矩形容器，采用以上解析方法将难以得到公式解，因此需要借助数值方法获得非矩形容器内的液体晃动解答，本节将介绍 Li et al.（2012）提出的一个简单的半解析/半数值方法来获得任意形状容器内的液体晃动等效力学模型。

对于水平激励而言，由于液体的第一阶晃动模态在地震与风振响应中起主要控制作用，在动力响应分析中仅考虑第一阶模态就可得到能够满足工程需要的足够精确的结果，因此在以下分析中仅考虑一阶晃动模态所对应的等效力学模型。

以下将以图 8.8 矩形容器内晃动液体为例，介绍将其等效为一个集中质量 M_0 与一个弹簧振子 (M_1, K_1) 的等效方法，采用第 7 章的有限元方法模拟液体的小幅晃动，选择 Ansys 软件中的三维 Fluid80 单元，见图 8.9 的矩形有限元模型，其厚度为 1m（单位厚度），设液体的密度与体积压缩模量分别为 $\rho = 1000 \text{kg/m}^3$，$K = 2.067 \times 10^9 \text{Pa}$，液体的黏性系数取为零，即不考虑液体的晃动阻尼，这样得到的等效力学模型对于结构的动力（抗震）计算而言是偏于安全的。液体与容器壁的交接面采用滑动边界处理，即交接面上液体与容器的法向相对位移强制为零，而切向相对位移不做约束。为了防止液体从垂直于纸面的两个端表面流出，可在两个端表面的单元节点上施加法向约束。

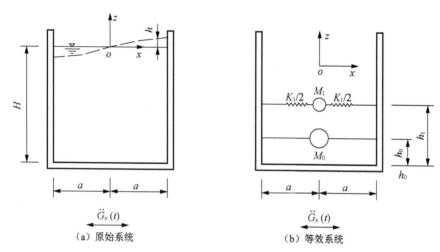

图 8.8 矩形容器内晃动液体等效为一个集中质量与一个弹簧振子

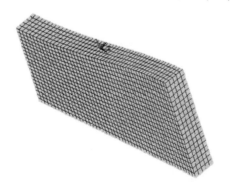

图 8.9 有限元模型及一阶晃动模态

8.2.1 一阶模态频率的拟合公式

基于第 3 章原始液体系统的解析解，等效系统的一阶晃动自然频率可以假定为

$$\omega_1^2 = \alpha_1 \frac{g}{a} \tanh\left(\alpha_2 \frac{H}{a}\right) \tag{8.2.1}$$

式中：g 为重力加速度；α_1、α_2 为待定系数（拟合参数）。需要说明的是：拟合表达式通常要根据被拟合曲线的形状来进行选择。一般来讲，拟合表达式事先是未知的，需要选择几个试函数进行试验、比较，最终才能确定一个相对合适的函数形式。由于式（8.2.1）与已有的一阶自然频率表达式相似，所以式（8.2.1）是一个合理的选择。

基于图 8.9 原始系统的 Ansys 有限元模型，通过模态分析，可以得到一阶晃动频率及振型（图 8.9），对于 n 个不同液深与半宽（H_j, a_j）（$j=1,2,3,\cdots,n$）的液体系统，我们可以得到 n 个一阶圆频率 $(\omega_1)_{\text{Ansys}}^j$（$j=1,2,3,\cdots,n$），原始系统与等效系统应具有相同的自然频率，根据方程（8.2.1）及最小二乘法，可以建立下列的目标函数：

$$F_\omega = \sum_{j=1}^n \left[\frac{a_j}{g}(\omega_1^2)_{\text{Ansys}}^j - \alpha_1 \tanh\left(\alpha_2 \frac{H_j}{a_j}\right) \right]^2 \tag{8.2.2}$$

设：液体半宽 $a=5.0\text{m}$，液体深宽比 $H/a=0.5\sim6$，可以得到一系列的晃动频率 $f_1(\omega_1=2\pi f_1)$，见表 8.1。根据最小二乘算法，采用上述目标函数可以求得最优的拟合参数为 $\alpha_1=1.498$，$\alpha_2=1.681$ 使得目标函数 F_ω 取最小值。于是式（8.2.1）可以重写为

$$\frac{a}{g}\omega_1^2 = 1.498 \cdot \tanh\left(1.681\frac{H}{a}\right) \quad (0.5 \leqslant H/a \leqslant 6) \tag{8.2.3}$$

表 8.1　有限元模型的一阶模态频率（$a=5.0\text{m}$）　　　（单位：Hz）

H/a	f_1	H/a	f_1	H/a	f_1	H/a	f_1	H/a	f_1	H/a	f_1
0.5	0.226	0.9	0.259	1.3	0.269	1.7	0.274	2.5	0.273	4.5	0.271
0.6	0.238	1.0	0.263	1.4	0.271	1.8	0.275	3.0	0.271	5.0	0.271
0.7	0.248	1.1	0.266	1.5	0.272	1.9	0.275	3.5	0.271	5.5	0.271
0.8	0.255	1.2	0.268	1.6	0.273	2.0	0.275	4.0	0.271	6.0	0.271

图 8.10 显示了一阶（无量纲）模态频率 $\omega_1^2 a/g$ 随 H/a 的变化曲线，从图可以看出，方程（8.2.3）并非一个完美的表达式，为了使拟合结果更接近于 Ansys 解答（获得更好的拟合精度），建议采用下列分段的修正拟合公式：

$$\frac{a}{g}\omega_1^2 = \begin{cases} 0.226 + 1.356\left(\dfrac{a}{H}\right)^{0.062} \tanh\left(1.299\dfrac{H}{a}\right), & 0.5 \leqslant \dfrac{H}{a} \leqslant 4.0 \\ 1.478, & 4.0 \leqslant \dfrac{H}{a} \leqslant 6.0 \end{cases} \tag{8.2.4}$$

从图 8.10 可以看出，当水深较大时，由式（8.2.4）得到的 $\omega_1^2 a/g$ 比线性势流理论（Graham & Rodriguez 1952；Li & Wang 2012）及 Housner 模型的结果略小一些，最大相对误差约为 6.3%，即 ω_1 的最大相对误差约为 3.15%。误差的主要原

因是有限元模型中考虑液体为可压缩的（其体积压缩模量为一个有限值），而线性势流理论中，液体假设为不可压缩的（体积压缩模量无限大），当考虑液体的可压缩性时，液体体系的刚度下降，从而降低了液体的晃动自然频率，这一现象符合结构动力学的基本原理（Chopra 2007），由于液体实际是可压缩的，所以表达式（8.2.4）应更接近于实际情况。然而以上几种频率结果的差异非常小，这些结果对于实际工程而言都可接受。

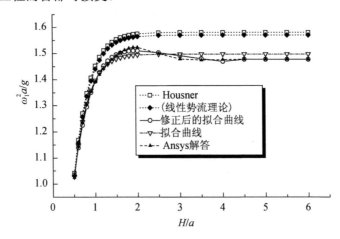

图8.10 一阶（无量纲）模态频率 $\omega_1^2 a/g$ 随 H/a 的变化曲线

8.2.2 M_1 与 h_1 的拟合公式

根据式（8.1.9）和式（8.1.10），一阶晃动质量比 M_1/M 及其位置比 h_1/H 可以假定为

$$\frac{M_1}{M} = \alpha_3 \frac{a}{H} \tanh\left(\alpha_4 \frac{H}{a}\right) \tag{8.2.5}$$

$$\frac{h_1}{H} = 1 + \frac{\alpha_5 - \cosh\left(\alpha_6 \frac{a}{H}\right)}{\alpha_6 \frac{a}{H} \sinh\left(\alpha_6 \frac{a}{H}\right)} \tag{8.2.6}$$

式中：M 为液体的总质量；α_3、α_4、α_5、α_6 为待定的拟合系数。若容器承受水平加速度 $\ddot{G}_x(t)$ 激励（图8.8），那么等效系统作用在容器上的水平力与力矩可以写为

$$F_L(t) = -M_0 \ddot{G}_x(t) - M_1 \omega_1 \int_0^t \ddot{G}_x(\tau) \sin \omega_1(t-\tau) d\tau \tag{8.2.7}$$

$$M_L(t) = -M_0 \ddot{G}_x(t) h_0 - M_1 \omega_1 h_1 \int_0^t \ddot{G}_x(\tau) \sin \omega_1(t-\tau) d\tau \tag{8.2.8}$$

式中：ω_1 为弹簧振子 (M_1, K_1) 的自然频率。等效模型参数（M_0, M_1, K_1, h_0, h_1）表达了液体晃动的自身特性，这些参数与外激励无关，等效系统的动力响应包含了等效模型参数的信息，为了将 M_1 的动力响应信息从总的响应中分离出来，我们选择一个如下的正弦共振激励：

$$\ddot{G}_x(t) = \begin{cases} A\sin\omega_1 t, & 0 \leqslant t \leqslant t_0 \\ 0, & t \geqslant t_0 \end{cases} \quad (8.2.9)$$

式中：A 为激励幅值；t_0 为一个特定的时间点，可以选为 $t_0 = k\pi/\omega_1$（k 等于整数）。于是方程（8.2.7）、（8.2.8）的共振响应为

$$F_L(t) = \begin{cases} -M_0 A\sin\omega_1 t + \dfrac{M_1\omega_1 A}{2}\left(t\cos\omega_1 t - \dfrac{\sin\omega_1 t}{\omega_1}\right), & t \leqslant t_0 = \dfrac{k\pi}{\omega_1} \\ \dfrac{M_1 k\pi A}{2}\cos\omega_1 t, & t > t_0 = \dfrac{k\pi}{\omega_1} \end{cases} \quad (8.2.10)$$

$$M_L(t) = \begin{cases} -M_0 h_0 A\sin\omega_1 t + \dfrac{M_1\omega_1 h_1 A}{2}\left(t\cos\omega_1 t - \dfrac{\sin\omega_1 t}{\omega_1}\right), & t \leqslant t_0 = \dfrac{k\pi}{\omega_1} \\ \dfrac{M_1 k\pi A h_1}{2}\cos\omega_1 t, & t > t_0 = \dfrac{k\pi}{\omega_1} \end{cases} \quad (8.2.11)$$

从方程（8.2.10）、（8.2.11）可以看出，当 $t > t_0 = k\pi/\omega_1$ 时，固定质量 M_0 的响应消失，只保留了晃动质量 M_1 的响应，等效系统的响应只是一个简单的弹簧振子自由振动，将式（8.2.5）、式（8.2.6）代入式（8.2.10）、式（8.2.11）得

$$F_L(t) = \dfrac{M_1 k\pi A}{2}\cos\omega_1 t = \dfrac{k\pi A}{2}\alpha_3 M \dfrac{a}{H}\tanh\left(\alpha_4 \dfrac{H}{a}\right)\cos\omega_1 t, \quad t > t_0 = \dfrac{k\pi}{\omega_1} \quad (8.2.12)$$

$$M_L(t) = \dfrac{M_1 k\pi A h_1}{2}\cos\omega_1 t = \dfrac{M_1 k\pi A}{2}H\left[1 + \dfrac{\alpha_5 - \cosh\left(\alpha_6 \dfrac{a}{H}\right)}{\alpha_6 \dfrac{a}{H}\sinh\left(\alpha_6 \dfrac{a}{H}\right)}\right]\cos\omega_1 t, \quad t > t_0 = \dfrac{k\pi}{\omega_1}$$

$$(8.2.13)$$

采用与 8.2.1 节中相同的 n 个有限元模型，设它们承受式（8.2.9）的外加激励，其中取 $A = 10\text{m/s}^2$，ω_1 随模型尺寸的不同而发生改变，可按有限元模型计算得到相应结果，当 $t > t_{0j} = k_j\pi/\omega_{1j}$（$j = 1, 2, 3, \cdots, n$）时，液体有限元模型对容器的水平力及力矩时程响应均为一系列的正弦曲线，曲线的幅值可表示为 $\left|F_L\right|_{\text{Ansys}}^j$ 及 $\left|M_L\right|_{\text{Ansys}}^j$（$j = 1, 2, 3, \cdots, n$），现将这些幅值结果列于表 8.2，其中力矩的计算，考虑了整个湿边界（包括底边界）的影响。

有限元模型与等效模型应有相同的水平作用力，因此根据式（8.2.12），可建立下列的目标函数：

$$\mathbb{F}_F = \sum_{j=1}^{n}\left[\frac{2}{(k_j\pi A)M_j}\left||F_L|_{\text{Ansys}}^j - \frac{M_{1j}k_j\pi A}{2}\right|\right]^2$$

$$= \sum_{j=1}^{n}\left[\frac{|M_{1j}|_{\text{Ansys}}}{M_j} - \frac{M_{1j}}{M_j}\right]^2$$

$$= \sum_{j=1}^{n}\left[\frac{2}{k_j\pi AM_j}|F_L|_{\text{Ansys}}^j - \alpha_3\frac{a_j}{H_j}\tanh\left(\alpha_4\frac{H_j}{a_j}\right)\right]^2 \quad (8.2.14)$$

式中：$|M_{1j}|_{\text{Ansys}}$、M_j 分别表示第 j 个有限元模型的一阶晃动质量及总质量。应用表 8.2 中的数据，可求得最优的拟合系数为 $\alpha_3 = 0.511$，$\alpha_4 = 1.581$。于是 M_1/M 的拟合表达式为

$$\frac{M_1}{M} = 0.511\frac{a}{H}\tanh\left(1.581\frac{H}{a}\right) \quad (0.5 \leqslant H/a \leqslant 6) \quad (8.2.15)$$

同样，根据式（8.2.13），可建立下列的目标函数：

$$\mathbb{F}_M = \sum_{j=1}^{n}\left[\frac{2}{M_{1j}k_j\pi AH_j}\left||M_L|_{\text{Ansys}}^j - \frac{M_{1j}k_j\pi Ah_1}{2}\right|\right]^2$$

$$= \sum_{j=1}^{n}\left[\frac{|h_{1j}|_{\text{Ansys}}}{H_j} - \frac{h_{1j}}{H_j}\right]^2$$

$$= \sum_{j=1}^{n}\left\{\frac{2}{M_{1j}k_j\pi AM_j}|M_L|_{\text{Ansys}}^j - \left[1 + \frac{\alpha_5 - \cosh\left(\alpha_6\dfrac{a_j}{H_j}\right)}{\alpha_6\dfrac{a_j}{H_j}\sinh\left(\alpha_6\dfrac{a_j}{H_j}\right)}\right]\right\}^2 \quad (8.2.16)$$

式中：$|h_{1j}|_{\text{Ansys}}$ 表示第 j 个有限元模型的等效晃动质量 M_{1j} 的位置，上式中 M_{1j} 的值可事先由式（8.2.15）计算。根据表 8.2 中的数据，可求得最优的拟合系数为 $\alpha_5 = 1.972$，$\alpha_6 = 1.549$。于是 h_1/H 的拟合表达式为

$$\frac{h_1}{H} = 1 + \frac{1.972 - \cosh\left(1.549\dfrac{H}{a}\right)}{1.549\dfrac{H}{a}\sinh\left(1.549\dfrac{H}{a}\right)} \quad (0.5 \leqslant H/a \leqslant 6) \quad (8.2.17)$$

图 8.11 与图 8.12 分别显示了 M_1/M 与 h_1/H 随液深比 H/a 变化的曲线，由图可以看出比拟表达式（8.2.15）与（8.2.17）与线性势流理论（Li & Wang 2012）及 Housner 模型的结果非常吻合，说明本节拟合的结果可靠。

根据式（8.2.3）与式（8.2.15），等效模型的弹簧刚度系数可以表示为

$$K_1 = M_1\omega_1^2 = 0.765\frac{Mg}{H}\tanh\left(1.581\frac{H}{a}\right)\tanh\left(1.681\frac{H}{a}\right) \quad (8.2.18)$$

表 8.2 有限元模型的水平力及力矩正弦响应幅值（$a = 5.0\,\text{m}$）

H/a	k	$\left.\vert F_L\vert^f\right._{\text{Ansys}}/\text{kN}$	$\left.\vert M_L\vert^f\right._{\text{Ansys}}/(\text{kN}\cdot\text{m})$	H/a	k	$\left.\vert F_L\vert^f\right._{\text{Ansys}}/\text{kN}$	$\left.\vert M_L\vert^f\right._{\text{Ansys}}/(\text{kN}\cdot\text{m})$
0.5	8	211.636	1054.179	1.7	8	318.193	1964.715
0.6	8	236.939	1075.347	1.8	8	319.023	2090.966
0.7	8	257.710	1107.917	1.9	10	399.666	2778.424
0.8	10	341.041	1434.393	2.0	8	320.146	2355.734
0.9	8	286.626	1206.706	2.5	9	360.177	3446.139
1.0	7	258.580	1110.687	3.0	8	317.997	3799.995
1.1	7	264.522	1176.990	3.5	8	317.360	4573.144
1.2	9	344.966	1603.420	4.0	7	280.553	4726.916
1.3	7	272.649	1333.476	4.5	7	280.921	5426.522
1.4	9	352.933	1825.089	5.0	8	318.415	6942.406
1.5	8	315.248	1726.777	5.5	8	318.272	7735.372
1.6	8	316.996	1842.727	6.0	7	281.382	7534.574

若采用式（8.2.4）来表示频率，则更精确一些的弹簧刚度系数可以表示为

$$K_1 = \begin{cases} 0.511\dfrac{Mg}{H}\tanh\left(1.581\dfrac{H}{a}\right)\left[0.226 + 1.356\left(\dfrac{a}{H}\right)^{0.062}\tanh\left(1.299\dfrac{H}{a}\right)\right], & 0.5 \leqslant \dfrac{H}{a} \leqslant 4.0 \\ 0.755\dfrac{Mg}{H}\tanh\left(1.581\dfrac{H}{a}\right), & 4.0 \leqslant \dfrac{H}{a} \leqslant 6.0 \end{cases}$$

$$(8.2.19)$$

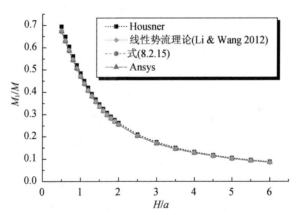

图 8.11 M_1/M 随 H/a 变化的曲线

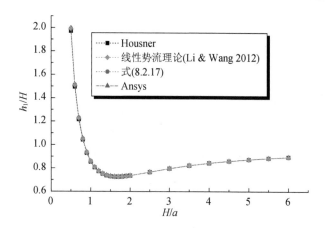

图 8.12 h_1/H 随 H/a 变化的曲线

8.2.3 M_0 与 h_0 的拟合公式

M_0/M 与 h_0/H 的拟合表达式可假定为

$$\frac{M_0}{M} = \alpha_7 \left(\frac{H}{a}\right)^{\alpha_8} \tanh\left[\alpha_9 \left(\frac{a}{H}\right)^{\alpha_8}\right] \tag{8.2.20}$$

$$\frac{h_0}{H} = \alpha_{10} + \frac{\alpha_{11}\dfrac{a}{H}}{\tanh\left(\alpha_{12}\dfrac{a}{H}\right)} \tag{8.2.21}$$

式中：$\alpha_7 \sim \alpha_{12}$ 为待定的拟合系数。为了得到固定质量 M_0 的动力响应，可选择一个常加速度激励，即

$$\ddot{G}_x(t) = A, \quad 0 \leqslant t \leqslant t_0 \tag{8.2.22}$$

式中：A 为常数；t_0 为一个特殊的时间点。将式（8.2.22）代入式（8.2.7）与式（8.2.8），等效系统的水平力与力矩响应为

$$F_L(t) = -(M_0 + M_1)A + M_1 A\cos\omega_1 t, \quad 0 \leqslant t \leqslant t_0 \tag{8.2.23}$$

$$M_L(t) = -(M_0 h_0 + M_1 h_1)A + M_1 h_1 A\cos\omega_1 t, \quad 0 \leqslant t \leqslant t_0 \tag{8.2.24}$$

采用与 8.2.1 节中相同的 n 个有限元模型，设它们承受式（8.2.22）的外加激励，其中取 $A = 1.0\text{m/s}^2$，取时间端点 $t_0 = 2k\pi/\omega_1$（k 为整数），液体有限元模型对容器的水平力及力矩时程响应均为一系列的正弦曲线，可以求得水平力与力矩曲线均值的绝对值分别为 $\left|F_{L,\text{mean}}\right|_{\text{Ansys}}^j$ 及 $\left|M_{L,\text{mean}}\right|_{\text{Ansys}}^j$（$j = 1, 2, 3, \cdots, n$），现将这些均值（幅值）结果列于表 8.3，这些结果应分别等于式（8.2.23）、式（8.2.24）中均值的绝对值——$(M_0 + M_1)A$ 及 $(M_0 h_0 + M_1 h_1)A$。

应用方程（8.2.20），可以建立以水平力均值的绝对值表示的目标函数为

$$\mathbb{F}_{F_{\text{mean}}} = \sum_{j=1}^{n}\left[\frac{1}{AM_j}\left\|F_{L,\text{mean}}\big|_{\text{Ansys}}^{j} - (M_{0j}+M_{1j})A\right\|\right]^2$$

$$= \sum_{j=1}^{n}\left\{\left[\frac{\left|F_{L,\text{mean}}\big|_{\text{Ansys}}^{j}\right|}{AM_j} - \frac{M_{1j}}{M_j}\right] - \frac{M_{0j}}{M_j}\right\}^2$$

$$= \sum_{j=1}^{n}\left\{\frac{\left[M_{0j}\right]_{\text{Ansys}}}{M_j} - \frac{M_{0j}}{M_j}\right\}^2$$

$$= \sum_{j=1}^{n}\left\{\frac{\left[M_{0j}\right]_{\text{Ansys}}}{M_j} - \alpha_7\left(\frac{H_j}{a_j}\right)^{\alpha_8}\tanh\left[\alpha_9\left(\frac{a_j}{H_j}\right)^{\alpha_8}\right]\right\}^2 \quad (8.2.25)$$

式中：$\left[M_{0j}\right]_{\text{Ansys}} = \left(\left|F_{L,\text{mean}}\big|_{\text{Ansys}}^{j}\right|/A\right) - M_{1j}$ 表示第 j 个有限元模型的等效固定质量，其中 $M_{1j}(j=1,2,3,\cdots,n)$ 可以由式（8.2.15）事先计算，根据表 8.3 中的数据，可求得最优的拟合系数为 $\alpha_7 = 0.565$，$\alpha_8 = 0.815$ 及 $\alpha_9 = 1.692$，于是 M_0 的拟合表达式为

$$\frac{M_0}{M} = 0.565\left(\frac{H}{a}\right)^{0.815}\tanh\left[1.692\left(\frac{a}{H}\right)^{0.815}\right] \quad (0.5 \leqslant H/a \leqslant 6) \quad (8.2.26)$$

同样，应用方程（8.2.21），建立以力矩均值的绝对值表示的目标函数为

$$\mathbb{F}_{M_{\text{mean}}} = \sum_{j=1}^{n}\left[\frac{1}{M_{0j}AH_j}\left\|M_{L,\text{mean}}\big|_{\text{Ansys}}^{j} - (M_{0j}h_{0j}+M_{1j}h_{1j})A\right\|\right]^2$$

$$= \sum_{j=1}^{n}\left\{\left[\frac{\left|M_{L,\text{mean}}\big|_{\text{Ansys}}^{j}\right|}{M_{0j}AH_j} - \frac{M_{1j}h_{1j}}{M_{0j}H_j}\right] - \frac{h_{0j}}{H_j}\right\}^2$$

$$= \sum_{j=1}^{n}\left\{\frac{\left[h_{0j}\right]_{\text{Ansys}}}{H_j} - \frac{h_{0j}}{H_j}\right\}^2$$

$$= \sum_{j=1}^{n}\left\{\frac{\left[h_{0j}\right]_{\text{Ansys}}}{H_j} - \left[\alpha_{10} + \frac{\alpha_{11}\dfrac{a_j}{H_j}}{\tanh\left(\alpha_{12}\dfrac{a_j}{H_j}\right)}\right]\right\}^2 \quad (8.2.27)$$

式中：

$$\left[h_{0j}\right]_{\text{Ansys}} = \left[\frac{\left|M_{L,\text{mean}}\big|_{\text{Ansys}}^{j}\right|}{M_{0j}A} - \frac{M_{1j}h_{1j}}{M_{0j}}\right]$$

表示第 j 个有限元模型等效固定质量的位置，其中 M_{1j}、h_{1j}、M_{0j} ($j=1,2,3,\cdots,n$) 可以由式（8.2.15）、式（8.2.17）及式（8.2.26）事前计算。采用表 8.3 中的数据，可求得最优的拟合系数为 $\alpha_{10}=-0.108$，$\alpha_{11}=0.817$ 及 $\alpha_{12}=1.479$，于是 h_0 的拟合表达式为

$$\frac{h_0}{H} = -0.108 + \frac{0.817\dfrac{a}{H}}{\tanh\left(1.479\dfrac{a}{H}\right)}, \quad (0.5 \leqslant H/a \leqslant 6) \qquad (8.2.28)$$

图 8.13 与图 8.14 分别显示了 M_0/M 与 h_0/H 随 H/a 改变的曲线。由图可以看出，比拟表达式（8.2.26）与（8.2.28）与线性势流理论（Li & Wang 2012）结果非常吻合，说明本节拟合的结果可靠；但 Housner 模型的结果与线性势流理论（Li & Wang 2012）结果有一些差异，说明 Housner 模型的结果存在一定误差。

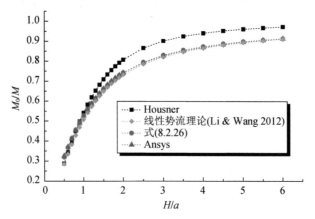

图 8.13　M_0/M 随 H/a 变化的曲线

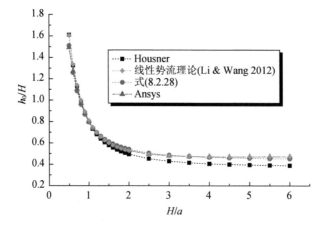

图 8.14　h_0/H 随 H/a 变化的曲线

表 8.3 有限元模型水平力及力矩均值（绝对值）（$a=5.0$ m）

H/a	$\left\|F_{L,\text{mean}}\right\|_{\text{Ansys}}^y$ /kN	$\left\|M_{L,\text{mean}}\right\|_{\text{Ansys}}^y$ /(kN·m)	H/a	$\left\|F_{L,\text{mean}}\right\|_{\text{Ansys}}^y$ /kN	$\left\|M_{L,\text{mean}}\right\|_{\text{Ansys}}^y$ /(kN·m)
0.5	24.979	114.337	1.7	84.804	443.165
0.6	29.978	128.001	1.8	89.846	487.086
0.7	34.940	144.073	1.9	94.811	533.022
0.8	39.859	162.514	2.0	99.789	581.538
0.9	44.775	183.429	2.5	124.515	859.700
1.0	49.788	207.208	3.0	149.400	1201.020
1.1	54.637	232.764	3.5	174.342	1604.850
1.2	59.643	261.465	4.0	199.431	2073.381
1.3	64.620	292.506	4.5	224.406	2602.943
1.4	69.635	326.228	5.0	249.386	3195.016
1.5	74.687	362.643	5.5	274.378	3849.748
1.6	79.772	401.801	6.0	299.374	4566.934

8.3 二维非矩形容器内液体晃动等效力学模型

以上 8.2 节半解析/半数值方法适合于任意形状容器的晃动流体，同 8.2 节的计算步骤，以下介绍几种二维非矩形容器内液体晃动的等效力学模型，将拟合公式与有限元结果的最大相对误差控制在 5%以内。

8.3.1 二维圆形截面容器内液体晃动等效力学模型[*]

图 8.15（a）所示的单位长度圆管内充有静止深度为 H 的水体，其中 R 为圆形管道内径，圆管内晃动的液体可以简化为图 8.15（b）所示的固定质量(M_0)和弹簧-质量(M_1, K_1)组成的等效系统，其中 M_0 和 h_0 分别为脉冲（固定）质量及其作用高度，M_1 和 h_1 分别为一阶对流质量及其作用高度，K_1 为弹簧刚度。

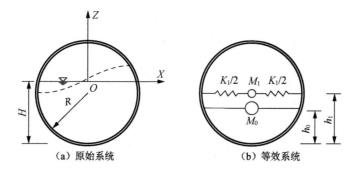

（a）原始系统　　　　　　（b）等效系统

图 8.15 圆管内晃动流体的等效力学模型

[*]：本节内容参考了文献（李遇春等 2015）。

根据以上等效原则：①流体的原始系统与等效系统具有相同的自然晃动（振动）频率；②流体的原始系统与等效系统在任意水平动力加速度的作用下，对整个管道的动反力（包括合力与合力矩）相等。根据以上 8.2 节的方法进行计算分析，可以得到上述等效力学模型的拟合表达式为

$$\frac{\omega_1^2 R}{g} = 1.044 + 0.105 \cdot \sinh\left[2.032\left(\frac{H}{R}\right) - 0.333\right] \quad (8.3.1)$$

$$\frac{M_1}{M} = 0.963 - 0.399\left(\frac{H}{R}\right)^{1.217} \quad (8.3.2)$$

$$\frac{M_0}{M} = 1 - \frac{M_1}{M} = 0.037 + 0.399\left(\frac{H}{R}\right)^{1.217} \quad (8.3.3)$$

$$K_1 = M_1\omega_1^2 = \frac{Mg}{R}\left\{1.044 + 0.105 \cdot \sinh\left[2.032\left(\frac{H}{R}\right) - 0.333\right]\right\}\left[0.963 - 0.399\left(\frac{H}{R}\right)^{1.217}\right] \quad (8.3.4)$$

$$h_0 = h_1 = R \quad (8.3.5)$$

式中：ω_1 为圆管内流体一阶晃动圆频率；g 为重力加速度；M 为（单位长度）圆管内流体总质量。式（8.3.3）直接利用了液体质量守恒原理，即在忽略二阶及以上模态晃动的情况下有 $M \approx M_0 + M_1$。因为圆管内流体压力均垂直于管内壁，液体的动反力为一个汇交力系，这个力系汇交于圆管的中心点，所以等效力学模型的质量 M_0 与 M_1 的位置正好通过圆心，即有 $h_0 = h_1 = R$。以上公式的适用范围为 $0.2R \leqslant H \leqslant 1.6R$。

图 8.16 显示了有限元解答与公式（8.3.1）～（8.3.3）结果的比较，显然拟合公式（8.3.1）～（8.3.3）具有较好的计算精度，可满足工程计算精度要求。

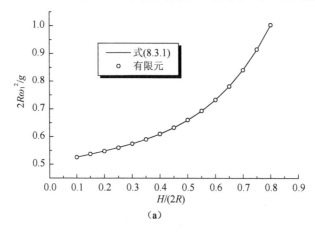

(a)

图 8.16　圆形容器等效力学模型参数的拟合公式与有限元结果的比较

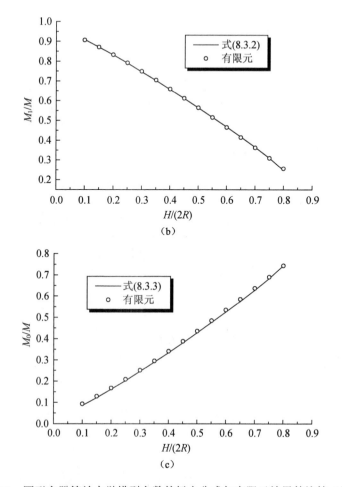

图 8.16 圆形容器等效力学模型参数的拟合公式与有限元结果的比较（续）

8.3.2 二维 U 形截面容器内液体晃动等效力学模型*

图 8.17（a）显示了一个（单位长度）U 形容器，其底半圆的内半径为 R，水深为 $H=h+R$，晃动流体的等效力学模型见图 8.17（b）。

根据以上 8.2 节的方法进行计算分析，得到 U 形容器内液体的等效力学模型拟合表达式为

$$\frac{R}{g}\omega_1^2 = 1.323 + 0.228\left[\tanh\left(1.505\frac{h}{R}\right)\right]^{0.768} - 0.105\left[\tanh\left(1.505\frac{h}{R}\right)\right]^{4.659} \quad (8.3.6)$$

$$\frac{M_1}{M} = 0.571 - \frac{1.276}{\left(1+\frac{h}{R}\right)^{0.627}}\left[\tanh\left(0.331\frac{h}{R}\right)\right]^{0.932} \quad (8.3.7)$$

---

*：本节内容参考了文献（Li et al. 2012）。

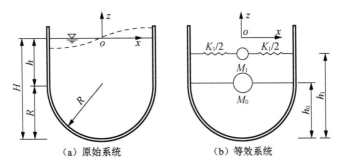

(a) 原始系统　　　　(b) 等效系统

图 8.17　U 形容器内晃动流体的等效力学模型

$$\frac{h_1}{H}=1-\left(\frac{h}{R}\right)^{0.664}\times\frac{0.394+0.097\sinh\left(1.534\frac{h}{R}\right)}{\cosh\left(1.534\frac{h}{R}\right)} \tag{8.3.8}$$

$$\begin{aligned}K_1&=M_1\omega_1^2\\&=\frac{Mg}{R}\left\{0.571-\frac{1.276}{\left(1+\frac{h}{R}\right)^{0.627}}\left[\tanh\left(0.331\frac{h}{R}\right)\right]^{0.932}\right\}\\&\cdot\left\{1.323+0.228\left[\tanh\left(1.505\frac{h}{R}\right)\right]^{0.768}-0.105\left[\tanh\left(1.505\frac{h}{R}\right)\right]^{4.659}\right\}\end{aligned} \tag{8.3.9}$$

$$\frac{M_0}{M}=0.421+0.395\left(\frac{h}{R}\right)^{0.847}\tanh\left(\frac{1.866}{1+\frac{h}{R}}\right) \tag{8.3.10}$$

$$\frac{h_0}{H}=1-1.119\left(\frac{h}{R}\right)^{0.821}\tanh\left(\frac{0.75}{1+\frac{h}{R}}\right) \tag{8.3.11}$$

以上公式的适用范围为 $0\leqslant h/R\leqslant 2$（或 $1\leqslant H/R\leqslant 3$）。需要说明的是当 $0.3\leqslant H/R\leqslant 1$，即水深 H 在底半圆以内时，这时等效模型可按圆形截面考虑，可采用 8.3.1 节的相关公式计算。

图 8.18 显示了等效力学模型参数的拟合公式与有限元结果的比较，显示拟合公式（8.3.6）～（8.3.11）具有较好的计算精度，可满足工程计算精度要求。

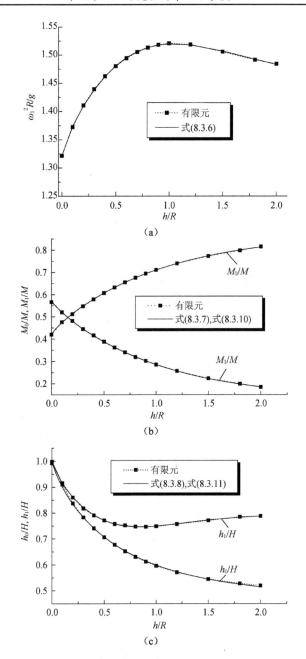

图 8.18 U 形容器等效力学模型参数的拟合公式与有限元结果的比较

8.3.3 二维梯形容器内液体晃动等效力学模型*

图 8.19（a）显示了一个梯形容器，其底宽为 $2l$，水深为 H，侧墙的倾角为 α，

---

*：本节内容参考了文献（Li et al. 2012）。

晃动流体的等效力学模型见图 8.19（b）。根据 8.2 节的方法进行计算分析，得到梯形容器内液体的等效力学模型拟合表达式为

$$\frac{\omega_1^2 l}{g} = \frac{A_1 \tanh\left(\dfrac{A_2 \dfrac{H}{l}}{1+A_3 \dfrac{H}{l}}\right)}{1+A_3 \dfrac{H}{l}} \tag{8.3.12}$$

$$\frac{M_1}{M} = B_1 \frac{l}{H}\left(1+B_3 \frac{H}{l}\right) \cdot \tanh\left(\dfrac{B_2 \dfrac{H}{l}}{1+B_3 \dfrac{H}{l}}\right) \tag{8.3.13}$$

$$K_1 = M_1 \omega_1^2 = \frac{A_1 B_1 M g \cdot \left(1+B_3 \dfrac{H}{l}\right) \cdot \tanh\left(\dfrac{A_2 \dfrac{H}{l}}{1+A_3 \dfrac{H}{l}}\right) \cdot \tanh\left(\dfrac{B_2 \dfrac{H}{l}}{1+B_3 \dfrac{H}{l}}\right)}{H\left(1+A_3 \dfrac{H}{l}\right)} \tag{8.3.14}$$

$$\frac{M_0}{M} = C_1 \left(\frac{H}{l}\right)^{C_2} \tanh\left[C_3 \left(\frac{l}{H}\right)^{C_4}\right] \tag{8.3.15}$$

$$\frac{h_0}{H} = \begin{cases} D_1 + \dfrac{D_2 - \cosh\left[\left(\dfrac{H}{l}\right)^{D_3}\right]}{\dfrac{H}{l} \cdot \sinh\left[\left(\dfrac{H}{l}\right)^{D_4}\right]}, & (\alpha = 30°, 35°, \cdots, 60°) \\[2em] D_1 + \dfrac{D_2 \cdot \left(1-D_3 \dfrac{l}{H}\right)\left(\dfrac{H}{l}\right)^{D_4}}{\tanh\left[\left(1-D_3 \dfrac{l}{H}\right)\left(\dfrac{H}{l}\right)^{D_4}\right]}, & (\alpha = 65°, 70°, \cdots, 85°) \end{cases} \tag{8.3.16}$$

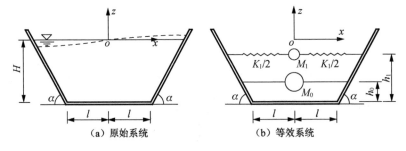

图 8.19 梯形容器内晃动流体的等效力学模型

$$\frac{h_1}{H} = \begin{cases} P_1 + \dfrac{P_2\left(\dfrac{l}{H}\right)^{P_3} \cdot \left(1+P_3\dfrac{l}{H}\right)}{\tanh\left[\left(\dfrac{l}{H}\right)^{P_3} \cdot \left(1+P_3\dfrac{l}{H}\right)\right]}, & (\alpha = 30°, 35°, \cdots, 70°) \\ 1 + \dfrac{P_1 - \cosh\left[P_2\left(\dfrac{H}{l}\right)^{P_3}\right]}{P_2\dfrac{H}{l}\cdot\sinh\left[P_2\left(\dfrac{H}{l}\right)^{P_3}\right]}, & (\alpha = 75°, 80°, 85°) \end{cases} \quad (8.3.17)$$

式中：系数 $A_1 \sim A_3$，$B_1 \sim B_3$，$C_1 \sim C_4$，$D_1 \sim D_3$，$P_1 \sim P_3$ 按表 8.4 与表 8.5 取值。式（8.3.12）～式（8.3.17）的适用范围为 $0.3 \leqslant H/l \leqslant 6.0$。为了得到更精确地结果，对于不同的倾角 α，式（8.3.16）与式（8.3.17）采用了分段拟合公式。

表 8.4 系数 $A_1 \sim A_3, B_1 \sim B_3, C_1 \sim C_4$

α	A_1	A_2	A_3	B_1	B_2	B_3	C_1	C_2	C_3	C_4
30°	0.761	3.550	1.716	0.423	2.436	2.565	0.125	1.165	1.247	1.093
35°	0.866	3.100	1.419	0.418	2.460	2.272	0.151	1.098	1.302	1.033
40°	0.969	2.770	1.200	0.456	2.214	1.821	0.174	0.971	1.457	0.930
45°	1.072	2.511	1.030	0.450	2.230	1.596	0.206	0.954	1.463	0.907
50°	1.169	2.306	0.886	0.467	2.110	1.325	0.234	0.876	1.603	0.854
55°	1.254	2.144	0.755	0.469	2.072	1.122	0.267	0.843	1.679	0.833
60°	1.308	2.032	0.622	0.478	1.991	0.919	0.300	0.797	1.808	0.811
65°	1.325	1.970	0.484	0.490	1.893	0.729	0.332	0.748	1.992	0.796
70°	1.351	1.905	0.366	0.483	1.894	0.584	0.376	0.763	1.921	0.800
75°	1.397	1.825	0.269	0.489	1.824	0.430	0.416	0.746	1.949	0.746
80°	1.450	1.744	0.181	0.499	1.729	0.275	0.457	0.724	2.026	0.781
85°	1.496	1.677	0.095	0.504	1.657	0.133	0.504	0.720	1.994	0.774

表 8.5 系数 $D_1 \sim D_3, P_1 \sim P_3$

α	D_1	D_2	D_3	D_4	P_1	P_2	P_3
30°	2.659	2.639	1.084	0.927	1.012	1.948	0.501
35°	2.313	2.242	1.120	0.966	0.790	1.514	0.550
40°	1.642	2.601	0.706	0.493	0.717	1.164	0.616
45°	1.510	2.308	0.747	0.534	0.646	0.934	0.671
50°	0.992	2.592	0.382	0.284	0.644	0.728	0.748
55°	0.864	2.487	0.353	0.231	0.622	0.588	0.816
60°	0.751	2.413	0.315	0.149	0.627	0.463	0.903
65°	0.441	0.235	4.822	−0.011	0.628	0.367	0.994
70°	0.420	0.199	4.900	−0.042	0.622	0.299	1.073
75°	0.358	0.214	4.377	0.033	4.976	2.054	0.557
80°	0.287	0.243	3.842	0.128	2.814	1.657	0.722
85°	0.252	0.243	3.616	0.169	2.208	1.532	0.858

图 8.20 显示了等效模型参数的拟合公式与有限元结果的比较，拟合公式（8.3.12）～（8.3.17）具有较好的计算精度，可满足工程计算的要求。

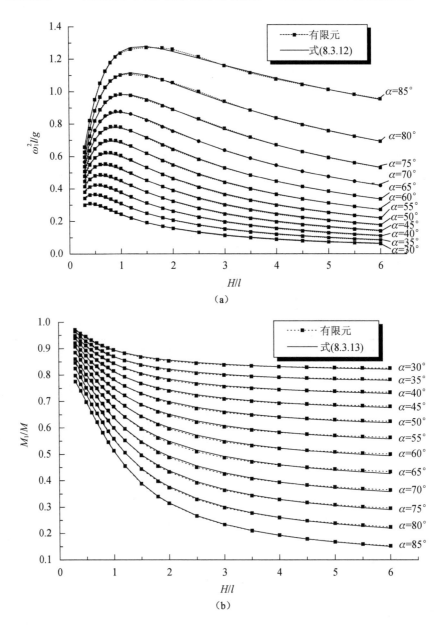

图 8.20　梯形容器等效力学模型参数的拟合公式与有限元结果的比较

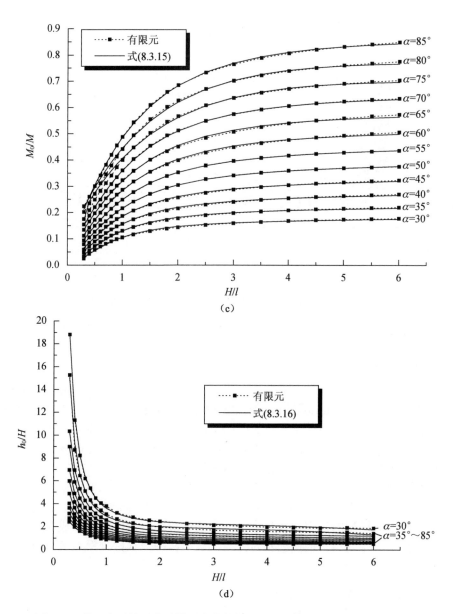

图 8.20 梯形容器等效力学模型参数的拟合公式与有限元结果的比较（续）

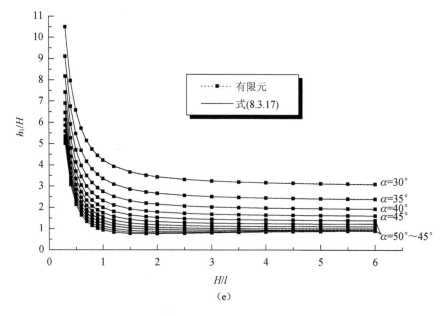

图 8.20 梯形容器等效力学模型参数的拟合公式与有限元结果的比较（续）

8.3.4 数值算例*

1. U 形水槽内水体的地震响应

U 形水槽在调水工程中应用广泛，设 U 形水槽的水深为 H=5.15m，底半圆的半径为 R=3.65m，水槽长度取 1m，水体的密度与体积压缩模量同 8.2 节。设槽内水体的有限元模型（原始体系）与等效模型都承受 EL Centro（N-S）地震波的作用，峰值加速度为 3.417 m/s²，等效模型参数按式（8.3.6）～式（8.3.11）计算，分别计算两个模型对容器的水平力与力矩时程响应。

两个模型对容器的水平力与力矩时程曲线见图 8.21，可以看出两个模型的结果吻合良好，最大峰值响应的相对误差小于 5%。由于有限元模型考虑了水体的可压缩性，有限元模型的时程曲线包含了一些高频成分，但这些高频成分对于总体响应影响很小，等效模型的曲线相对光滑，等效模型能很好地模拟液体总体晃动效应。

2. U 形渡槽的动力特性与地震响应

图 8.22（a）为 U 形渡槽（框架）结构立面图，结构尺寸见图 8.22（a），一跨渡槽结构的有限元模型见图 8.22（b）与（c），渡槽跨度为 24m，U 形槽底半圆半径为 R=3.65m，水深 $H=R+h$=5.15m，结构材料为混凝土，质量密度为 2500kg/m³，杨氏模量为 $3.0×10^{10}$N/m²，泊松比为 0.167。

---

*：本节内容参考了文献（Li et al. 2012）。

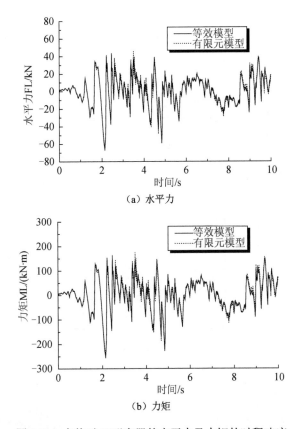

图 8.21 水体对 U 形容器的水平力及力矩的时程响应

在原始系统中，水体按流体有限单元模拟（Fluid80，Ansys 程序），U 形槽体与支撑框架分别按壳单元及梁单元模拟，槽体与水体的交接面按滑动边界条件处理（见 7.2.1 节），为了阻止流体从槽体的两个端表面流出，在流体两个端表面的法向（纵向）施加位移约束。在等效系统中，液体沿纵向划分为 6 个等份[图 8.22（c）]，每个等份等效为一个固定质量（M_0=74251.16kg，h_0=3.80m）及一个弹簧振子（M_1=52497.56kg，K_1=205873.38kg/s^2，h_1=4.06m）。

通过模态分析可以得到系统的振动模态，图 8.23（a）与（b）分别显示了原始与等效系统的第一、二阶横向振动模态。当系统以第 1 阶模态振动时，液体与支撑结构同相位振动（液体的晃动方向与结构振动方向相同），因此这个振动模态称为"同步模态"；当系统以第 2 阶模态振动时，液体与支撑结构反相位振动（液体的晃动方向与结构振动方向相反），因此这个振动模态称为"异步模态"。在一般的液体-支撑结构体系中，这种"同步模态"与"异步模态"的振动现象很常见，更多的内容可参见本书 9.2.1 节。

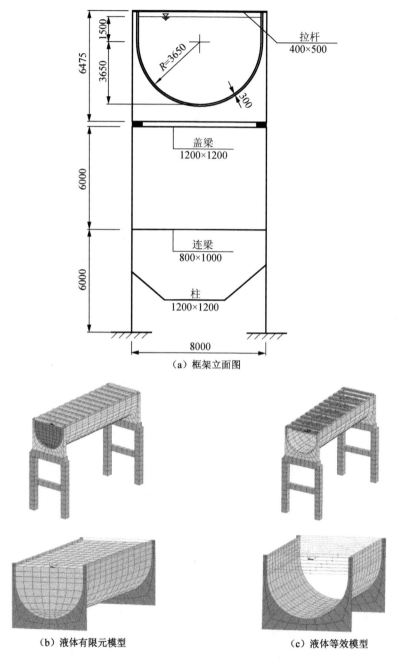

图 8.22 一跨 U 形渡槽及计算模型图（尺寸单位：mm）

从图 8.23（a）与（b）可以看出，原始系统与等效系统的振动模态吻合良好。第一阶模态主要显示了液体的晃动模态，支撑框架的相对位移变形很小，这时体系的振动频率与液体的一阶晃动自然频率（$f_{l1}=0.316\text{Hz}$）很接近。

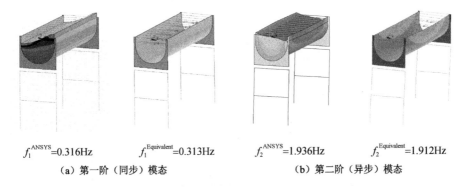

(a) 第一阶(同步)模态 (b) 第二阶(异步)模态

图 8.23 原始与等效系统的第一、二阶横向振动模态

流体-结构体系的阻尼比系数取为 5%,依据结构动力学的原理(Chopra 2007),引入 Rayleigh 阻尼矩阵为

$$[C] = \beta_m [M] + \beta_k [K] \tag{8.3.18}$$

式中:β_m 与 β_k 分别为质量、刚度比例系数,它们可由下式确定(Chopra 2007):

$$\begin{cases} \beta_m = \dfrac{4\zeta \pi f_1 f_2}{f_1 + f_2} \\ \beta_k = \dfrac{\zeta}{\pi(f_1 + f_2)} \end{cases} \tag{8.3.19}$$

式中:f_1 与 f_2 为系统的前二阶模态频率(Hz);ζ 为阻尼比系数。对于本渡槽结构体系而言,$f_1 = 0.316 \text{Hz}$,$f_2 = 1.912 \text{Hz}$,$\zeta = 5\%$,于是有:$\beta_m = 0.171$,$\beta_k = 0.007$。

设图 8.22 的渡槽在横向承受 EL Centro(N-S)地震(波)作用,地动加速度峰值调整为 0.35 m/s²,原始与等效系统的地震响应均可采用 Ansys 程序计算。支撑框架结构的顶点位移以及连梁端部弯矩时程响应分别见图 8.24(a)与(b),可

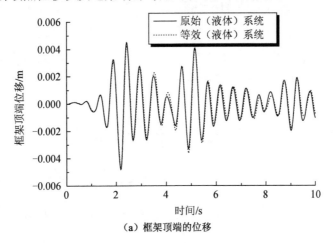

(a) 框架顶端的位移

图 8.24 U 形渡槽的位移与时程响应[EL Centro(N-S)地震激励,峰值 0.35m/s²]

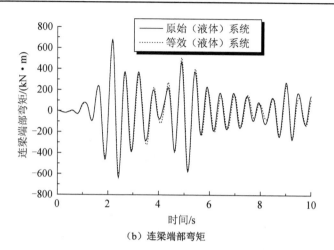

(b) 连梁端部弯矩

图 8.24 U形渡槽的位移与时程响应[EL Centro（N-S）地震激励，峰值 0.35m/s²]（续）

以发现原始与等效系统的时程响应吻合良好，响应峰值的相对误差约 5%，满足工程的计算精度要求。

对于本例而言，等效模型将液体压力的合力作为集中力作用在槽体上，所以等效模型将不适用于计算槽体的内应力，但当等效模型划分得足够多时，由此得到的槽体整体弯曲内力与剪切内力是可用的。

8.4 三维直立圆柱容器内液体晃动等效力学模型

本节研究对象见第 4 章图 4.6（a）的直立圆柱容器，其剖面图与平面图见图 8.25（a），将容器内晃动的液体等效为图 8.25（b）的一个固定质量 (M_0, h_0) 及一系列的弹簧振子 $(M_n, K_n, h_n)(n=1,2,3,\cdots)$。由于等效系统体现了液体晃动的自身特性，与外加速度激励 $\ddot{G}_x(t)$ 无关，即无论 $\ddot{G}_x(t)$ 为怎样的时间函数，等效系统的参数都不会发生改变，在水平地震激励下，只有反对称模态对液体晃动有贡献。根据第 4 章（4.2.14）式，对于原始系统而言，作用在 x 方向上容器侧壁上的液动合力为

$$F_{L,\text{original}} = -\left[\rho\pi R^2 H - \rho\pi R^3 \sum_{n=1}^{\infty}\frac{F_n \tanh(\xi_{1n}H/R)}{\xi_{1n}}J_1(\xi_{1n})\right]\ddot{G}_x(t)$$
$$-\rho\pi R^3 \sum_{n=1}^{\infty}\frac{F_n\omega_{1n}\tanh(\xi_{1n}H/R)}{\xi_{1n}}J_1(\xi_{1n})\int_0^t \ddot{G}_x(\tau)\sin\left[\omega_{1n}(t-\tau)\right]d\tau \quad (8.4.1)$$

根据第 4 章的结果，液体对容器底部 y'-y' 轴[图 4.6（a）]的液动翻转力矩为

$$M_{L,\text{original}} = -\rho\pi R^2 H^2 \ddot{G}_x(t)\left\{\frac{1}{2} + \sum_{n=1}^{\infty}\left[\frac{F_n R^2}{\xi_{1n} H^2}J_2(\xi_{1n})\left(1-\frac{1}{\cosh(\xi_{1n}H/R)}\right) - F_n J_1(\xi_{1n})I_{1n}\right]\right\}$$

$$-\rho\pi R^2 H^2 \sum_{n=1}^{\infty}\left\{\left[F_n\omega_{1n}J_1(\xi_{1n})I_{1n} + \frac{F_n\omega_{1n}R^2}{\xi_{1n}\cosh(\xi_{1n}H/R)H^2}J_2(\xi_{1n})\right]\int_0^t \ddot{G}_x(\tau)\sin\left[\omega_{1n}(t-\tau)\right]d\tau\right\}$$

(8.4.2)

以上式（8.4.1）与式（8.4.2）中：F_n 由第 4 章的式（4.2.7）确定，根据第 3.5 节的结果，ξ_{1n} 为方程 $J_1'(\xi_{1n})=0$ 的根，它们分别为：$\xi_{1n}=1.841, 5.335, 8.535, 11.205, 14.850,\cdots$，$\xi_{1n}=\xi_{1(n-1)}+\pi(n>5)$，$I_{1n}$ 由式（4.2.16）确定，式中其他符号的意义同第 4 章。

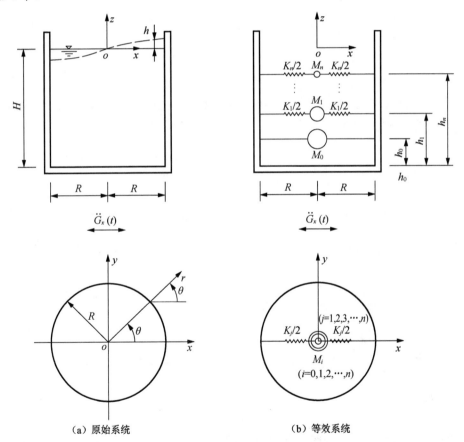

图 8.25　圆形容器内液体的等效力学模型

等效系统在 x 方向上对容器的水平液动合力与对底板 y'-y' 轴的翻转力矩分别为

$$F_{L,\text{equivalent}} = -M_0\ddot{G}_x(t) - \sum_{n=1}^{\infty} M_n\omega_{1n}\int_0^t \ddot{G}_x(\tau)\sin\omega_{1n}(t-\tau)d\tau \tag{8.4.3}$$

$$M_{L,\text{equivalent}} = -M_0\ddot{G}_x(t)h_0 - \sum_{n=1}^{\infty} M_n h_n\omega_{1n}\int_0^t \ddot{G}_x(\tau)\sin\omega_{1n}(t-\tau)d\tau \tag{8.4.4}$$

命式（8.4.1）与式（8.4.3）相等，即 $F_{L,\text{original}} = F_{L,\text{equivalent}}$，比较方程两边关于时间函数 $\ddot{G}_x(t)$ 及 $\int_0^t \ddot{G}_x(\tau)\sin\omega_n(t-\tau)d\tau$ 的系数，得等效质量为

$$\frac{M_n}{M} = \frac{2R\tanh(\xi_{1n}H/R)}{\xi_{1n}(\xi_{1n}^2-1)H} \quad (n=1,2,3,\cdots) \tag{8.4.5}$$

$$\frac{M_0}{M} = 1 - \sum_{n=1}^{\infty}\frac{M_n}{M} = 1 - \sum_{n=1}^{\infty}\frac{2R\tanh(\xi_{1n}H/R)}{\xi_{1n}(\xi_{1n}^2-1)H} \tag{8.4.6}$$

式中：

$$M = \rho\pi R^2 H \tag{8.4.7}$$

为液体总质量，注意到以上应用了第3、4章的相关公式。根据式（4.2.5）的频率表达式 $\omega_{1n}^2 = g\xi_{1n}\tanh(\xi_{1n}H/R)/R$，得等效弹簧振子的弹性系数为

$$K_n = M_n\omega_{1n}^2 = \frac{2gM\left[\tanh\left(\dfrac{\xi_{1n}H}{R}\right)\right]^2}{(\xi_{1n}^2-1)H} \tag{8.4.8}$$

命式（8.4.2）与式（8.4.4）相等，即 $M_{L,\text{original}} = M_{L,\text{equivalent}}$，比较方程两边关于时间函数 $\ddot{G}_x(t)$ 及 $\int_0^t \ddot{G}_x(\tau)\sin\omega_n(t-\tau)d\tau$ 的系数，得等效质量的定位高度为

$$\frac{h_n}{H} = 1 - \frac{R}{\xi_{1n}H}\left[\frac{1}{\tanh(\xi_{1n}H/R)} - \frac{1}{\sinh(\xi_{1n}H/R)} - \frac{\xi_{1n}J_2(\xi_{1n})}{J_1(\xi_{1n})\sinh(\xi_{1n}H/R)}\right] \quad (n=1,2,3,\cdots) \tag{8.4.9}$$

$$\frac{h_0}{H} = \frac{\dfrac{1}{2} + \sum_{n=1}^{\infty}\left[\dfrac{F_n J_2(\xi_{1n})}{\xi_{1n}}\left(1-\dfrac{1}{\cosh(\xi_{1n}H/R)}\right)\left(\dfrac{R}{H}\right)^2 - F_n J_1(\xi_{1n})I_{1n}\right]}{1-\sum_{n=1}^{\infty}\dfrac{2\tanh(\xi_{1n}H/R)}{\xi_{1n}(\xi_{1n}^2-1)}\left(\dfrac{R}{H}\right)} \tag{8.4.10}$$

对于地震动激励而言，一般只需取一个固定质量及一个弹簧振子就可得到满意的结果，由 $\xi_{1n}=1.841$，得 $J_1(1.841)=0.582$，$J_2(1.841)=0.316$，于是有

$$\begin{cases} \dfrac{M_1}{M} = 0.455\left(\dfrac{R}{H}\right)\tanh\left(1.841\dfrac{H}{R}\right) \\[2mm] \omega_{1n}^2 = 1.841\dfrac{g}{R}\tanh\left(\dfrac{1.841H}{R}\right) \\[2mm] K_1 = M_1\omega_{1n}^2 = \dfrac{Mg\left[\tanh\left(\dfrac{1.841H}{R}\right)\right]^2}{1.195H} \\[2mm] \dfrac{h_1}{H} = 1 - \left(\dfrac{R}{H}\right)\left[\dfrac{0.543}{\tanh\left(1.841\dfrac{H}{R}\right)} - \dfrac{1.086}{\sinh\left(1.841\dfrac{H}{R}\right)}\right] \\[2mm] \dfrac{M_0}{M} = 1 - \dfrac{M_1}{M} = 1 - 0.455\left(\dfrac{R}{H}\right)\tanh\left(1.841\dfrac{H}{R}\right) \\[2mm] \dfrac{h_0}{H} = \dfrac{\dfrac{1}{2} - 0.455\dfrac{R}{H}\cdot\tanh\left(1.841\dfrac{H}{R}\right) + 0.494\left(\dfrac{R}{H}\right)^2\left[1 - \dfrac{1}{\cosh\left(1.841\dfrac{H}{R}\right)}\right]}{1 - 0.455\left(\dfrac{R}{H}\right)\tanh\left(1.841\dfrac{H}{R}\right)} \end{cases} \quad (8.4.11)$$

需要说明的是：以上式（8.4.11）中给出的 M_0/M、M_1/M 以及频率的表达式与 Ibrahim（2005）书中的结果相同，但式（8.4.11）中给出的质量位置函数 h_0/H、h_1/H 与 Ibrahim（2005）给出的结果不同。

在土木与水利工程中，圆柱容器中液体的 Housner 模型（Housener 1957）得到广泛应用（居荣初，曾心传 1983）。图 8.26 给出了式（8.4.11）与 Housner 模型参数随 H/R 变化的曲线比较，由图可以看出，二者的自然频率在所有区域内吻合很好，但二者的其他参数有一定误差，其中 M_1/M 有比较大的差异，最大相对误差约 18%，当 H/R 较小时，M_0/M、h_0/H 及 h_1/H 有比较大的误差，但当 H/R 较大时，二者结果吻合较好。从图 8.26（b）可以看出 Housner 模型中 $M_0/M + M_1/M < 1$，并不严格满足质量守恒定律，而本节式（8.4.11）有 $M_0/M + M_1/M \approx 1$，所以 Housner 模型并非是一个令人满意的等效力学模型。

由于以上等效模型将液体压力的合力作为集中力作用在圆柱容器上，所以等效模型将不适用于计算圆柱容器壳体的内应力。对于架空的圆柱形水箱结构，由于圆柱水箱局部刚度一般远大于其支撑结构的刚度，在地震作用下，支撑结构更容易发生破坏，这时采用液体的等效力学模型来计算支撑结构的地震响应可以获得比较理想的计算精度。

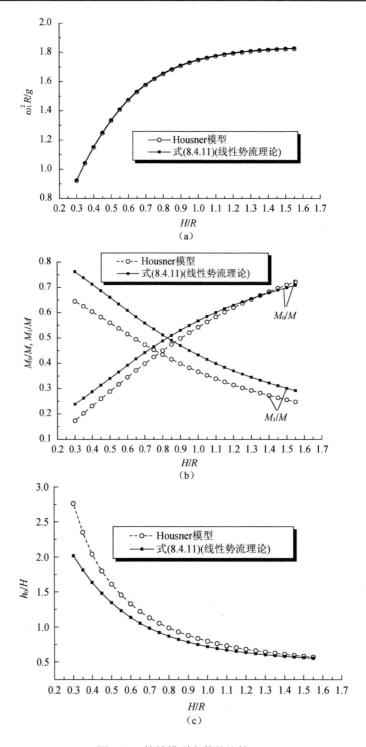

图 8.26 等效模型参数的比较

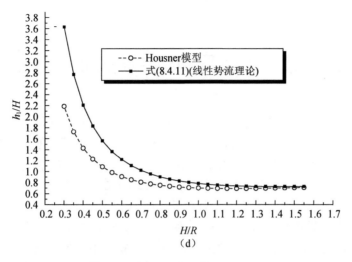

图 8.26 等效模型参数的比较（续）

第 9 章　液体晃动与结构的相互作用

本章将讨论结构与液体的相互作用（耦联振动）问题，液-固耦联振动问题所涉及的工程问题极为广泛，例如海洋结构与波浪的相互作用、航天（航空）器结构与液体燃料之间的耦联振动、输液管道的振动、LNG 船舶结构与液化气之间相互作用等等。这类动力学问题同时包括结构振动与液体的晃动，其中结构振动受到结构动力学方程支配，而液体的晃动受流体动力学方程所控制，在结构与液体的交界面上两种不同的介质发生相互作用，一方面结构的振动会影响液体的晃动，另一方面液体的晃动又影响结构的振动，因此结构与液体的运动方程是耦合在一起的，这类问题的求解比单个结构振动或液体晃动问题要复杂得多。对于许多的工程问题而言，我们更关注液体对结构振动及其安全性的影响，而液体自身如何运动，我们并不感兴趣，这样对于耦合问题的求解，我们只需考虑液体对结构的影响即可。本章仅讨论水利与土木工程中常见的两类问题，第一类问题为梁坝与无限水域的相互作用问题，第二类问题为贮液水箱与支撑结构的相互作用问题，在这两类问题中，我们更关注液体对结构动力特性与动力响应的影响。

9.1　梁坝-无限水体的动力相互作用

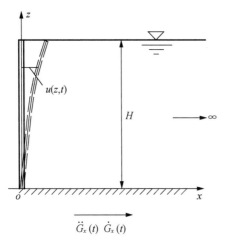

图 9.1　梁一侧受无穷水域作用

水坝在地震中承受动水压力最早由 Westergaard（1933）所研究，在该研究中，水坝是作为刚体看待。在本节中我们将水坝简化为一个固支在地面上的等截面弹性悬臂梁，如图 9.1 所示，设梁的截面面积为 A，惯性矩为 I，弹性模量为 E，质量密度为 ρ_s，为了计算简便，设梁长与水深 H 相等，水的质量密度为 ρ，设梁-水系统承受地震作用，地面加速度与速度分别为 $\ddot{G}_x(t)$ 及 $\dot{G}_x(t)$（假设向右为正）。以下研究弹性梁与无穷水域的动力相互作用。

9.1.1 梁坝-无限水体体系的动力学基本方程

见图 9.1，将坐标 oxz 固定在梁坝的底部固支端，发生地面运动时，oxz 坐标系相当于牵连坐标，而固定坐标 $o'x'z'$（未在图中显示）在无穷远的非地震区。设梁振动的横向位移为 $u = u(z,t)$，假定梁为 Euler 梁，则梁坝可看成为一个悬臂梁，其振动方程为（Clough & Penzien 2003）

$$EI\frac{\partial^4 u}{\partial z^4} + \rho_s A\frac{\partial^2 u}{\partial t^2} = -p(x,z,t)\big|_{x=0} - \rho_s A\ddot{G}_x(t) \tag{9.1.1}$$

式中：$-p(x,z,t)\big|_{x=0}$ 为作用在梁上的分布动水压力，方向向左（为负）；$-\rho_s A\ddot{G}_x(t)$ 为分布地震惯性力作用，方向与地动加速度方向相反。悬臂梁的边界条件为

$$\begin{cases} u\big|_{z=0} = 0, \quad \dfrac{\partial u}{\partial z}\bigg|_{z=0} = 0 \\ \dfrac{\partial^2 u}{\partial z^2}\bigg|_{z=H} = 0, \quad \dfrac{\partial^3 u}{\partial z^3}\bigg|_{z=H} = 0 \end{cases} \tag{9.1.2}$$

式（9.1.2）表明悬臂梁在固支端（$z=0$）的位移与转角为零，在自由端（$z=H$）的剪力与弯矩为零。设水体在牵连坐标 oxz 下的绝对速度势函数为 $\Phi = \Phi(x,z,t)$，$v = \nabla\Phi$ 表示水体的绝对速度，水体的运动满足下列的 Laplace 方程：

$$\nabla^2 \Phi = 0 \tag{9.1.3}$$

水体的边界条件为

$$\frac{\partial \Phi}{\partial z}\bigg|_{z=0} = 0 \quad \text{（底面边界）} \tag{9.1.4}$$

$$\left(\frac{\partial^2 \Phi}{\partial t^2} + g\cdot\frac{\partial \Phi}{\partial z}\right)\bigg|_{z=H} = 0 \quad \text{（自由表面边界）} \tag{9.1.5}$$

$$\frac{\partial \Phi}{\partial x}\bigg|_{x=0} = \dot{G}_x(t) + \frac{\partial u}{\partial t} \quad \text{（液-固交接面边界）} \tag{9.1.6}$$

式（9.1.6）表明：在梁-液交接面上，水体的法向绝对速度应等于梁的法向绝对速度，而梁的法向绝对速度等于地面牵连运动速度加上梁振动的相对速度。液动压力为

$$p(x,z,t) = -\rho\frac{\partial \Phi}{\partial t} \tag{9.1.7}$$

液体与梁结构通过方程（9.1.1）、（9.1.6）与（9.1.7）发生耦合。在自由表面上的动水压力为零，根据式（9.1.7）有 $\partial\Phi/\partial t\big|_{z=H} = 0$。因为我们主要关注结构的振动，通常结构振动的频率要远大于液体的晃动频率，所以可以忽略自由表面波（重力波）对结构振动的影响。根据式（9.1.5），可以得到 $\partial^2\Phi/\partial t^2\big|_{z=H} = 0$，结合

$\partial \Phi / \partial t\big|_{z=H} = 0$,自由表面边界条件式(9.1.5)可以简化为

$$\Phi\big|_{z=H} = 0 \tag{9.1.8}$$

做自由振动分析时,不考虑地面运动的影响,即 $\ddot{G}_x(t) = \dot{G}_x(t) = 0$,无穷远处的液动压力(对结构的影响)为零:$p(x,z,t)\big|_{x\to\infty} = -\rho\dfrac{\partial \Phi}{\partial t}\bigg|_{x\to\infty} = 0$,即

$$\dfrac{\partial \Phi}{\partial t}\bigg|_{x\to\infty} = 0 \quad (\text{无穷远边界条件}) \tag{9.1.9}$$

9.1.2 梁坝的湿模态及其正交性

根据文献(黄玉盈 1988),自由振动分析时,设梁坝-液体系统的自由振动解为

$$\begin{cases} u(z,t) = w(z) \cdot \mathrm{e}^{\mathrm{i}\omega t} \\ \Phi(x,z,t) = \varphi(x,z) \cdot \mathrm{e}^{\mathrm{i}\omega t} \\ p(x,z,t) = p_0(x,z) \cdot \mathrm{e}^{\mathrm{i}\omega t} \end{cases} \tag{9.1.10}$$

式中:ω 为系统耦联振动频率;$w(z)$、$\varphi(x,z)$ 及 $p_0(x,z)$ 分别为结构位移、液体速度势及压力的幅值函数。将式(9.1.10)以及 $\ddot{G}_x(t) = \dot{G}_x(t) = 0$ 分别代入以上各式 [式(9.1.1)~式(9.1.9)],得结构满足的方程为

$$EI \cdot \dfrac{\mathrm{d}^4 w}{\mathrm{d}z^4} - \rho_s A \cdot \omega^2 w = p_0(x,z)\big|_{x=0} \tag{9.1.11}$$

$$w(0) = w'(0) = w''(H) = w'''(H) = 0 \tag{9.1.12}$$

液体压力满足的方程为

$$\dfrac{\partial^2 p_0}{\partial x^2} + \dfrac{\partial^2 p_0}{\partial z^2} = 0 \tag{9.1.13}$$

$$\dfrac{\partial p_0}{\partial z}\bigg|_{z=0} = 0 \tag{9.1.14}$$

$$\dfrac{\partial p_0}{\partial x}\bigg|_{x=0} = \rho\omega^2 w \tag{9.1.15}$$

$$p_0(x,z)\big|_{z=H} = 0 \tag{9.1.16}$$

$$p_0(x,z)\big|_{x\to\infty} = 0 \tag{9.1.17}$$

结构与液体的耦合在方程(9.1.11)与(9.1.15)中反映。首先考虑求解液体压力,采用半逆解法,根据边界条件式(9.1.16),可设液体压力的解为

$$p_0(x,z) = \sum_{n=1,3,5,\cdots}^{\infty} f_n(x)\cos\dfrac{n\pi z}{2H} \tag{9.1.18}$$

显然方程(9.1.18)满足边界条件式(9.1.16),将式(9.1.18)代入式(9.1.13),

得

$$\frac{\mathrm{d}^2 f_n}{\mathrm{d}x^2} - \left(\frac{n\pi}{2H}\right)^2 f_n = 0 \tag{9.1.19}$$

由此可以解得

$$f_n(x) = C_{1n}\mathrm{e}^{-\frac{n\pi}{2H}x} + C_{2n}\mathrm{e}^{\frac{n\pi}{2H}x} \tag{9.1.20}$$

式中：C_{1n}、C_{2n} 为积分常数，由边界条件式（9.1.17），可以得到 $C_{2n}=0$，所以

$$p_0(x,z) = \sum_{n=1,3,5,\cdots}^{\infty} C_{1n}\mathrm{e}^{-\frac{n\pi}{2H}x}\cos\frac{n\pi z}{2H} \tag{9.1.21}$$

将式（9.1.21）代入耦合边界条件式（9.1.15），得

$$-\sum_{n=1,3,5,\cdots}^{\infty} C_{1n}\frac{n\pi}{2H}\cos\frac{n\pi z}{2H} = \rho\omega^2 w \tag{9.1.22}$$

将上式两边同时乘上 $\cos\dfrac{m\pi z}{2H}$，并对 z 在 $[0,H]$ 内积分，利用三角函数系的正交性，可以得到

$$C_{1n} = -\frac{4\rho\omega^2}{n\pi}\int_0^H w(z)\cos\frac{n\pi z}{2H}\mathrm{d}z \tag{9.1.23}$$

将式（9.1.23）回代式（9.1.21）得

$$p_0(x,z) = -\frac{4\rho\omega^2}{\pi}\sum_{n=1,3,5,\cdots}^{\infty}\left[\frac{1}{n}\int_0^H w(\eta)\cos\frac{n\pi\eta}{2H}\mathrm{d}\eta\right]\mathrm{e}^{-\frac{n\pi}{2H}x}\cos\frac{n\pi z}{2H} \tag{9.1.24}$$

上式表明，液体压力与梁的幅值（振型）函数 $w(z)$ 有关，将式（9.1.24）代入式（9.1.11），梁的振动方程为

$$EI\frac{\mathrm{d}^4 w(z)}{\mathrm{d}z^4} - \omega^2\left[\rho_s A w(z) + \frac{4\rho}{\pi}\sum_{n=1,3,5,\cdots}^{\infty}\left(\frac{1}{n}\int_0^H w(\eta)\cos\frac{n\pi\eta}{2H}\mathrm{d}\eta\right)\cdot\cos\frac{n\pi z}{2H}\right] = 0 \tag{9.1.25}$$

式（9.1.25）为梁的（湿）振型函数在液体作用下所满足的方程，当 $\rho=0$ 时，为无液体作用的情形，这时梁的（干）振型函数 $w_0(z)$ 所满足的方程为

$$\begin{cases} EI\dfrac{\mathrm{d}^4 w_0(z)}{\mathrm{d}z^4} - \omega^2\rho_s A w_0(z) = 0 \\ w_0(0) = w_0'(0) = w_0''(H) = w_0'''(H) = 0 \end{cases} \tag{9.1.26}$$

悬臂梁的干振型已有解答为（Clough & Penzien 2003）

$$w_{0j}(z) = \alpha_j\left(\cos k_j z - \cosh k_j z\right) + \sin k_j z - \sinh k_j z \quad (j=1,2,3,\cdots) \tag{9.1.27}$$

其中 k_j $(j=1,2,3,\cdots)$ 为下列频率方程的解：

$$1 + \cos kH \times \cosh kH = 0 \tag{9.1.28}$$

求解上述超越方程可以得到一系列的 k 值，将 k 值按从小到大的顺序排列，就可得到 k_j $(j=1,2,3,\cdots)$，其前 4 个值分别为 $1.8751/H$、$4.6941/H$、$7.8548/H$、$10.9955/H$，

对应的固有干频率为

$$\omega_{0j}^2 = \frac{EI}{\rho_s A} k_j^4 \tag{9.1.29}$$

式（9.1.27）中的 α_j 由下式计算：

$$\alpha_j = -\frac{\sin k_j H + \sinh k_j H}{\cos k_j H + \cosh k_j H} \tag{9.1.30}$$

将梁的干频率与干振型 ω_{0j}、$w_{0j}(z)(j=1,2,3,\cdots,N)$ 代入方程（9.1.26），得到 N 个方程，将其写为矩阵的形式为

$$\begin{cases} \{w_0^{(IV)}(z)\} = [B]\{w_0(z)\} \\ \{w_0(0)\} = \{w_0'(0)\} = \{w_0''(0)\} = \{w_0'''(0)\} = \{0\} \end{cases} \tag{9.1.31}$$

式中：

$$\begin{cases} \{w_0^{(IV)}(z)\}^T = \left[w_{01}^{(IV)}(z), w_{02}^{(IV)}(z), \cdots, w_{0N}^{(IV)}(z)\right] \\ \{w_0(z)\}^T = \left[w_{01}(z), w_{02}(z), \cdots, w_{0N}(z)\right] \\ [B] = \frac{\rho_s A}{EI} \mathrm{diag}(\omega_{01}^2, \omega_{02}^2, \cdots, \omega_{0N}^2) \end{cases} \tag{9.1.32}$$

干振型 $w_{0j}(z)(j=1,2,3,\cdots,N)$ 有如下的正交性（Clough & Penzien 2003）：

$$\begin{cases} \int_0^H \rho_s A \cdot w_{0i}(z) w_{0j}(z) \cdot \mathrm{d}z = 0, & (i \neq j) \\ \int_0^H EI \cdot w_{0i}(z) \frac{\mathrm{d}^4 w_{0j}(z)}{\mathrm{d}z^4} \cdot \mathrm{d}z = 0, & (i \neq j) \end{cases} \tag{9.1.33}$$

因为干振型函数是一个完备的正交函数系，且满足湿振型函数的边界条件，所以梁的湿振型函数应该比较接近于干振型函数，可将湿振型函数按干振型函数展开为

$$w(z) = \sum_{j=1}^N \overline{A}_j w_{0j}(z) = \{w_0(z)\}^T \{\overline{A}\} \tag{9.1.34}$$

式中：$\overline{A}_j$ 为待定系数。将式（9.1.34）代入式（9.1.25）得

$$EI\{w_0^{(IV)}(z)\}^T \{\overline{A}\} - \omega^2 \left[\rho_s A \{w_0(z)\}^T \{\overline{A}\} + \frac{4\rho}{\pi} \sum_{n=1,3,5,\cdots}^\infty \left(\frac{1}{n} \int_0^H \{w_0(\eta)\}^T \cos\frac{n\pi\eta}{2H} \mathrm{d}\eta \{\overline{A}\}\right) \cdot \cos\frac{n\pi z}{2H}\right] = 0$$

$$\tag{9.1.35}$$

对式（9.1.35）两边左乘以 $\{w_0(z)\}$，并对 z 在 $[0,H]$ 内积分，利用式（9.1.31）及式（9.1.33），得

$$[K]\{\overline{A}\} = \omega^2 [M]\{\overline{A}\} \tag{9.1.36}$$

式中:

$$\begin{cases} [K] = \int_0^H EI\{w_0(z)\}\{w_0(z)\}^{\mathrm{T}} [B]^{\mathrm{T}} \mathrm{d}z = \mathrm{diag}(k_{11}, k_{22}, \cdots, k_{NN}) \\ k_{jj} = \rho_s A \omega_{0j}^2 \int_0^H w_{0j}^2(z) \mathrm{d}z \quad (j = 1, 2, 3, \cdots, N) \end{cases} \tag{9.1.37}$$

$$[M] = \begin{bmatrix} m_{11} & m_{12} & \cdots & m_{1N} \\ m_{21} & m_{22} & \cdots & m_{2N} \\ \vdots & \vdots & & \vdots \\ m_{N1} & m_{N2} & \cdots & m_{NN} \end{bmatrix}$$

$$= \int_0^H \rho_s A \{w_0(z)\}\{w_0(z)\}^{\mathrm{T}} \mathrm{d}z + \frac{4\rho}{\pi} \sum_{n=1,3,5,\cdots}^{\infty} \frac{1}{n} \int_0^H \{w_0(z)\}$$

$$\cdot \left(\int_0^H \{w_0(\eta)\}^{\mathrm{T}} \cos \frac{n\pi\eta}{2H} \mathrm{d}\eta \right) \cdot \cos \frac{n\pi z}{2H} \mathrm{d}z \tag{9.1.38}$$

上式中 $[M]$ 的非对角元素为

$$\begin{cases} m_{ij} = m_{ji} = \frac{4\rho}{\pi} \cdot \sum_{n=1,3,\cdots}^{N} \left(\frac{1}{n} \cdot \overline{m}_{in} \cdot \overline{m}_{jn} \right) \\ \overline{m}_{in} = \int_0^H w_{0i}(z) \cos \frac{n\pi z}{2H} \mathrm{d}z \end{cases} \tag{9.1.39}$$

$[M]$ 的对角元素为

$$\begin{cases} m_{ii} = N_i + \frac{4\rho}{\pi} \cdot \sum_{n=1,3,\cdots}^{N} \left(\frac{1}{n} \cdot \overline{m}_{in}^2 \right) \\ N_i = \rho_s A \int_0^H w_{0i}^2(z) \mathrm{d}z \\ \overline{m}_{in} = \int_0^H w_{0i}(z) \cos \frac{n\pi z}{2H} \mathrm{d}z \end{cases} \tag{9.1.40}$$

方程(9.1.36)为广义特征值问题,可采用标准程序(徐士良 1992)求解得到特征值与特征向量为 $\omega_j, \{\overline{A}\}_j^{\mathrm{T}} = (A_1^j, A_2^j, A_3^j, \cdots, A_N^j)(j=1,2,3,\cdots,N)$,从而悬臂梁的第 j 阶湿频率与湿振型分别为 $\omega_j, w_j(z) = A_1^j w_{01}(z) + A_2^j w_{02}(z) + \cdots + A_N^j w_{0N}(z)$。

将方程(9.1.25)重写为

$$EI \frac{\mathrm{d}^4 w(z)}{\mathrm{d}z^4} - \omega^2 (\lambda + \overline{\lambda}) w(z) = 0 \tag{9.1.41}$$

其中:

$$\begin{cases} \lambda = \rho_s A \\ \bar{\lambda} = \dfrac{4\rho}{w(z)\pi} \sum_{n=1,3,5,\cdots}^{\infty} \left(\dfrac{1}{n} \int_0^H w(\eta) \cos\dfrac{n\pi\eta}{2H} \mathrm{d}\eta \right) \cdot \cos\dfrac{n\pi z}{2H} \end{cases} \quad (9.1.42)$$

方程（9.1.41）的形式与无水梁的振动方程完全相同，只是增加了一个质量项 $\bar{\lambda}$，这是一个分布质量，且与梁振动的振型有关，不能事先给出，$\bar{\lambda}$ 可定义为附连水质量，表明液体对结构的影响只是增加了结构质量，使结构的振动频率降低，因而可以预料结构的湿频率比干频率要小。在 9.1.1 节的分析中，我们忽略了液体的可压缩性以及液面重力波的影响，故液体并不储存弹性与重力势能，液体并不改变梁结构的刚度。

梁坝的湿振型 $w_j(z)(j=1,2,3,\cdots,N)$ 同干振型一样，有如下的正交性：

$$\begin{cases} \int_0^H (\lambda + \bar{\lambda}_r) w_r(z) w_s(z) \, \mathrm{d}z = 0 \quad (r \neq s) \\ \int_0^H EI w_r(z) \dfrac{\mathrm{d}^4 w_s(z)}{\mathrm{d}z^4} \, \mathrm{d}z = 0 \quad (r \neq s) \end{cases} \quad (9.1.43)$$

现证明如下（黄玉盈，1988）：

设任意两个不相同的湿模态为：ω_r、$w_r(z)$ 及 ω_s、$w_s(z)$，它们对应的附连水质量分别为 $\bar{\lambda}_r$ 及 $\bar{\lambda}_s$，将它们分别代入式（9.1.41），两边分别乘以 $w_s(z)$ 及 $w_r(z)$，然后从 0 到 H 对 z 积分，得

$$\begin{cases} \int_0^H EI \cdot \dfrac{\mathrm{d}^4 w_r}{\mathrm{d}z^4} \cdot w_s \, \mathrm{d}z = \int_0^H \omega_r^2 (\lambda + \bar{\lambda}_r) w_r \cdot w_s \, \mathrm{d}z \\ \int_0^H EI \cdot \dfrac{\mathrm{d}^4 w_s}{\mathrm{d}z^4} \cdot w_r \, \mathrm{d}z = \int_0^H \omega_s^2 (\lambda + \bar{\lambda}_s) w_s \cdot w_r \, \mathrm{d}z \end{cases} \quad (9.1.44)$$

利用分部积分法则，得

$$\int_0^H EI \cdot \dfrac{\mathrm{d}^4 w_r}{\mathrm{d}z^4} \cdot w_s \, \mathrm{d}z = EI \int_0^H w_s \cdot \mathrm{d}(w_r''')$$

$$= EI \, w_s w_r''' \Big|_0^H - EI \int_0^H w_r''' \cdot w_s' \, \mathrm{d}z = -EI \int_0^H w_s' \cdot \mathrm{d}(w_r'')$$

$$= (-EI) \cdot w_s' w_r'' \Big|_0^H + EI \int_0^H w_s'' w_r'' \, \mathrm{d}z = EI \int_0^H w_s'' w_r'' \, \mathrm{d}z \quad (9.1.45)$$

注意到上式推导过程中用到了边界条件（9.1.12），将式（9.1.45）中的 r、s 交换，就可得到

$$\int_0^H EI \cdot \dfrac{\mathrm{d}^4 w_s}{\mathrm{d}z^4} \cdot w_r \, \mathrm{d}z = EI \int_0^H w_s'' w_r'' \, \mathrm{d}z \quad (9.1.46)$$

观察以上式（9.1.44）~式（9.1.46），可以得到

$$\int_0^H \omega_r^2 (\lambda + \overline{\lambda}_r) w_r \cdot w_s \mathrm{d}z = \int_0^H \omega_s^2 (\lambda + \overline{\lambda}_s) w_s \cdot w_r \mathrm{d}z \tag{9.1.47}$$

由于 $\omega_r^2 \neq \omega_s^2$，且有

$$\begin{aligned}
\int_0^H \overline{\lambda}_r \cdot w_r w_s \mathrm{d}z &= \int_0^H \frac{4\rho}{w_r(z)\pi} \sum_{n=1,3,5,\cdots}^{\infty} \left(\frac{1}{n} \int_0^H w_r(\eta) \cos\frac{n\pi\eta}{2H} \mathrm{d}\eta \right) \cdot \cos\frac{n\pi z}{2H} \cdot w_r(z) w_s(z) \mathrm{d}z \\
&= \int_0^H \frac{4\rho}{\pi} \sum_{n=1,3,5,\cdots}^{\infty} \left(\frac{1}{n} \int_0^H w_r(\eta) \cos\frac{n\pi\eta}{2H} \mathrm{d}\eta \right) \cdot \cos\frac{n\pi z}{2H} \cdot w_s(z) \mathrm{d}z \\
&= \frac{4\rho}{\pi} \cdot \sum_{n=1,3,\cdots}^{\infty} \frac{1}{n} \int_0^H w_r(\eta) \cos\frac{n\pi\eta}{2h} \mathrm{d}\eta \times \int_0^H w_s(z) \cos\frac{n\pi z}{2h} \mathrm{d}z \\
&= \int_0^H \overline{\lambda}_s \cdot w_r w_s \mathrm{d}z
\end{aligned} \tag{9.1.48}$$

所以

$$\int_0^H (\lambda + \overline{\lambda}_r) w_r w_s \, \mathrm{d}z = 0 \qquad (r \neq s) \tag{9.1.49}$$

及

$$\int_0^H EI \cdot \frac{\mathrm{d}^4 w_r}{\mathrm{d}z^4} \cdot w_s \mathrm{d}z = 0 \qquad (r \neq s) \tag{9.1.50}$$

于是，正交性式（9.1.43）得证。当 $r=s$ 时，根据式（9.1.44），有如下湿频率与湿振型之间的关系：

$$\omega_r^2 = \frac{\int_0^H EI \cdot \frac{\mathrm{d}^4 w_r(z)}{\mathrm{d}z^4} w_r(z) \mathrm{d}z}{\int_0^H (\lambda + \overline{\lambda}_r) w_r^2(z) \mathrm{d}z} \tag{9.1.51}$$

以上是采用解析方法得到的结果。对于实际工程而言，当结构形状变化，或水体尺寸变化时，采用解析方法将遇到很大的困难，对于本节问题而言，也可采用有限元法分析梁坝-库水系统的湿模态。以下的算例将分别采用解析与有限元的方法计算梁坝-库水系统的湿模态，提供一些有实际意义的结果。

数值算例：设悬臂梁的长度为5m，截面宽为0.1m，高为0.3m，梁的弹性模量为 $E=2\times10^{11}\mathrm{N/m^2}$，密度为 $\rho_s = 7.85\times10^3\mathrm{kg/m^3}$，水深为5m，（水垂直于纸面的）厚度为 0.1m，水密度 $\rho = 1.0\times10^3\mathrm{kg/m^3}$，以下采用两种方法求解梁坝（悬梁）-无限水域（系统）的湿模态。

(1) 采用有限元法求解

采用 Ansys 程序求解时,流体单元选用 Fluid80,该单元采用可压缩的水体单元,为了与解析方法一致(解析解假定水体为不可压缩的流体),可将水体压缩模量尽可能取大一些,这里取水体压缩模量为 2.69×10^{12} N/m^2,采用 Shell63 单元(Shell63 厚度 0.3m)来模拟悬臂梁,Shell63 单元垂直于纸面的厚度为 0.1m(同水体的厚度)。将水体与结构交接面上的法向位移耦合在一起(令两者的法向位移相等),交接面上的切向位移不做约束。水体其他面采用法向位移约束,水体自由表面设为主自由度,梁节点设为主自由度。

采用有限元法求解时,只能按有限水域来求解问题,如图 9.2 所示,设水平水域的长度为 L,水域的右端由刚性墙支撑,首先研究长度 L 的变化对悬臂梁湿频率的影响,取 L 为 H、$2H$、$3H$、$4H$ 做模态分析,结果见表 9.1,可以看出,当 L 大于 $3H$ 以后,湿频率基本不再变化,故当 $L\geqslant 3H$ 时,水域长度可视为无限远。取 $L=3H$ 分别计算梁的干频率,与湿频率的比较见表 9.2,由表可见,湿频率要明显低于干频率。图 9.3 显示出了梁的前三阶振型结果,由此可以看出液体表面从整体上看,波动很小,只有局部很小范围的液体波动,有限元分析中,程序已自动考虑了重力波的影响,这说明在计算结构振动频率时,当结构频率比液体晃动频率要大许多时(通常情况是这样),液体晃动(重力波)对结构的影响可忽略不计。

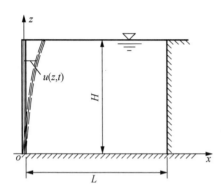

图 9.2 梁坝一侧受有限水域作用

表 9.1 梁坝的湿频率随水域长度 L 的改变

频率阶数	梁的湿频率/Hz			
	$L=H$	$L=2H$	$L=3H$	$L=4H$
1	7.90	7.95	7.96	7.96
2	47.89	48.26	48.27	48.27
3	146.73	146.83	146.84	146.84

表 9.2 梁坝的湿频率与干频率的比较($L=3H$)

频率阶数	干频率/Hz	湿频率/Hz
1	9.81	7.96
2	61.46	48.27
3	172.18	146.84

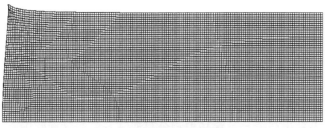
(a) 一阶模态 f=7.96Hz

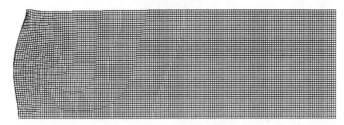
(b) 二阶模态 f=48.27Hz

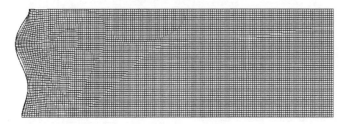
(c) 三阶模态 f=146.84Hz

图 9.3 梁坝的前三阶振型（Ansys 解答）

（2）采用解析法求解

根据本节解析方法，得到一个特征值问题式（9.1.36），可采用 Matlab 标准程序求解这个特征值问题。求解过程中，当干模态叠加的项数增加到 60 时，得到的湿频率将收敛到一个稳定的数值，因此以下的解析计算中，干模态的叠加数取到 60。表 9.3 给出了梁的湿频率解析解与 Ansys 解的比较，由表可以看出，解析得到的频率大于 Ansys 的频率结果，其主要原因为：Ansys 中液体的压缩模量为一个有限值，而解析解假定液体为不可压缩的流体，即液体压缩模量无限大，忽略了水弹性的影响，这时液体并不储存弹性能量，所以得到的湿频率会大一点。由表 9.3 还可以看出，两种方法得到的一阶频率的结果吻合很好，但高阶的频率结果有比较大的差别，这主要源于：解析方法采用的是 Euler 梁模型，忽略了梁截面的转动效应，所得较高阶的频率有误差，阶数越高误差越大，但对于实际问题而言，当梁比较细长时，梁的一阶模态起主要作用，采用 Euler 梁模型可以得到符合实际的结果。

表 9.3　梁坝的湿频率解析解（Matlab）与 Ansys 解的比较

频率阶数	解析解（Matlab）/Hz	有限元解（Ansys）/Hz
1	8.28	7.96
2	54.07	48.27
3	181.13	146.84

梁坝前三阶湿振型的解析解（Matlab）与有限元（Ansys）解的比较如图 9.4 所示，由图可以看出，第一阶湿振型吻合得非常好。实际问题中，一阶振型起主要作用，通常只需取一阶模态就可得到满意的结果。

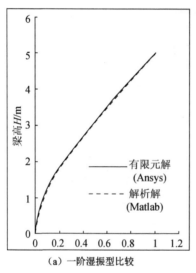

（a）一阶湿振型比较

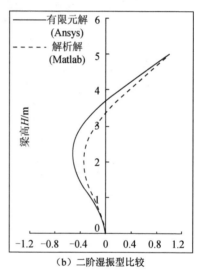

（b）二阶湿振型比较

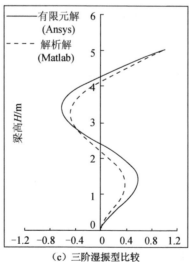

（c）三阶湿振型比较

图 9.4　梁坝的前三阶解析振型（Matlab）与有限元振型（Ansys）的比较

9.1.3 梁坝的地震反应分析

9.1.1 节给出了梁坝的地震响应控制方程[式（9.1）～式（9.9）]，将梁的位移运动展为湿振型的函数：

$$u(z,t) = \sum_{j=1}^{\infty} w_j(z) \cdot q_j(t) \tag{9.1.52}$$

式中：$q_j(t)$ 为广义坐标。根据式（9.1.6）可以发现，液体运动的速度势函数可以分解为两部分，一部分考虑梁坝为（牵连）刚性运动，另一部分考虑梁坝为（相对）弹性振动，即液体速度势函数可分解为刚性速度势 $\Phi_1(x,z,t)$ 与弹性速度势 $\Phi_2(x,z,t)$ 两项：

$$\Phi(x,z,t) = \Phi_1(x,z,t) + \Phi_2(x,z,t) \tag{9.1.53}$$

将式（9.1.53）代入式（9.1.3）、式（9.1.4）、式（9.1.6）～式（9.1.9），其中 $\Phi_1(x,z,t)$ 与 $\Phi_2(x,z,t)$ 分别满足下列方程：

$$\begin{cases} \nabla^2 \Phi_1 = 0 \\ \left.\dfrac{\partial \Phi_1}{\partial z}\right|_{z=0} = 0 \\ \left.\Phi_1\right|_{z=H} = 0 \\ \left.\dfrac{\partial \Phi_1}{\partial x}\right|_{x=0} = \dot{G}_x(t) \\ \left.\dfrac{\partial \Phi_1}{\partial x}\right|_{x\to\infty} = \dot{G}_x(t) \\ p_1(x,z,t) = -\rho \dfrac{\partial \Phi_1}{\partial t} \end{cases} \tag{9.1.54}$$

$$\begin{cases} \nabla^2 \Phi_2 = 0 \\ \left.\dfrac{\partial \Phi_2}{\partial z}\right|_{z=0} = 0 \\ \left.\Phi_2\right|_{z=H} = 0 \\ \left.\dfrac{\partial \Phi_2}{\partial x}\right|_{x=0} = \dfrac{\partial u(z,t)}{\partial t} \\ \left.\dfrac{\partial \Phi_2}{\partial x}\right|_{x\to\infty} = 0 \\ p_2(x,z,t) = -\rho \dfrac{\partial \Phi_2}{\partial t} \\ \left.p_2(x,z,t)\right|_{x\to\infty} = 0 \end{cases} \tag{9.1.55}$$

式中：$p_1(x,z,t)$ 为梁刚性运动产生的液动压力；$p_2(x,z,t)$ 为梁弹性振动产生的液动压力；$p_2(x,z,t)\big|_{x\to\infty} = 0$ 为梁的弹性振动对无穷远端的液动压力影响为零。

首先考虑求解方程组（9.1.54），采用分离变量解法，设

$$\Phi_1(x,z,t) = X(x)Z(z)\dot{G}_x(t) \tag{9.1.56}$$

根据式（9.1.54）中的前三个方程，可容易地得到

$$\begin{cases} Z_n(z) = A_n \cos\beta_n z \\ X_n(x) = C_n e^{-\beta_n x} + D_n e^{\beta_n x}, \quad (n=1,2,3,\cdots) \end{cases} \tag{9.1.57}$$

其中：

$$\beta_n = \frac{(2n-1)\pi}{2H} \tag{9.1.58}$$

$x \to \infty$ 时，速度势函数 Φ_1 仍为有限值[式（9.1.54）中的第 5 个方程]，所以 $D_n = 0$，根据式（9.1.54）中第 4 个方程 $\partial\Phi_1/\partial x\big|_{x=0} = \dot{G}_x(t)$，最后可以得到

$$\Phi_1(x,z,t) = \dot{G}_x(t) \sum_{n=1}^{\infty} \frac{2(-1)^n}{\beta_n^2 H} \cdot e^{-\beta_n x} \cdot \cos\beta_n z \tag{9.1.59}$$

以下求解方程组（9.1.55），根据方程（9.1.54）的解答，可设

$$\Phi_2(x,z,t) = \sum_{n=1}^{\infty} B_n(t) e^{-\beta_n x} \cos\beta_n z \tag{9.1.60}$$

式中：$B_n(t)$ 为待定的时间函数。显然式（9.1.60）满足方程组（9.1.55）中的前三个方程，根据式（9.1.55）中的第 4 个方程以及式（9.1.52），得

$$\frac{\partial\Phi_2}{\partial x}\bigg|_{x=0} = -\sum_{n=1}^{\infty} \beta_n B_n(t)\cos\beta_n z = \frac{\partial u(z,t)}{\partial t} = \sum_{n=1}^{\infty} w_n(z)\dot{q}_n(t) \tag{9.1.61}$$

将上式两边同时乘以 $\cos\beta_j z$，并对 z 在 $[0,H]$ 内积分，得到

$$B_j(t) = -\frac{2}{\beta_j H} \cdot \sum_{n=1}^{\infty} A_{jn}\dot{q}_n(t) \tag{9.1.62}$$

其中：

$$A_{jn} = \int_0^H w_n(z) \cdot \cos\beta_j z \, \mathrm{d}z \tag{9.1.63}$$

所以

$$\Phi_2(x,z,t) = -\sum_{j=1}^{\infty} \frac{2e^{-\beta_j x} \cdot \cos\beta_j z}{\beta_j H} \cdot \sum_{n=1}^{\infty} A_{jn}\dot{q}_n(t) \tag{9.1.64}$$

于是液动压力为

$$p(x,z,t)=-\rho\cdot\frac{\partial}{\partial t}(\Phi_1+\Phi_2)$$

$$=-\rho\ddot{G}_x(t)\sum_{n=1}^{\infty}\frac{2(-1)^n}{\beta_n^2 H}\cdot e^{-\beta_n x}\cdot\cos\beta_n z$$

$$+\rho\sum_{j=1}^{\infty}\frac{2e^{-\beta_j x}\cos\beta_j z}{\beta_j H}\cdot\sum_{n=1}^{\infty}A_{jn}\ddot{q}_n(t) \tag{9.1.65}$$

将式（9.1.65）代入梁坝动力学方程式（9.1.1），整理后得

$$\sum_{n=1}^{\infty}\left(\lambda+\bar{\lambda}_n\right)w_n(z)\ddot{q}_n(t)+\sum_{n=1}^{\infty}EIw_n^{(IV)}(z)q_n(t)=-\ddot{G}_x(t)\left[\lambda-\rho\sum_{n=1}^{\infty}\frac{2(-1)^n}{\beta_n^2 H}\cos\beta_n z\right] \tag{9.1.66}$$

其中 $\bar{\lambda}_n$ 为第 n 阶（分布）附连水质量，由式（9.1.42）确定为

$$\bar{\lambda}_n=\frac{4\rho}{\pi w_n(z)}\times\sum_{m=1}^{\infty}\frac{1}{(2m-1)}\int_0^H w_n(\eta)\cos\beta_m\eta\,\mathrm{d}\eta\cos\beta_m z \tag{9.1.67}$$

将式（9.1.66）两边同时乘以 $w_j(z)$，并对 z 在 $[0,H]$ 内积分，利用湿模态的正交性质式（9.1.43），得到

$$\ddot{q}_j(t)+\omega_j^2 q_j(t)=-R_j\ddot{G}_x(t) \qquad (j=1,2,3,\cdots) \tag{9.1.68}$$

式中：

$$\begin{cases}\omega_j^2=\dfrac{EI\int_0^H w_j^{(IV)}(z)w_j(z)\mathrm{d}z}{\int_0^H\left(\lambda+\bar{\lambda}_j\right)w_j^2(z)\mathrm{d}z}\\[2ex] R_j=\dfrac{\int_0^H\left[\lambda-\rho\sum_{n=1}^{\infty}\dfrac{2(-1)^n}{\beta_n^2 H}\cos\beta_n z\right]w_j(z)\mathrm{d}z}{\int_0^H\left(\lambda+\bar{\lambda}_j\right)w_j^2(z)\mathrm{d}z}\end{cases} \tag{9.1.69}$$

求解方程（9.1.68），由 Duhamel 积分（Clough & Penzien 2003），可以得到零初始条件下的解为

$$q_j(t)=-\frac{R_j}{\omega_j}\int_0^t\ddot{G}_x(\tau)\cdot\sin\omega_j(t-\tau)\mathrm{d}\tau \qquad (j=1,2,3,\cdots) \tag{9.1.70}$$

于是梁坝的位移响应为

$$u(z,t)=-\sum_{j=1}^N w_j(z)\cdot\frac{R_j}{\omega_j}\int_0^t\ddot{G}_x(\tau)\cdot\sin\omega_j(t-\tau)\mathrm{d}\tau \tag{9.1.71}$$

梁坝底部的动弯矩与剪力分别为

$$\begin{cases} M_d(t) = EI \dfrac{\partial^2 u(z,t)}{\partial z^2}\bigg|_{z=0} = -EI \sum_{j=1}^{N} w_j''(0) \dfrac{R_j}{\omega_j} \int_0^t \ddot{G}_x(\tau) \cdot \sin\omega_j(t-\tau) \mathrm{d}\tau \\ Q_d(t) = EI \dfrac{\partial^3 u(z,t)}{\partial z^3}\bigg|_{z=0} = -EI \sum_{j=1}^{N} w_j'''(0) \dfrac{R_j}{\omega_j} \int_0^t \ddot{G}_x(\tau) \cdot \sin\omega_j(t-\tau) \mathrm{d}\tau \end{cases} \quad (9.1.72)$$

仍采用 9.1.2 节的梁坝算例，输入的地面加速度为 $\ddot{G}_x(t) = \sin(2\pi f_1)$，其中 f_1=8.28Hz 为梁坝的一阶湿频率，利用式（9.1.71）可以算出梁坝顶端的共振位移响应，计算中仅取前三项湿模态的叠加，位移响应如图 9.5 所示。

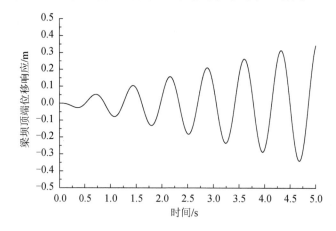

图 9.5 梁坝顶端的共振位移响应

设输入地震加速度为 EL Centro（N-S）地震记录（峰值加速度为 3.417m/s^2），梁坝顶端的位移响应如图 9.6 所示。

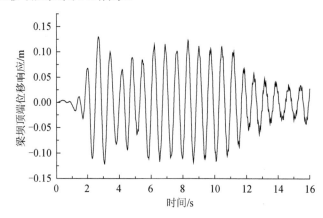

图 9.6 梁坝顶端在 EL Centro（N-S）地震作用下的位移响应

9.1.4 刚性坝上的动水压力

当不考虑梁的振动影响时,水坝可以看成为一个刚性体(图 9.7),这时液体的速度势 $\Phi(x,z,t)=\Phi_1(x,z,t)$,根据以上刚性速度势函数的解答式(9.1.59),可以得到液动压力分布为

$$p(x,z,t)=-\rho\frac{\partial\Phi}{\partial t}=-\rho\ddot{G}_x(t)\sum_{n=1}^{\infty}\frac{2(-1)^n}{\beta_n^2 H}\cdot e^{-\beta_n x}\cdot\cos\beta_n z \quad (9.1.73)$$

于是作用在刚性坝上的压力分布为

$$p(x,z,t)\big|_{x=0}=-\rho\ddot{G}_x(t)\sum_{n=1}^{\infty}\frac{2(-1)^n}{\beta_n^2 H}\cdot\cos\beta_n z \quad (9.1.74)$$

当上式仅取一项时

$$p(x,z,t)\big|_{x=0}=\frac{8}{\pi^2}\rho H\ddot{G}_x(t)\cos\frac{\pi}{2H}z \quad (9.1.75)$$

设地面运动加速度 $\ddot{G}_x(t)$ 的峰值为 $G_{x\max}$,则与峰值所对应的坝面上压力分布(图 9.7)为

$$p=\frac{8}{\pi^2}\rho H G_{x\max}\cos\frac{\pi}{2H}z \quad (9.1.76)$$

Westergaard(1933)给出的压力分布为

$$p(x,z,t)\big|_{x=0}=\frac{7}{8}\rho H G_{x\max}\sqrt{1-z/H} \quad (9.1.77)$$

若取梁的坝高为 H=5.0m,则式(9.1.76)与式(9.1.77)的比较结果如图 9.8 所示,两个压力分布结果比较接近。

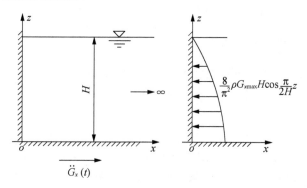

图 9.7 刚性坝一侧受液体动水压力作用

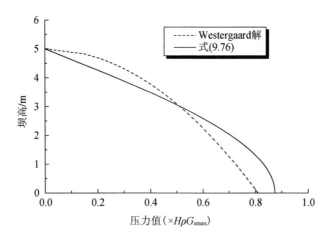

图 9.8 刚性坝上的峰值压力分布

9.2 贮液箱-支撑结构的动力相互作用

工程中存在一大类架空水箱结构,如第 1 章所述:市政工程中的水塔结构及架空水箱、水利工程中的各种结构型式的渡槽(其中水槽可以看成一种特殊的水箱)、水利枢纽工程中的湿运升船机、核反应堆顶部的冷却水箱等。水箱内液体的质量大,且处于支撑结构的顶端,结构体系在地震或脉动风作用下,液体的晃动对支撑结构产生重要影响,支撑结构在动力荷载作用下较水箱而言(水箱通常具有比较好的刚度与强度)更容易发生破坏,例如渡槽的风致(包括风振荷载效应)倒塌都是其支撑结构的破坏引起的(Li & Luo 2007,李遇春 2008),因此研究贮液箱-支撑结构的动力相互作用对于支撑结构的抗震与抗风设计具有重要意义。本节将讨论贮液箱-支撑结构体系的模态特征以及液体晃动对结构振动的影响。

9.2.1 贮液箱-支撑结构体系的模态特征

本节以渡槽结构为例研究贮液箱-支撑结构体系的模态特征,以下用一个工程实例(李遇春 2008)说明。图 9.9 为双悬臂式渡槽的一个独立节段,结构尺寸如图所示,结构材料为 C20 混凝土,材料弹性模量为 $E=3.0\times10^{10}\mathrm{N/m^2}$。

本节采用 Ansys 程序对该渡槽结构系统进行建模,其中水槽段相当于一个(狭长形的)矩形水箱,流体单元采用流体单元 Fluid80,槽身结构采用壳单元 Shell63,框架结构采用梁单元 Beam4,流体与结构的交界面采用滑动边界条件,即在交界面上,强制流体与结构的法向位移相等,而两者的切向位移不加以约束。

采用 Ansys 程序对该渡槽结构进行空间液-固耦合模态分析,可得到液-固耦合系统一阶与二阶横向振动振型(图 9.10),它们分别是:①同相位振型,这时体系的振动频率较低,结构振动的方向与流体的晃动方向一致;②异相位振型,这时体系的振动频率较高，结构振动的方向与流体的晃动方向相反。对于渡槽支撑结构的（横向）一阶模态而言，由于槽内运动的液体相当于一个子系统（可以简化为一个弹簧振子），从而使得渡槽液-固耦合系统出现了成对的模态（同相位与异相位模态）。

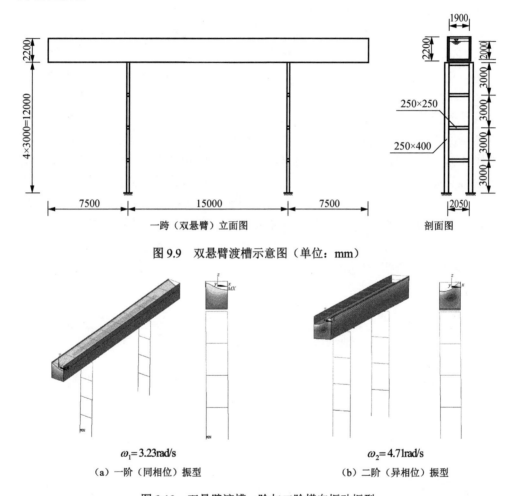

图 9.9　双悬臂渡槽示意图（单位：mm）

(a) 一阶（同相位）振型　　$\omega_1 = 3.23 \text{rad/s}$

(b) 二阶（异相位）振型　　$\omega_2 = 4.71 \text{rad/s}$

图 9.10　双悬臂渡槽一阶与二阶横向振动振型

其他结构型式的渡槽，例如排架式渡槽、拱桁架式渡槽以及斜拉式渡槽也具有上述相同的动力特性，详情可参见文献（Li & Di 2011；Li et al. 2012；李遇春、邱庆霜 2012）。

9.2.2　液-固耦合作用对动力特性的影响

结构-液体系统横向同相位与异相位振型受液体-结构相互耦合的影响，液体-结构相互耦合的强弱取决于支撑结构的刚度与液体质量。

为了展示结构刚度的影响,现以图9.9的双悬臂渡槽为例加以说明。为了说明问题简单起见,仅通过改变支撑结构刚度来考察流体-结构相互耦合的强弱对体系固有频率的影响,结构的刚度主要取决于结构的布置与截面尺寸,为简单计,这里仅改变支撑结构的弹性模量E来修改结构刚度。设支撑结构的参考弹性模量为$E_0=3.0\times10^{10}\text{N/m}^2$,取弹性模量$E$的变化范围为$E=(0.013\sim5.0)E_0$,采用Ansys程序,通过空间液-固耦合模态分析,可分别得到系统的一阶(同相位)振动频率ω_1、二阶(异相位)振动频率ω_2随结构刚度变化的曲线(图9.11)。由图9.11(a)可以看出,当支撑结构刚度较小时,结构刚度较小的改变会引起流-固耦合系统一阶(同相位)振动频率ω_1发生较大的改变,表明结构的振动会显著影响液体的晃动,这时流体-结构的相互作用较为强烈;当支撑结构刚度较大时,频率ω_1随结构刚度改变的影响很小,流体-结构的相互作用较弱,此时结构的相对振幅很小(几乎不动),体系的振动主要表现为流体的晃动,体系的振动频率ω_1趋向于流体的一阶固有晃动频率$\omega_l=3.78\text{rad/s}$。由图9.11(b)可以看出,在支撑结构刚度较小时,二阶(异相位)振动频率ω_2随结构的刚度E呈非线性变化,当结构刚度较大时,频率ω_2随结构的刚度E近似地呈线性变化。对于其结构型式的渡槽,更多的分析表明,支撑结构刚度对流-固耦合动力特性的影响都具有上述(图9.11)相同的结论,一般的情况是$\omega_1\leqslant\omega_l\leqslant\omega_2$。

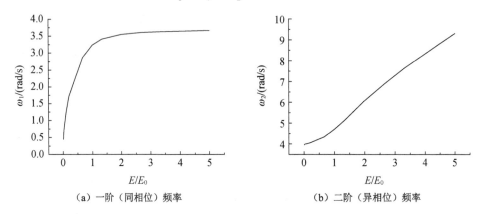

(a)一阶(同相位)频率 (b)二阶(异相位)频率

图9.11 双悬臂渡槽一阶(同相位)频率ω_1、二阶(异相位)ω_2随结构刚度变化的影响

为了更好地理解液体晃动对结构振动的影响,可将渡槽中的液体按第8章的等效力学模型考虑。以矩形截面渡槽为例,槽内液体可以简化为一个固定质量M_0与一个质量-弹簧振子(M_1,K_1)(其中M_1为晃动质量,K_1为等效的弹簧),质量-弹簧振子对应流体的一阶晃动模态,由于一阶晃动模态在一般动力反应中占有绝对优势地位,一般只需取一阶液体晃动模态即可满足计算精度要求,这里高阶的液体晃动模态忽略不计。对于不同高宽比的矩形渡槽,表9.4给出了固定质量M_0、晃动质量M_1占总质量的份额,表中M为总质量。由表9.4可以看出,对于常见

的高宽比 0.6~0.7，槽内固定质量 M_0 占多数，而晃动质量 M_1 占少数，即对于大多数的（矩形）渡槽而言，槽内的水体为深水型，槽内流体只有较少的一部分会晃动起来，大多数的液体会像固定质量一样不参与晃动。

表 9.4 矩形渡槽内液体不同高宽比下的固定质量 M_0、晃动质量 M_1 的份额（M 为总质量）

高宽比 $H/(2a)$	0.2	0.4	0.6	0.8	1.0	1.2	1.4	1.6
M_1/M	73.7%	56.1%	41.9%	32.5%	26.3%	21.9%	18.8%	16.5%
M_0/M	26.3%	43.9%	58.1%	67.5%	73.7%	78.1%	81.2%	83.5%

固定质量与槽体结构同步运动，会加大结构的动力惯性反应。槽内晃动质量 M_1（子系统）使得结构系统的横向振动模态扩展为如前所述的两个振型：一个为同相位振型，另一个为异相位振型。液体晃动质量 M_1 在某些情况下对结构可能起到减振的作用，对结构安全有利，但在某些情况下则会加剧结构的振动，对结构安全不利。

9.2.3 液体的晃动对结构振动的影响分析

渡槽中的液体对支撑结构是否具有减振效应？还是会加剧结构的振动？主要取决于结构系统的幅频响应特性，仍以上一节双悬臂渡槽为例加以说明，结构阻尼比系数取为 5%，取地面加速度脉冲激励为

$$\ddot{G}_0(t) = \begin{cases} 1, & 0 \leqslant t \leqslant 0.04\text{s} \\ 0, & t > 0.04\text{s} \end{cases} \quad (9.2.1)$$

结构弹性模量（刚度）按 $E = 3.0 \times 10^{10} \text{N/m}^2$（较小）、$E = 1.5 \times 10^{11} \text{N/m}^2$（较大）两种情形考虑，在式（9.2.1）的脉冲激励下，首先求解结构顶部位移的脉冲响应，然后对脉冲响应进行 Fourier 变换可分别得到结构顶部位移的幅频响应曲线（图 9.12）。

图 9.12（a）为结构刚度较小的情形，由图可以看出，液体-结构体系出现了两个共振频率，共振峰值对应的频率值为 3.07rad/s、4.91rad/s，它们正好分别位于液-固耦合体系（图 9.11）的一阶（同相位）频率 $\omega_1 = 3.23\text{rad/s}$ 与二阶（异相位）频率 $\omega_2 = 4.71\text{rad/s}$ 附近。在一阶（同相位）频率 ω_1 处的结构响应幅值较大，而在二阶（异相位）频率 ω_2 处的结构响应幅值较小，在 $\omega_3 = 4.30\text{rad/s}$ 处，结构响应幅值为极小值。图 9.12（b）为结构刚度较大的情形，由图可以看出，流体-结构体系也出现了两个共振频率，共振峰值对应的频率值为 3.68rad/s、9.20rad/s，它们正好在液-固耦合体系的两个固有振动频率（同相位频率 $\omega_1 = 3.67\text{rad/s}$，异相位频率 $\omega_2 = 9.31\text{rad/s}$）附近，在第一个固有振动频率 ω_1 处的结构响应幅值较小，而第二个固有振动频率 ω_2 处的结构响应幅值则较大，在 $\omega_3 = 4.30\text{rad/s}$ 处，结构响应幅值为极小值。

图 9.12（a）、(b) 有一个共同的特点，它们均在 $\omega_3 = 4.30$ rad/s 处的结构响应取极小值，当再改变结构刚度时，结构响应幅值均在 ω_3 处取极小值，这表明 ω_3 与结构本身无关，ω_3 仅与槽内的流体截面尺寸有关。

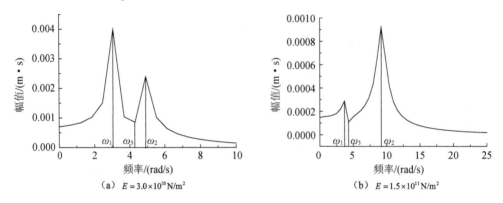

图 9.12 结构顶部位移幅频响应曲线

针对图 9.12（a）的情形，若取地面加速度激励分别为 $\ddot{G}_0(t) = \sin(3.07t)$、$\sin(4.91t)$、$\sin(4.3t)$，结构顶端位移的三个谐波响应曲线如图 9.13 所示。借助 Ansys 视屏技术，通过观察结构体系的时程运动响应，可以发现当激励为 $\ddot{G}_0(t) = \sin(3.07t)$ 时，结构体系处于一阶（同相位）共振响应，这时流体的晃动方

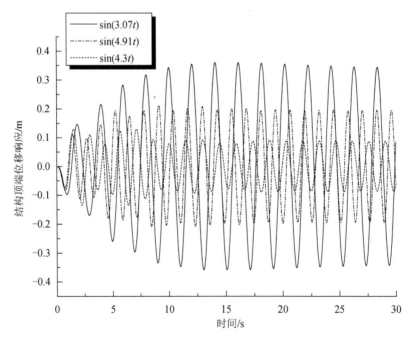

图 9.13 结构顶部位移在谐波激励下的时程响应曲线

向与结构振动方向相同,流体运动对结构的振动起到推波助澜的作用,加剧了结构的振动,此时结构反应最大。当激励为 $\ddot{G}_0(t)=\sin(4.91t)$ 时,结构体系处于二阶(异相位)共振响应,这时液体的晃动方向与结构振动方向相反,此时结构反应比一阶共振响应小,结构体系的运动以结构振动为主。但当激励为 $\ddot{G}_0(t)=\sin(\omega_3 t)=\sin(4.3t)$ 时,结构体系不处在共振响应状态(图9.13),且液体的晃动方向与结构振动方向相反,槽内液体对结构起到减振的作用,这时结构反应处于极小值。图9.14显示了激励为 $\ddot{G}_0(t)=\sin(4.3t)$ 时,结构体系在 $t=2.22\sim4.54s$ 时间内的响应画面。

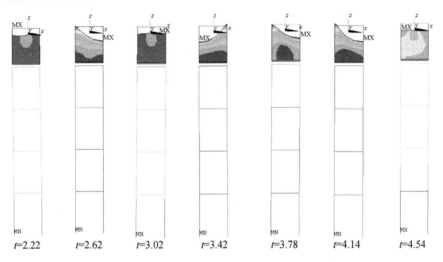

图 9.14 激励为 $\ddot{G}_0(t)=\sin(4.3t)$ 时,结构体系在 $t=2.22\sim4.54s$ 时间内的响应画面

通过以上分析,我们发现一个有趣的现象,只要槽内水体横截面尺寸一定,不论结构如何变化,水体均在频率 $\omega_3=4.30$ rad/s 处具有减振效应。进一步分析计算表明,其他结构形式的渡槽均具有上述相同的现象,只是 ω_3 的值有所不同而已。

对于一个确定的渡槽液体-结构体系,液体什么时候具有减振效应?什么时候会加剧结构的振动?取决于外动力荷载的频谱特性。对于脉动风作用而言,其卓越频率远低于液体晃动频率,渡槽结构刚度越小,结构的脉动风响应越大,这时液体-结构相互作用越强烈,结构体系的一阶横向同相位振动频率处于较低的位置,同相位模态在脉动风响应中起到主要作用,这时液体晃动与结构的振动方向一致,液体的晃动会加剧结构的振动,对结构会起不利的作用;当渡槽结构刚度较大时,结构的脉动风响应很小,通常可以忽略不计。对于地震作用而言,当场地的卓越频率与 ω_1(或 ω_2)接近时,结构会发生共振反应,液体的晃动会加剧结构的振动,但当场地的卓越频率与 ω_3 接近时,这时液体才具有减震作用,结构反应较小，然而一般情况下，场地卓越频率远大于 ω_3，所以一般情况下，试图让槽内液体对结构具有减震作用的想法并不现实。根据图 9.12 的位移幅频响应曲线可以看出，当动力荷载的频率很小或很大时，结构体系的动力反应均很小。

  以上的实例分析是针对渡槽液-固耦合体系，上述分析方法同样适用于其他贮液箱-支撑结构体系。另外需要指出的是，本节所讨论的液体的晃动都是基于小晃动假设，这时结构体系运动方程为线性方程，系统的固有频率 ω_1、ω_2 与液体、结构的振幅无关，当液体晃动幅度较大时，液体的运动呈现非线性，系统的固有频率随液体振幅发生变化。

主要参考文献

丁文镜, 曾庆长. 1992. 晃动液体单摆模型动力学参数的频域辨识. 振动工程学报, 5(3): 211-218.
胡奇, 李遇春. 2016. 移动容器中液体晃动的二种速度势描述及其等价性证明. 流体动力学, 4(2): 19-26.
黄玉盈. 1988. 结构振动分析基础. 武汉: 华中工学院出版社.
居荣初, 曾心传. 1983. 弹性结构与液体的耦联振动理论. 北京: 地震出版社.
李俊峰, 鲁异, 宝音贺西, 等. 2005. 贮箱内液体小幅晃动的频率和阻尼计算. 工程力学, 22(6):87-90.
李遇春, 邱庆霜. 2012. 晃动的流体对渡槽结构振动的抑制与放大效应. 振动与冲击, 31 (17): 106-111.
李遇春, 来明. 2013. 矩形容器中流体晃动等效模型的建议公式. 地震工程与工程振动, 33(1): 124-127.
李遇春, 刘哲, 王立时. 2017. 基于多维模态方法的流体二维非线性强迫晃动分析. 振动与冲击(录用待刊).
李遇春, 楼梦麟. 2000a. 强震下流体对渡槽槽身的作用. 水利学报, 3:46-52.
李遇春, 楼梦麟. 2000b. 渡槽中流体非线性晃动的边界元模拟. 地震工程与工程振动, 2:51-56.
李遇春, 楼梦麟, 等. 2003. 大型渡槽抗震分析中流体的位移有限元模式. 水利学报, 2:93-97.
李遇春, 余燕清, 王庄. 2015. 圆管渡槽抗震计算流体等效简化模型. 南水北调与水利科技, 13(6): 1101-1104.
李遇春, 张皓. 2014. 二维晃动模态的统一 Ritz 计算格式. 振动与冲击, 33(19): 81-85.
李遇春. 2008. 某双悬臂渡槽风致破坏原因分析. 同济大学学报, 36(11):1485-1489.
刘云贺, 胡宝柱, 闫建文, 等. 2002. Housner 模型在渡槽抗震计算中的适用性. 水利学报, 9:94-99.
倪皖荪, 魏荣爵. 1997. 水槽中的孤波(非线性科学丛书). 上海: 上海科技教育出版社.
王海期. 1992. 非线性振动. 北京: 高等教育出版社.
王立时, 李遇春, 张皓. 2016. 二维晃动自然频率与阻尼比系数的试验识别. 振动与冲击, 35(8):173-176.
王为, 李俊峰, 王天舒. 2005. 航天器贮箱内液体晃动阻尼研究(一): 理论分析. 宇航学报, 26(6):687-692.
王为, 李俊峰, 王天舒. 2006. 航天器贮箱内液体晃动阻尼研究(二): 数值计算. 宇航学报, 27(2):177-180.
王为. 2009. 考虑毛细效应的液体小幅晃动问题研究. 北京: 清华大学.
王为, 夏恒新, 李俊峰, 等. 2008. 半球形容器中液体自由晃动非线性现象的实验研究. 清华大学学报, 48(11): 2009-2012.
王勖成. 2003. 有限单元法. 北京: 清华大学出版社.
王照林, 刘延柱. 2002. 充液系统动力学. 北京: 科学出版社.
王庄, 李遇春, 王立时. 2013. 不同截面水槽流体参数晃动的 SPH 模拟. 计算物理, 5:642-648.
王庄. 2014. 任意截面水槽液体二维参数晃动研究. 上海: 同济大学.
吴望一. 1982. 流体力学. 北京: 北京大学出版社.
夏益霖. 1991. 液体晃动等效力学模型的参数识别. 应用力学学报, 8(4):27-35.
徐士良. 1992. FORTRAN 常用算法程序集. 北京: 清华大学出版社.
徐芝纶. 1985. 弹性力学(上册). 2 版. 北京: 高等教育出版社.
杨魏, 刘树红, 吴玉林. 2009. 基于 VOF 方法的圆柱箱体中液体晃动阻尼计算. 力学学报, 41(6):936-940.
余延生, 马兴瑞, 王本利. 2008. 利用多维模态理论分析圆柱贮箱液体非线性晃动. 力学学报, 40(2): 261-266.
周叮. 1995. 截面任意形状的柱形和环形容器内液体晃动特性的精确解法. 工程力学, 12(2): 58-64.
Abramson H N. 1966. The dynamic behavior of liquids in moving containers. NASA SP-106, Washington, DC: National Aeronautics and Space Administration.
Batchelor G K. 1974. An introduction to fluid dynamics. Cambridge: Cambridge University Press.
Benjamin T B, Ursell F. 1954. The stability of the plane free surface of a liquid in vertical periodic motion. Proceedings of the Royal Society of London. Series A. Mathematical and Physical Sciences, 225: 505-515.
Budiansky B. 1960. Sloshing of liquids in circular canals and spherical tanks. Journal of Aerospace Sciences, 27(3): 161-173.
Chen H C, Taylor R L. 1990. Vibration analysis of fluid-solid systems using a finite element displacement formulation. International Journal for Numerical Methods in Engineering, 29: 683-698.

Chen W, Haroun M A, Liu F. 1996. Large amplitude liquid sloshing in seismically excited tanks. Earthquake Engineering and Structural Dynamics, 25: 653-669.

Chopra A K. 2007. Dynamics of structures: theory and applications to earthquake engineering. 3rd ed. New Jersey: Prentice Hall.

Chung T J. 1980. 流体动力学的有限元分析. 张二骏, 等译. 北京: 电力工业出版社.

Cleary P W. 1998. Modeling confined multi-material heat and mass flows using SPH. Applied Mathematical Modeling, 22(12): 981-993.

Clough R W, Penzien J. 2003. Dynamics of structures. 3rd ed. Berkeley: Computers & Structures, Inc.

Crespo A J C, Gómez-Gesteira M, Dalrymple R A. 2007. Boundary conditions generated by dynamic particles in SPH methods. CMC: Computers, Materials, & Continua, 5(3): 173-184.

Dalrymple R A, Knio O. 2000. SPH Modelling of water waves. Proceedings of the Proc. Coastal Dynm., Lund.

Dodge F T, Abramson H N, Kana D D. 1965. Liquid surface oscillations in longitudinally excited rigid cylindrical containers. AIAA Journal, 3: 685-695.

Dodge F T. 2000. The new "dynamic behavior of liquids in moving containers". Southwest Research Institute, San Antonio, TX.

Everstine G C. 1981. Structural analogies for scalar field problems. International Journal for Numerical Methods in Engineering, 17(3): 471-476.

Everstine G C. 1997. Finite element formulations of structural acoustics problems. Computer & Structures, 65(3): 307-321.

Faltinsen O M, Rognebakke O, Lukovsky I A, et al. 2000. Multidimensional modal analysis of nonlinear slsohing in rectangular tank with finite water depth. Journal of Fluid Mechanics, 407:201-234.

Faltinsen O M, Timokha A N. 2009. Sloshing. Cambridge: Cambridge University Press.

Faltinsen O M. 1974. A non-linear theory of sloshing in rectangular tanks. Journal of Ship Research, 18: 224-241.

Faraday M. 1831. On a peculiar class of acoustical figures; and on certain forms assumed by groups of particles upon vibrating elastic surfaces. Philosophical Transactions of the Royal Society of London, 121: 299-340.

Fox D W, Kuttler J R. 1983. Sloshing frequencies. Zeitschrift für angewandte Mathematik und Physik ZAMP, 34(5): 668-696.

Frandsen J B. 2004. Sloshing motions in excited tanks. Journal of Computational Physics, 196: 53-87.

Gardarsson S M. 1997. Shallow-water sloshing. Phd thesis, University of Washington, Seattle.

Gingold R A, Monaghan J J. 1977. Smoothed particle hydrodynamics-theory and application to non-spherical stars. Royal Astronomical Society, 181: 375-389.

Gopala V R, van Wachem B G. 2008. Volume of fluid methods for immiscible-fluid and free-surface flows. Chemical Engineering Journal, 141(1): 204-221.

Graham E W, Rodriguez A M. 1952. Characteristics of fuel motion which affect airplane dynamics. Journal of Applied Mechanics. 19:381-388.

Hasheminejad S M, Aghabeigi M. 2009. Liquid sloshing in half-full horizontal elliptical tanks. Journal of Sound and Vibration, 324(1-2): 332-349.

Henderson D M, Miles J W. 1994. Surface-wave damping in a circular cylinder with a fixed contact line. Journal of Fluid Mechanics, 275: 285-299.

Hirt C W, Nichols B D. 1981. Volume of fluid (VOF)method for the dynamics of free boundaries. Journal of computational physics, 39(1): 201-225.

Horsley D E, Forbes L K. 2013. A spectral method for Faraday waves in rectangular tanks. Journal of Engineering Mathematics, 79: 13-33.

Housner G W. 1957. Dynamic pressure on accelerated containers. Bulletin of the Seismological Society of America, 47(1): 15-35.

Ibrahim R A, Pilipchuk V N, Ikeda T. 2001. Recent advances in liquid sloshing dynamics. ASME Appl. Mech. Rev.,

54(2):133-199.

Ibrahim R A. 2005. Liquid sloshing dynamics: theory and applications. Cambridge: Cambridge University Press.

Idir M, Ding X, Lou M, Chen G. 2009. Fundamental frequency of water sloshing waves in a sloped-bottom tank as tuned liquid damper. Structures Congress, Austin, Texas,1-10.

Ikeda T, Ibrahim R A, Harata Y, et al. 2012. Nonlinear liquid sloshing in a square tank subjected to obliquely horizontal excitation. Journal of Fluid Mechanics, 700:304-328.

Kalinichenko V A, Lizarraga-Celaya C, Sekerzh-Zen'kovich S Y. 2000. Observation of standing waves of large amplitude in harmonic Faraday resonance. Fluid Dynamics, 35: 153-155.

Keulegan G H. 1959. Energy dissipation, in standing waves in rectangular basins. Journal of Fluid Mechanics, 6:33-50.

Kim J K, Koh H M, Kwahk I J. 1996. Dynamic response of rectangular flexible fluid containers. Journal of Engineering Mechanics, 122(9):807-817.

Kohnke P. 2001. Ansys theory manual. ANSYS Inc.

Kumar K. 1996. Linear theory of Faraday instability in viscous liquids. Proceedings of the Royal Society of London. Series A: Mathematical, Physical and Engineering Sciences, 452: 1113-1126.

Lamb H. 1975. Hydrodynamics (6th edition). Cambridge: Cambridge University Press.

Lawrence H R, Wang C J, Reddy R B. 1958. Variational solution of fuel sloshing modes. Jet Propulsion, 28(11): 728-736.

Li Y, Di Q, Gong Y. 2012. Equivalent mechanical models of sloshing fluid in arbitrary-section aqueducts. Earthquake Engineering & Structural Dynamics, 41(6):1069-1087.

Li Y, Luo L. 2007. Wind-destroyed mechanism analyses of three aqueduct bridges. Proceedings of the 12th International Conference on Wind Engineering, Cairns, Australia, 1535-1542.

Li Y, Wang J. 2012. A supplementary, exact solution of an equivalent mechanical model for a sloshing fluid in a rectangular tank. Journal of Fluids and Structures, 31:147-151.

Li Y, Wang L, Yu Y. 2016. Stability analysis of parametrically excited systems using the energy-growth exponent/coefficient. International Journal of Structural Stability and Dynamics, 16(10):1750018 (32 pages), DOI: 10.1142/S0219455417500183. (In press)

Li Y, Wang Z. 2014. An approximate analytical solution of sloshing frequencies for a liquid in various shape aqueducts. Shock and Vibration, Volume 2014, Article ID 672648, 7 pages, http://dx.doi.org/10.1155/2014/672648.

Li Y, Wang Z. 2016. Unstable characteristics of two-dimensional parametric sloshing in various shape tanks: theoretical and experimental analyses. Journal of Vibration and Control, 22(19): 4025-4046.

Li Y, Di Q. 2011. Numerical simulation of dynamic characteristics for a cable-stayed aqueduct bridge. Earthquake Engineering & Engineering Vibration, 10:569-579.

Lomen D O, Fontenot L L. 1967. Fluid behavior in parabolic containers undergoing vertical excitation. Journal of Mathematics and Physics, 46: 43-53.

Lucy L B. 1977. A numerical approach to the testing of the fission hypothesis. Astronomical Journal, 82: 1013-1024.

Luke J C. 1967. A variational principle for a fluid with a free surface. Journal of Fluid Mechanics, 27:395-397.

Lukovsky L A. 2004. Variational methods of solving dynamic problems for fluid-containing bodies. International Applied Mechanics, 40(10):1092-1128.

Mciver P. 1989. Sloshing frequencies for cylindrical and spherical containers filled to an arbitrary depth. Journal of Fluid Mechanics, 201:243-257.

Miles J, Henderson D. 1990. Parametrically forced surface waves. Annual Review of Fluid Mechanics, 22: 143-165.

Moiseev H N, Petrov A A. 1966. The calculation of free oscillations of a liquid in a motionless container. Advances in Applied Mechanics, 9: 91-154.

Moiseev H N, Rumjantsev V V. 1968. Dynamic stability of bodies containing fluid. Edited by Abramson HN. Springer-Verlag, New York.

Monaghan J J. 1992. Smoothed particle hydrodynamics. Annual Review of Astronomy and Astrophysics, 30: 543-574.

Monaghan J J. 1994. Simulating free surface flows with SPH. Journal of Computational Physics, 110(2): 399-406.

Müller H W, Wittmer H, Wagner C, et al. 1997. Analytic stability theory for Faraday waves and the observation of the harmonic surface response. Physical Review Letters, 78: 2357-2360.

Nakayama T, Washizu K. 1981. The boundary element method applied to the analysis of two-dimensional nonlinear sloshing problems. International Journal for Numerical Methods in Engineering, 17:1631-1646.

Nayfeh A H, Mook D T. 1995. Nonlinear oscillations, NewYork: Wiley.

Nayfeh A H. 1981. Introduction to Perturbation Techniques. New York: John Wily & Sons.

Noh W F, Woodward P. 1976. SLIC (simple line interface calculation). Proceedings of the 5th International Conference on Numerical Methods in Fluid Dynamics, Twente University, Enschede: 330-340.

Ohayon R, Morand J P. 1995. Fluid-Structure Interaction: Applied Numerical Methods. New York: John Wiley & Sons.

Pena-Ramirez J, Fey R H B, Nijmeijer H. 2012. Parametric Resonance in Dynamical Systems. An Introduction to Parametric Resonance (Chapter 1), eds. Fossen TI and Nijmeijer H, New York: Springer: 1-13.

Rajchenbach J, Leroux A, Clamond D. 2011. New standing solitary waves in water. Physical Review Letters PRL 107, 024502. DOI: 10.1103/PhysRevLett.107.024502.

Schlichting H. 1979. Boundary-layer Theory. New York:McGraw-Hill.

Souto Iglesias A, Pérez Rojas L, Zamora Rodríguez R. 2004. Simulation of anti-roll tanks and sloshing type problems with smoothed particle hydrodynamics. Ocean Engineering, 31(8, 9): 1169-1192.

Ubbink O. 1997. Numerical prediction of two fluid systems with sharp interfaces. PhD Thesis, University of London, UK.

Versteeg H K, Malalasekera W. 1995. An introduction to computational fluid dynamics: the finite volume method. England: Longman Group Ltd.

Wang L, Wang Z, Li Y. 2013. A SPH simulation on large-amplitude sloshing for fluids in a two-dimensional tank. Earthquake Engineering and Engineering Vibration, 12(1):135-142.

Westergaard H M. 1933. Water pressures on dams during earthquakes. Trans. ASCE: 418-438.

Woodward J H, Bauer H F. 1970. Fluid behavior in a longitudinally excited. cylindrical task of arbitrary sector-annular cross section. AIAA Journal, 8: 713-719.

Wright J, You S, Pozrikidis C. 2000. Numerical studies of two-dimensional Faraday oscillations of inviscid fluids. Journal of Fluid Mechanics, 402: 1-32.

Xie W C. 2006. Dynamic Stability of Structures. New York:Cambridge University Press.

Youngs D L. 1982. Time-dependent multi-material flow with large fluid distortion. Numerical methods for fluid dynamics, 24: 273-285.

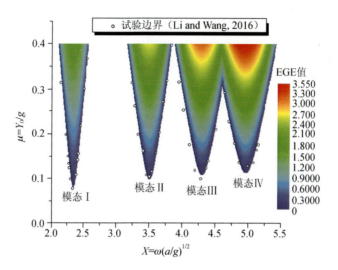

图 6.20 矩形模型前 4 阶模态次谐波共振的不稳定强度与不稳定边界

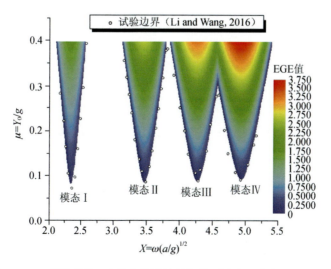

图 6.21 U 形模型前 4 阶模态次谐波共振的不稳定强度与不稳定边界

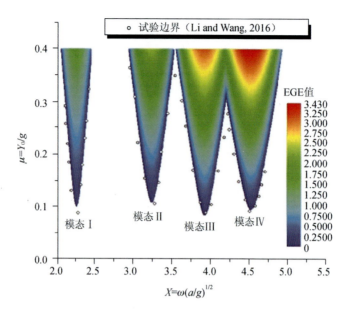

图 6.22 圆形模型前 4 阶模态次谐波共振的不稳定强度与不稳定边界